高等学校规划教材

计算机应用技术基础

程向前　主编

吴　宁　陈文革　谢　涛　郭咏虹　编著

电子工业出版社·

Publishing House of Electronics Industry

北京·BEIJING

内 容 简 介

本书内容包括计算机信息输入和编码、计算机硬件、计算机软件、文档处理、网络应用基础、多媒体基础、数据库技术、企业信息基础与应用。

本书的编写宗旨是：务实、求变。"务实"包括使用 Windows XP 和 Office 2003 为主要桌面教学环境来适应目前高校主流的实验环境，所有理论知识点都落实到实验和案例上来验证和教学；"求变"体现在使用 Apache Friends 等作为网络教学环境，大量新编实验和案例为首次引入计算机基础教学。

本书作为高等院校计算机基础课程的教材，也可供计算机技术培训和自学考试参考。

图书在版编目(CIP)数据

计算机应用技术基础 / 程向前主编. —北京：电子工业出版社，2010.6
高等学校规划教材
ISBN 978-7-121-10950-8

I. ①计… II. ①程… III. ①电子计算机—高等学校—教材 IV. ①TP3

中国版本图书馆 CIP 数据核字（2010）第 094002 号

策划编辑：章海涛
责任编辑：章海涛
印　　刷：涿州市京南印刷厂
装　　订：涿州市桃园装订有限公司
出版发行：电子工业出版社
　　　　　北京市海淀区万寿路 173 信箱　邮编　100036
开　　本：787×1092　1/16　印张：17　　字数：435 千字
印　　次：2010 年 6 月第 1 次印刷
印　　数：4 000 册　　定价：29.00 元

凡所购买电子工业出版社图书有缺损问题，请向购买书店调换。若书店售缺，请与本社发行部联系，联系及邮购电话：(010) 88254888。

质量投诉请发邮件至 zlts@phei.com.cn，盗版侵权举报请发邮件至 dbqq@phei.com.cn。

服务热线：(010) 88258888。

前　言

本书根据教育部高等学校计算机基础课程教学指导委员会编制的《高等学校计算机基础教学发展战略研究报告暨计算机基础课程教学基本要求》（高等教育出版社，2009.10，以下简称"2009 版白皮书"）基本精神和要求编写。作为高等院校的第一门计算机基础课程教材，本书的编写同时考虑了部分高校新生在中小学阶段学习"信息技术"课程的内容，以及国内分别由教育部、劳动部、人事部组织的"全国计算机等级考试（National Computer Rank Examination，NCRE）"、"全国计算机信息高新技术考试"和"计算机技术与软件专业技术资格（水平）考试"的基础部分内容，并考虑了高校中较低起点的新生的需求。

本书以任务驱动、案例教学作为主线，围绕计算机"桌面"和网络两个平台组织知识点和技能点，并强调可阅读性，在编写过程中借鉴了国外的先进教学理念和知识框架，并与国内的实际需求和教学体制结合，在已经创建的国家级精品课程基础上，开发了新的教学内容、实验内容及教学组织方法。

本书在编写时所考虑的基本原则是"任务驱动、案例教学、抓住关键、解决问题"。具体的做法体现在：

第 1 章 计算机信息输入和编码，重点解决两个任务：信息输入和数据表达。案例包括键盘扫盲、OCR 应用，关键问题是信息的数字化处理原则，着眼于文字编码这样的典型问题的解决。为了同中小学"信息技术"课程衔接，把数值、文字表达与声音、图像放在同一章中，便于有计算机操作基础的学生在第一时间，就可以把各种信息的输入、数字化过程、数据表达等内容，在比较、鉴别、认知和实验的基础上，一次解决。

第 2 章 计算机硬件，引入计算机硬件的工况检测和性能调整技术，解决长期困扰计算机基础教学过程中，硬件实验难以普及的难题。所有硬件的内容，围绕用户和企事业单位的基本应用出发，突出知识点与技术发展现状的结合，突出实验技能与实际工作需求的结合。

第 3 章 计算机软件的重点在于软件整体概念的引入，解决软件分类、软件版权、软件的应用过程等重要的基础知识，兼顾 2009 版白皮书所要求的操作系统方面的知识点。考虑到大部分读者已经具备计算机基本操作技能，本章引入部分 Linux 的知识点和实验内容，方便读者与已经掌握的 Windows 系统进行对比，扩展计算机软件基础的视野。

第 4 章 文档处理，考虑到中小学"信息技术"课程为读者所积累的文档处理基本操作技能，对文档处理软件进行了高度的概括性描述，便于有基础的读者将已经掌握的文档处理技能上升到理性的高度；并有针对性地引入了一些文档处理的难点，如邮件合并和电子文稿的动画效果制作等。作者特别建议，读者在学习本章内容时，与安排在第 6 章的有关矢量图制作的内容结合，编制高质量、具有丰富表达能力的文档。

第 5 章 网络应用基础是本书内容最多的一章，主要考虑到本书是围绕计算机"桌面"和网络两个平台来组织知识点和技能点的，所有后续章节的内容需要依赖本章所构建的网络平台基础知识来落实与网络有关的应用。本章的案例也非常重要，包括"搜索引擎和网络资源应用"、"网络服务器安装与测试"、"因特网协议栈与网络指令"等重要知识和技能。

第 6 章 多媒体基础是在第 1 章的基础上展开的，所以重点放在数字媒体的压缩处理和技术标准的介绍上。本章的色彩模型在现代社会对于各个行业都非常重要，这是由于数字媒体技术的普及造成的。需要在各种设备上处理图像，哪些色彩模型适合处理哪种设备，哪种模型在转换过程中损失最小，这些知识已经从过去的行业相关的专业知识变成了当前的计算机基础常识。本章引入的实验包括"位图转换为矢量图"、"模拟声音的数字化"、"简单视频制作"，都充满趣味性和实用性，而且对解决各种媒体在万维网上的应用提出了建议方案。

第 7 章 数据库技术，尝试将 Web 数据库引入计算机基础课程，虽然实验有难度，但并不缺乏趣味性，尤其是使用工程性实验数据在桌面和 Web 两种数据库进行教学，会让读者感到挑战。特别是在 Web 数据库实验中解决了表意文字编码的问题，不仅可以让读者感到有成就感，还可以加深对第 1 章中，作者强调文字编码系列知识的用意的理解。

第 8 章 企业信息基础与应用，这是全新的内容。作者尝试走出以往计算机基础教学内容受制于"桌面"内容的局限，为读者在面临就业和深造时，对"桌面"以外的、企事业单位的信息基础构成和实例，有所了解和实践。内容包括：企业网络信息服务平台组成、内容管理系统（CMS）、企业系统和解决方案应用等。

作为教材，我们建议根据学生的基础状况，选择 32、64 两种学时授课（每章 4～8 学时），理论和实践各占一半。本书的配套讲义、实验资源、样本数据和实验指导等，将通过以下网站提供：http://www.hxedu.com.cn 或 http://202.117.35.239。

本书在编写过程中，得到了国内诸多院校计算机学科专家和基础课教师的帮助。其中，在教学大纲征求意见过程中，仰恩大学计算机与信息学院曾党泉老师、青岛理工大学高玲丽老师、长春税务学院信息系宋佳丽老师、宁波大学信息学院江宝钏老师、山东济宁学院杨倩老师、临沂师范学院信息学院符广全老师、哈医大大庆校区医学信息学系白雪峰老师发表了重要见解和建议。

初稿完成后，电子工业出版社副社长童占梅女士亲赴西安，主持了本教材的专家论证会，西安交通大学计算机教学中心主任冯博琴教授、西安交通大学软件学院副院长陈建明教授、西安交通大学城市学院计算机系副主任李联宁教授、西安工程学院算机科学学院副教授薛涛博士、西安石油大学计算机学院副院长王魁生教授、西安翻译学院任华老师参加了教材论证会，并提出了一些建设性的意见和建议。

在教材初稿评审中，杭州电子科技大学王相林老师，作者的校友陈海荣、顾佳欢、冯小平、王冠、江宇、王瑜，西安电子科技大学的薛飞杰等阅读了全部初稿，并提出了具体的修改建议和意见。作者的同事刘志强、贾应智老师提供了重要的技术和实验案例支持。苏州吉浦迅科技有限公司陈泳翰先生为本书提供了 GPGPU 和 CUDA 有关的技术资料和案例。

在此，作者向以上所有为本书出版做出贡献的同行和同事表示感谢和敬意。

虽然我们希望为读者提供全面、准确、最新的计算机应用基础知识，但由于时间和作者对 2009 版白皮书研究程度上的限制，本书存在的问题和缺陷在所难免，欢迎读者来信提出意见和建议。

作者博客：http://blog.sina.com.cn/xqcheng。

作 者

目　　录

第1章　计算机信息输入和编码

计算机作为现代社会生活的重要工具，已从单纯的"计算"工具，发展成为集办公、通信、计算、设计等一体的综合工具。任何信息的处理都首先要涉及信息的输入、编码和存储。

掌握各种信息的录入或采集方法，是掌握现代信息和计算机技术的基本技能。而了解各种信息的编码和储存方法，则是为进一步学习计算机技术打下重要的基础。

在使用的计算机过程中，所涉及的信息主要有文字信息、图形图像信息、声音信息。而其他信息，如动画、视频等，则可以看作对图形信息应用和图像声音的叠加处理。

本章的基本任务：解决计算机基本信息的输入、编码和存储过程中所涉及的主要设备和技术的基本应用，并阐述与此相关的基本概念。

1.1　计算机信息的输入

计算机是信息时代最为重要的工具。而信息是客观事物属性的反映，是经过加工处理并对人类客观行为产生影响的数据表现形式。数据是反映客观事物属性的记录，是信息的具体表现形式。

任何事物的属性都可以通过数据来表示。数据经过加工处理之后，成为信息。而信息必须通过数据才能传播，才能对人类产生影响。

目前，计算机可处理的基本信息包括文字（包括数字）、声音、图形图像三类。本章把文字信息的输入作为本节的重点，同时介绍声音、图像信息的输入方法。在实际应用中，现代计算机可以把不同类型的信息，经过输入、处理后转换成其他类型的数据，如光学字符识别处理，可以将图像信息经扫描仪输入后转换成文字编码（数据），模拟朗读软件可以将文字编码（数据）转换成语音信息等。

不同类型的信息通过不同的计算机外部设备或接口输入到计算机中，成为计算机可以处理的数据。其中，键盘是文字信息最为重要的输入设备，也是最需要花费时间进行练习的。我们对计算机信息的输入的介绍，就从键盘开始。

1.1.1　键盘和指法

对大多数人说来，计算机键盘是最为重要的输入设备，绝大多数的文字和数据的录入都需要通过键盘进行。

1. 键盘组成

键盘上键位的排列有一定的规律，其键位按用途可分为字符键区、功能键区、编辑键区、小键盘区和 Windows 专用键（见图 1-1）。

（1）字符键区

字符键区位于键盘的左侧，是键盘中最主要的区域，与普通英文打字机的键盘类似。其主要功能是输入文字和符号，包括英文字母、数字和符号以及部分系统控制键。系统控制键作用如表 1.1 所示。

图 1-1　PC 键盘分区图

表 1.1　系统控制键的作用

<Tab>	制表键。每按一次，光标向右移动 8 个字符位置
<Capslock>	大小写转换键。可控制键盘上<Capslock>灯。<Capslock> 灯亮，表示输入大写字母，否则为小写
<Ctrl>	控制功能键。这个键须与其他键同时使用，才能完成某些特定功能
<Shift>	换挡键（主键盘左右下方各一个）。主要用途：① 同时按下<Shift>和具有上下挡字符的键，上挡字符起作用；② 用于大小写字母输入：处于大写状态时，同时按下<Shift>和字母键，输入小写字母；处于小写状态时，同时按下<Shift>和字母键，输入大写字母
<Alt>	组合功能键。这个键须与其他键同时使用，才能完成某些特定功能
<Space>	空格键（键盘下方最长的键）。按一下，产生一个空格
<Backspace>	回退键。删除光标所在位置左边的一个字符
<Enter>	回车键。结束一行输入，光标移到下一行开始处

（2）功能键区

功能键区位于键盘的最上面一排，它们的作用如表 1.2 所示。

表 1.2　功能键的作用

<Esc>	用来中止某项操作。在有些编辑软件中，按一下此键，弹出系统菜单
<F1>～<F12>	在不同的应用软件中，能够完成不同的功能。例如，在 Windows 下，按<F1>键可以查看选定对象的帮助信息，按<F10>键可以激活菜单栏等
<Print Screen>	打印屏幕键。在 Windows 中，按<Alt>+<Print Screen>组合键可以将当前的活动窗口复制到剪贴板中
<Scroll Lock>	滚动锁定键。计算机键盘上的功能键，按下此键后，在 Excel 等软件中按上、下键移动时，会锁定光标而滚动页面；如果放开此键，则按上、下键时会移动光标而不滚动页面
<Pause/Break>	暂停键。当屏幕在滚动显示某些信息时按下此键，可以暂停显示，直到按下任意键盘为止。如果按<Ctrl>+<Pause>组合键，通常可以终止当前程序的运行

（3）编辑键区（光标控制键区）

编辑键区位于主键盘区与数字小键盘区的中间，用于光标移动定位和编辑操作。

（4）数字小键盘区（辅助键区）

数字小键盘区在键盘的右部，由数字、符号、数字锁定键<NumLock>和<Enter>键组成。每个数字键上都标有一个光标控制符。当按下数字锁定键后（使<NumLock>指示灯亮），按数字键表示输入数字。再次按下数字锁定键后（使<NumLock>指示灯灭），数字键可转用于移动光标。

（5）Windows 专用键（3 个），用于打开 Windows 操作系统的"开始"和常用菜单。

2．指法训练

键盘上的键位分布是根据字符的使用频率、手指长短与灵活程度来确定的。键盘一分为二，左右两手分管两边。操作时，要严格按照手指划分的分工范围击键，这样击键时就不会因忙于寻找字符而影响速度（见图 1-2）。

操作键盘时，必须掌握正确的击键姿势和正确的击键的方法。要做到击键敏捷、有节奏。击键是以"击"为主，而不是"按"键，"按"是摸索式的，按键会影响速度。通过严格、勤奋的练习，达到不看键盘即可正确击键，为今后能达到高效准确的"盲打"打下扎实基础，并终身受益。

图 1-2　键盘指法示意图

1.1.2　汉字输入法简介

汉字输入法，通常又称为中文输入法，是指通过 ASCII 字符的组合（又称为编码）或者手写、语音将汉字输入到计算机等电子设备中的方法。

最早的汉字输入法，一般认为是从 20 世纪 80 年代初期有了个人计算机（PC）开始的。虽然更早有电报码，用 0～9 十个数字中的 4 位组合找出一个汉字，便于邮电局发送电报之用，但在通常意义上，人们还是认为从 PC 上开始在使用的形码（如五笔输入）或者音码（如拼音输入）才是汉字输入法广为使用的真正开始。

中文（汉字）输入法发展到今天已经有近 30 年的历史，其中尤其以五笔、拼音发展迅速。特别是进入 21 世纪，具有一定智能程度的拼音输入法，结合了拼音易学、词汇量大、对用户使用设计考虑周详等特点，为广大用户所喜爱，为互联网时代的普及做出了重要贡献。以下简要介绍三种目前广为流行的输入法。

（1）智能 ABC 输入法

"智能 ABC 汉字输入法"是国内普及率较高的汉字输入法，由朱守涛先生发明，广泛应用于汉字输入领域，尤其是桌面办公方面。智能 ABC 汉字输入法状态条如图 1-3 所示。

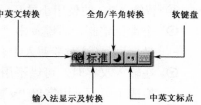

图 1-3　智能 ABC 输入法状态条

① 全拼输入

如果对汉语拼音有把握，可以采用全拼输入。例如，"长"→chang，"城"→cheng，"长城"→changcheng。

② 简拼输入

只需输入词组中各字的声母，如"长"→c 或 ch，"的"→d，"长城"→chch 或 cc。智能 ABC 的词库中有大约 7 万词条，常用的 5000 个常用词和成语词汇建议采用简拼输入。例如，"bd"不但，"bt"不同，"eq"而且，"fh"发挥，"gj"国家，"hl"后来，"jk"艰苦，"jsj"计算机，"gwy"国务院，"bhqf"百花齐放等。

③ 混拼输入

混拼输入是指在词组输入中，一个字简拼，另一个字全拼。例如，"长城"→chcheng 或 ccheng（第一个字简拼，第二个字全拼）、changch 或 changc（第一个字全拼，第二个字简拼），"中国"可以输入 zhguo、zguo 或 zhongg。

④ 音形输入

如果对汉语拼音把握不大，还可以采用音形输入。采用音形输入需记忆：横 1、竖 2、撇 3、点 4、折 5、弯 6、叉 7、方 8 八个笔形。例如，输入"长"→chang3，按空格键；输入"c3"按空格键，可以得到汉语拼音 c 与汉字起笔是"撇"的组合；输入"c31"按空格键，可以得到汉语拼音 c 与汉字起笔是"撇"和第二笔是"横"的字的组合。

输入"长城"这个词，如果用全拼，需击键 8 次；如果用音形输入，输入→"c3c"、"cc7"、"c3c7"、"cc71"、"c31c"、"ch3c"、"cheng3c"或"ccheng7"都可以得到，最少需击键 3 次，即输入"cc7"，按空格键得到。

音形结合的目的之一是减少同音字或同音词的数量，还能减少击键次数，提高输入效率。

⑤ 纯笔形输入

如果完全不会汉语拼音或遇见不会读音的汉字，智能 ABC 还提供纯笔形输入方法。笔形记忆同前。输入独体字，按书写顺序逐笔取码；输入合体字，一分为二，每部分限取三码，一个字最多取六码。

例如，输入独体字：长→3164，石→138，上→211，人→34，主→41，刀→53，女→631，士→71，中→82，的→3。

输入合体字：城→71135，锟→311816，炼→433165，魔→41338，雪→1455，谨→467218，谓→4687，薪→724143，嚯→81453。

使用笔形输入汉字，不需死记编码，因为采用屏幕提示，候选窗中的字，按照要输入字下一笔的横、竖、撇、点、折、弯、叉、方排列，字后所列序号，就是要输入字下一笔的编码（见图 1-4）。

图 1-4 笔形输入提示

⑥ 智能 ABC 的使用小技巧

⊙ 个性化定制，右键单击"标准"右边的"ABC"图标，可以进行"属性设置"、"定义新词"（这对专业人士有用）、"增加辅字"，可以浏览"帮助"。

⊙ 在输入汉字时，可以不用切换直接输入小写英文字母（即使输入大写的字母也被转换成小写）。用字母"v"加要输入的英文，按空格键，即可输入小写英文字母。但如果需要输入具有大小写形式的英文词汇，仍需转换到英文输入环境下。

⊙ 用大小写"i"作引导符，可以分别得到大、小写中文数量词。例如，"二〇一〇年十二月二十六日"，可输入"i2010ns2y2s6r"后按空格键；要输入"捌万陆仟伍佰贰拾伍元"，可输入"I8w6q5b2s5$"后按空格键。

（2）搜狗拼音输入法

搜狗拼音输入法是搜狐公司推出的一款汉字拼音输入法软件，是目前国内主流的拼音输入法之一。与传统输入法不同的是，搜狗输入法采用了搜索引擎技术，特别适合在网络环境中使用。搜狗输入法状态条如图 1-5 所示。

其特点包括：

① 根据搜索词生成的输入法互联网词库，能够覆盖所有类别的流行词汇，如最新的歌手、电视剧、电影名、游戏名，球星、软件名、动漫、歌曲、电视节目等。

② 分析搜索引擎语料库的语言模型，使首选词准确率在所有输入法中居首。

③ 尽可能适应各种常见输入法的输入习惯，使智能 ABC、微软拼音等输入法的用户都可以轻松上手。

④ 特别设计了许多体贴的功能，英文纠错（ign→ing）、拼音纠错、网址输入模式、词语联想、自动在线升级词库等。

⑤ 软键盘输入，通过软键盘，可以方便地输入各种外文字母、标点符号、数字符号、特殊符号等（见图 1-6）。

图 1-5 搜狗输入法状态条　　　　图 1-6 搜狗输入法的软键盘

（3）微软拼音输入法

微软拼音输入法（MSPY）是一种基于语句的智能型的拼音输入法，采用拼音作为汉字的录入方式，用户不需要经过专门的学习和培训，就可以方便使用并熟练掌握这种汉字输入技术。为用户提供了模糊音设置，不必担心微软拼音输入法"猜不出"非标普通话的拼音输入。微软拼音输入法的状态条如图 1-7 所示。

CH 中文(中国) 微软拼音输入法 2003 输入风格 中中/英文 全/半角 中/英标点 功能菜单

图 1-7 微软拼音输入法的状态条

微软拼音输入法采用基于语句的整句转换方式，用户可以连续输入整句话的拼音，不必人工分词、挑选候选词语，这样既保证了用户的思维流畅，又大大提高了输入的效率。

微软拼音输入法还为用户提供了许多特性，如自学习和自造词功能，经过短时间的与用户交流，微软拼音输入法能够学会用户的专业术语（见图 1-8）和用词习惯。从而，微软拼音输入法的转换准确率会更高，用户使用也更加得心应手。

微软智能拼音自带语音输入功能，具有极高的辨识度，并集成了语音命令的功能。微软智能拼音还和 Office 系列办公软件密切地联系在一起，安装了 Office Word 即安装了该输入法，也可以手动安装。微软智能拼音还支持手写输入。

图1-8 微软拼音输入法中的自学习词表

1.1.3 仿汉字字典的查询案例

人名地名生僻字较多，如"懋"、"翀"，这些字怎么输入到计算机内，这些字怎么读？手上也没有字典可查，不能用拼音输入法，也不会用五笔拆字输入。这时怎么办？

在 Windows 中，Charmap（C:\Windows\System32\charmap.exe）工具可以帮助我们解决问题。

可以在 Windows XP "开始"菜单的"运行"对话框中启动 Charmap。通过选择"高级设置"→"分组"→"按偏旁部首分类的表意文字"（见图1-9），像查汉字字典一样，查到所需要的汉字（见图1-10～图1-12）。可以通过把文字复制到文字处理软件（如 Word）中，再选中该字后，单击右键，根据同音字来查得读音（见图 1-13）。或从"查阅"和"翻译"中查阅该字的用法和含义、英文译法等（见图1-14）。

图1-9 选择 Charmap 的分组

图1-10 选择文字的偏旁

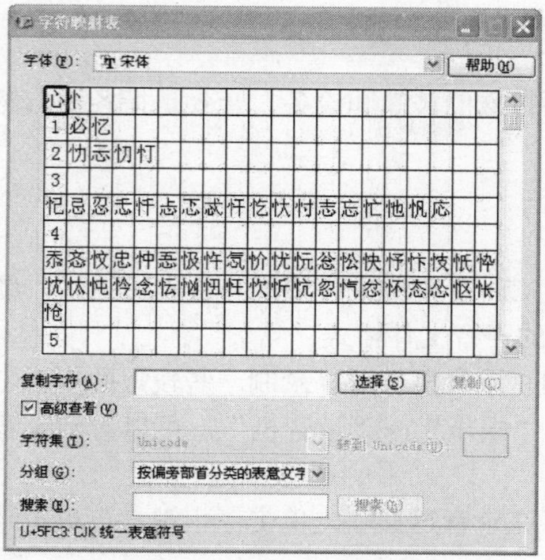

图 1-11 选择文字的起始部分

图 1-12 根据笔画数查得汉字

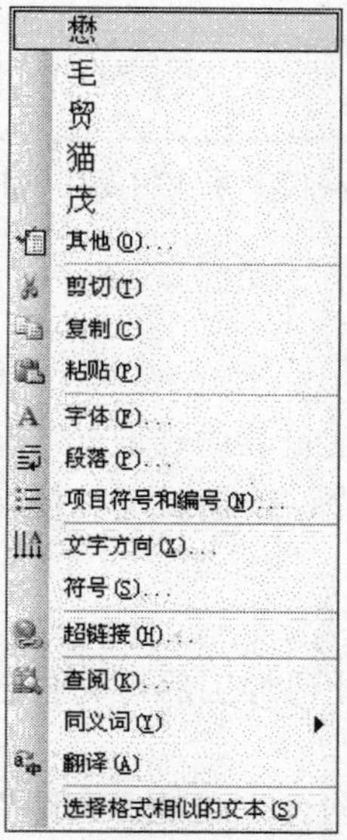

图 1-13 在 Word 中用鼠标右键获得同音字

图 1-14 所查阅文字的双语解释

1.1.4　声音的输入、获取与存储

所谓的声音包括音乐和音效。音乐的创作需要特殊的技能和设备。音效是指各种自然的声音，因此这里主要讨论音效的采集和处理。

获取计算机可以使用的声音信息数据可以通过：

⊙ 下载网络上的声音文件。

⊙ 剥离视频中的声音，如通过软件将 VCD、CD 等视频文件中的声音剥离出来，经格式转换，可将剥离出来的声音保存成适当的声音文件格式。

⊙ 声音的录制：利用 Windows XP 系统中的"录音机"可以录制一些较短的声音。方法是："开始"→"程序"→"附件"→"娱乐"→"录音机"，可以看到录音机录音界面（见图 1-15）。

"录音机"的默认录音时间只有 60 秒，但可以在录音过程中先单击停止键，再单击录音键，即可在原录音时间基础上追加 60 秒。

此外，还可以用其他声音制作与编辑软件进行录制声音，如 GoldWave，并对录制的声音文件进行编辑处理。

为了通过计算机录制声音，需要对计算机的麦克风功能进行设置和测试。由于 Windows 操作系统平时不使用录音功能，所以麦克风处于关闭状态，需要进行设置后才能进行录音操作（见图 1-16）。

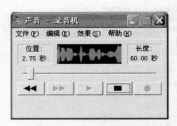

图 1-15　"录音机"软件

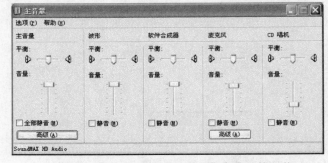

图 1-16　Windows XP 系统中麦克风的调节

1.1.5　图像的采集和绘制

计算机中的图像，可以通过以下多种方式获取：

① 利用数码相机（包括可以拍照片的手机），直接从现实世界中获取数字化图像。

② 扫描仪可以方便地采集数字化图像，可以把纸质照片、杂志以及其他印刷品上的信息转换成数字格式。

③ 在 Window 操作系统中，可以用屏幕截图软件获得图片。

④ 在网络上，也可以搜索到需要的图形、图像，下载处理加工后可为自己所用，但是要注意版权问题。

计算机还可以用来进行图形设计。Windows 操作系统"附件"中的"画图"是一个功能全面的小型绘图程序，它能处理简单的图形（见图 1-17）。还有一些专用的图形创作软件，如 AutoCAD 用于工程设计、Visio 用于绘制流程图、CorelDRAW 用于绘制矢量图形等。

图 1-17　"画图"软件

在个人计算机应用领域，图形、图像编辑软件很丰富，Photoshop 是公认的最优秀的专业图像编辑软件之一，CorelDRAW、Illustrator、Freehand 等也是创作和编辑矢量图形的常用软件。

1.2　计算机信息数据的表达和存储

1.2.1　计算机和二进制数据

在 1937 年到 1942 年之间，美国衣阿华州立大学（Iowa State University）的教授 John V. Atanasoff 的一个研究生 Clifford E.Berry 曾致力于一个电子计算机的原型开发。Atanasoff-Berry 计算机（Atanasoff-Berry Computer，ABC）是首先采用真空管来替代机械式开关作为处理电路的计算机，它开启了基于二进制数字系统的计算的设计理念，如图 1-18 所示。ABC 通常被认为是最早的电子数字计算机。所谓二进制数字系统，是指由一连串的位（bit）来表示数据或者状态。每个位有两个状态，"0" 和 "1"，由于电流的通断正好表示这两种状态，所以从 20 世纪 30 年代开始发展的电子计算机开始采用二进制数字系统作为计算机内部的数据计算和信息表达的基础。

图 1-18　世界上首台具有二进制数字系统设计理念的计算机 ABC

按照某历史学家的观点，"最初于 1939 年展示的 ABC 并不是完全意义上的计算机，正如莱特的原型不能被称为飞机一样，不过它确实开辟了道路"。

现代计算机采用二进制数字系统作为数据计算和信息表达的基础，究其原因，包括：

- ⊙ 技术实现简单，计算机是由逻辑电路组成的，逻辑电路通常只有两个状态，开关的接通与断开，这两种状态正好可以用"1"和"0"表示。
- ⊙ 简化运算规则：两个二进制数的和、积运算组合各有三种，运算规则简单，有利于简化计算机内部结构，提高运算速度。
- ⊙ 适合逻辑运算：逻辑代数是逻辑运算的理论依据，二进制数只有两个数码，正好与逻辑代数中的"真"和"假"相吻合。
- ⊙ 易于进行转换，二进制数与十进制数易于互相转换。
- ⊙ 用二进制数表示数据具有抗干扰能力强，可靠性高等优点。因为每位数据只有高低两个状态，当受到一定程度的干扰时，仍能可靠地分辨出它是高还是低。

深入研究表明，采用二进制数字系统的计算机的优点包括：数字装置简单可靠，所用元件少；只有两个数码 0 和 1，因此它的每一位数都可用任何具有两个不同稳定状态的元件来表示；基本运算规则简单，运算操作方便。

而二进制数也存在缺点，用二进制数表示一个数时，位数太多。因此实际使用中，一般采用十进制数将数字送入数字系统，然后由计算机转换成二进制数进行处理和运算，运算结束后再将二进制数转换为十进制数供人们阅读。

1.2.2　数制转换

为了使得计算机可以进行正常的计算和数据表达，二、十进制之间必须有办法够相互转换，这种办法称为按权展开求和法。二进制与十进制间的相互转换介绍如下。

（1）二进制转十进制

方法："按权展开求和"。转换规律：个位上的数字的次数是 0，十位上的数字的次数是 1，…，依次递增，而十分位的数字的次数是−1，百分位上数字的次数是−2，……，依次递减。例如，$(1011.01)_2 = (1×2^3+0×2^2+1×2^1+1×2^0+0×2^{-1}+1×2^{-2})_{10} = (8+0+2+1+0+0.25)_{10} = (11.25)_{10}$。

注意：不是任何一个十进制小数都能转换成有限位的二进制数。

（2）十进制转二进制

十进制整数转二进制数："除以 2 取余，逆序排列"（除二取余法），Windows 中的"计算器"程序可以验证（见图 1-19）。

图 1-19　计算器可进行二、八、十、十六进制整数的互转

【例1-1】 $(89)_{10}=(1011001)_2$。

$89\backslash2\cdots\cdots1$

$44\backslash2\cdots\cdots0$

$22\backslash2\cdots\cdots0$

$11\backslash2\cdots\cdots1$

$5\backslash2\cdots\cdots1$

$2\backslash2\cdots\cdots0$

1

十进制小数转二进制数："乘以2取整，顺序排列"（乘2取整法）。

【例1-3】 $(0.625)_{10}=(0.101)_2$

$0.625\times2=1.25\cdots\cdots1$

$0.25\times2=0.50\cdots\cdots0$

$0.50\times2=1.00\cdots\cdots1$

在程序设计过程中，往往需要直接使用二进制数据进行计算和输出，但使用二进制数输入数据，程序书写过程中的数据会非常长，所以一般使用八进制或十六进制数来表达二进制数值。

二进制数转换成八进制数：从小数点开始，整数部分向左、小数部分向右，每3位为一组，用1位八进制数的数字表示，不足3位的用"0"补足3位，就得到一个八进制数。

八进制数转换成二进制数：把每个八进制数转换成3位的二进制数，就得到一个二进制数。八进制数字与二进制数字对应关系如表1.3所示。

【例1-3】 将八进制的37.416转换成二进制数。

$3\ 7\ .\ 4\ 1\ 6$

$011\ 111.100\ 001\ 110$

即$(37.416)_8=(11111.10000111)_2$

【例1-4】 将二进制的10110.0011转换成八进制。

$010\ 110\ .\ 001\ 100$

$2\ 6\ .\ 1\ 4$

即$(10110.011)_2=(26.14)_8$

（3）十六进制与二进制的转换

二进制数转换成十六进制数：从小数点开始，整数部分向左、小数部分向右，每4位为一组，用1位十六进制数的数字表示，不足4位的用"0"补足4位，就得到一个十六进制数。

十六进制数转换成二进制数：把每个十六进制数转换成4位的二进制数，就得到一个二进制数。

十六进制数字与二进制数字的对应关系如表1.4所示。

表1.3 二、八进制转换表

000→0	100→4
001→1	101→5
010→2	110→6
011→3	111→7

表1.4 二、十六进制转换表

0000→0	0100→4	1000→8	1100→C
0001→1	0101→5	1001→9	1101→D
0010→2	0110→6	1010→A	1110→E
0011→3	0111→7	1011→B	1111→F

【例 1-5】 将十六进制数 5DF.9 转换成二进制数。

　　　　　5　D　F　.　9

　　　　0101 1101 1111.1001

即$(5DF.9)_{16} = (10111011111.1001)_2$。

【例 1-6】 将二进制数 1100001.111 转换成十六进制数。

　　　　0110 0001. 1110

　　　　　6　　1　. 　E

即$(1100001.111)_2 = (61.E)_{16}$。

1.2.3 数字化的含义

计算机可以通过开关位和二进制数格式存储十进制数字。但是，二进制数字系统存在着某些限制。例如，许多早期的微型计算机系统的字长为 8 位，那么，这种计算机用二进制数可以存储的最大十进制数是多少？答案是 255。如果把 1 赋给所有的 8 位，可以得到二进制数 11111111，等于十进制数的 255。

使用二进制数字系统，8 位的计算机系统不能表示大于 255 和小于 0 的数。这样的计算机系统不会很有用处，因此计算机科学家发明了各种不同的方案来使用更多的二进制数位表示更大的数字和其他信息。因为这些设计方案普遍使用二进制数 0 和 1，所以也被称为二进制编码或数字化。

数字化就是将许多复杂多变的信息转变为可以度量的数字、数据，再以这些数字、数据建立起适当的数字化模型，把它们转变为一系列二进制代码，引入计算机内部，进行统一处理，这就是数字化的基本过程。

例如，数字化可将任何连续变化的输入（如绘图的线条或声音信号）转化为一串离散的数字单元，在计算机中用二进制数位表示。通常，这个过程被称为模数（A/D）转换。

数字化是数字计算机的基础。若没有数字化技术，就没有当今的计算机，因为数字计算机的一切运算和功能都是用数字来完成的。数字、文字、图像、语音等各种信息，实际上通过采样过程后，都可以用由 0 和 1 组成的位串来表示，这样数字化以后的位串或位流是各种信息最基本、最简单的表示。因此计算机不仅可以进行计算，还可以演奏音乐、发传真、看录像，这是因为二进制位串可以表示各种数据和信息，进而可以描述千差万别的现实世界。

数字化数据的计量单位有 MB、GB、TB、bps 或 b/s 等。

1 bit = b（缩写为"b"，中文称为"比特"）

1 byte = 8 bit=B（缩写为"B"，中文称为"字节"）

1 KB = 1 024 bytes；1 MB = 1 024 KB = 1 048 576 bytes

1 GB = 1 024 MB = 1 048 576 KB；1 TB = 1 024 GB = 1 048 576 MB

计算机存储设备中一般使用字节作为计量单位。在计算机网络通信和数据传输过程中，一般使用 bit 作为计量单位。例如，一路数字化语音需要的带宽为 64 kbps（bit per second）或 64 kb/s，表示每秒传输 64 000 比特的数据。

1.2.4 文字信息编码

在计算机处理的数据中，首先遇到的问题是如何将各种文字信息输入到计算机中，即使是用于计算的数值，也要通过键盘或其他手段输入到计算机中，转换成二进制数据后才能计算。由于计算机发展历史上的原因，各种文字编码由简到繁，由拉丁文字发展到表意文字，不断地发展、分化、融合。计算机应用的平台有"桌面"和"网络"之分，不同编码方案的应用各有侧重，需要特别关注。

1. ASCII 和 ISO 8859-1

西文由拉丁字母、数字、标点符号及一些特殊符号所组成，通称为字符（character）。所有字符的集合称为字符集。字符集中，每个字符各有一个代码（字符的二进制数表示），它们互相区别，构成了该字符集的代码表，简称码表。

字符集有多种，编码也多种多样，目前使用的最广泛的计算机西文字符集及其编码是ASCII 码，即美国标准信息交换码（American Standard Code for Information Interchange），它已被国际标准化组织（ISO）批准为国际标准，称为 ISO 646 标准。

ASCII 码是 7 位编码，编码范围是 00H～7FH（H 为十六进制数的标识）。ASCII 字符集包括英文字母、阿拉伯数字和标点符号等字符。

标准的 ASCII 码是 7 位码，用 1 字节（8 位）表示，最高位为 0，可以表示 128 个字符，可以使用二进制数、十进制数或十六进制数来表示。其中，00H～20H 和 7FH 共 33 个控制字符，其他代码可以用来表示数字、字母和标点符号等。数字字符 0～9 的 ASCII 码是连续的，为 30H～39H；大写字母 A～Z 和小写英文字母 a～z 的 ASCII 码也是连续的，分别为 41H～54H 和 61H～74H。因此，在知道一个数字或字母的编码后，即可推算出其他数字和字母的编码（见表 1.5）。

表 1.5　ASCII 代码表

ASCII	0	1	2	3	4	5	6	7	8	9	A	B	C	D	E	F
0	NUL	SOH	STX	ETX	EOT	ENQ	ACK	BEL	BS	HT	LF	VT	FF	CR	SO	SI
1	DLE	DC1	DC2	DC3	DC4	NAK	SYN	ETB	CAN	EM	SUB	ESC	FS	GS	RS	US
2	SP	!	"	#	$	%	&	'	(	)	*	+	,	-	.	/
3	0	1	2	3	4	5	6	7	8	9	:	;	<	=	>	?
4	@	A	B	C	D	E	F	G	H	I	J	K	L	M	N	O
5	P	Q	R	S	T	U	V	W	X	Y	Z	[	\	]	^	_
6	`	a	b	c	d	e	f	g	h	i	j	k	l	m	n	o
7	p	q	r	s	t	u	v	w	x	y	z	{			}	~	DEL

例如，大写字母 A 的 ASCII 码为 41H 或 65，小写字母 a 的 ASCII 码为 61H 或 97。

标准的 ASCII 码有 94 个可打印（或显示）的字符，称为图形字符。这些字符有确定的结构形状，都可以在计算机键盘上能找到相应的键，可将对应字符的二进制编码输入计算机，可在显示器和打印机等输出设备上输出。

只支持 ASCII 码的应用系统会忽略字节流中每个字节的最高位，只认为低 7 位是有效位。20 世纪 80～90 年代的汉字字符编码就是早期为了在只支持 7 位 ASCII 系统中传输中文而设计的编码。因特网中的邮件协议 SMTP 也只支持 ASCII 编码，为了传输中文邮件必须使用BASE64 或者其他编码方式。

由于 ASCII 编码不能包含除英文以外的其他西欧语言的字母，因此 ASCII 编码在西欧国家并不通用。针对这个问题，ISO 在 ASCII 编码的基础上进行了扩充，制定了 ISO 8859-1 编码（亦称为 ISO Latin-1）。ISO 8859-1 编码使用了一个字节的全部 8 位，编码范围是 0～255。

除 ASCII 收录的字符外，收录的字符还包括西欧语言、希腊语、泰语、阿拉伯语、希伯来语对应的文字符号。而欧元符号出现的比较晚，没有被收录在 ISO-8859-1 中。ISO 8859-1 编码使用 00H～1FH 作为控制字符，20H～7FH 表示字母、数字和符号等图形字符，A0H～FFH 作为附加部分使用。因为 ISO 8859-1 编码范围使用了单字节内的所有空间，在支持 ISO 8859-1 的系统中传输和存储其他任何编码的字节流都不会被抛弃。换言之，把其他任何编码的字节流当作 ISO 8859-1 编码看待都没有问题。这是个很重要的特性，MySQL 数据库默认编码是 Latin-1 就是利用了这个特性。

西文字符集的编码较常见的还有 EBCDIC 码，该码用 8 位二进制数（1 字节）表示，共有 256 种不同的编码，可表示 256 个字符，在某些厂商（如 IBM 公司）的一些产品中常使用。

2．GB 2312—1980、GBK 和 GB 18030

从 1975 年开始，我国为了研究汉字的使用频度，进行了大规模的字频统计工作，内容包括工业、农业、军事、科技、政治、经济、文学、艺术、教育、体育、医药卫生、天文地理、自然、化学、文字改革、考古等多方面的出版物。在数以亿计的浩瀚文献资料中，统计出实际使用的不同的汉字数为 6335 个，其中有 3000 多个汉字的累计使用频度达到了 99.9%，而其余的累计频度不到 0.1%。这说明了常用汉字与次常用汉字的数量不足 7000 个，为国家制定汉字库标准提供了依据。

国家标准汉字编码全称是"信息交换用汉字编码字符集（基本集）"，国家标准代号是"GB 2312—1980"，简称国标码，主要用途是作为汉字信息交换码使用。国标码中收集了 7445 个汉字及符号。其中，选入了 6763 个汉字，一级常用汉字 3755 个，排列顺序为拼音字典序；二级次常用汉字 3008 个，排列顺序为偏旁序；还收集了 682 个图形符号，包括数字、一般符号、拉丁字母、日本假名、希腊字母、俄文字母、拼音符号、注音字母等。在 20 世纪 80 年代，我国大陆的各种中文 DOS 版本、Windows 3.1/3.2 版本，装入的字库都是国标一、二级字库。

国标码规定：一个汉字用 2 字节来表示，每个字节只用前 7 位，最高位均未定义。为了方便书写，常常用 4 位十六进制数来表示一个汉字。例如，汉字"大"的国标码是 3473H（十六进制数）。

国标码是一种机器内部编码，主要用于统一不同的系统之间所用的不同编码。通过将不同的系统使用的不同编码统一转换成国标码，不同系统之间的汉字信息就可以相互交换。

CJK（CJK Unified Ideographs，中日韩统一表意文字）：把分别来自中文、日文、韩文、越文的，本质、意义相同，形状一样或稍异的表意文字在 ISO 10646 及 Unicode 标准中赋予相同编码。

UCS（Universal Character Set，通用字符集）：国际标准 ISO 10646 定义，所有其他字符集标准的超集，保证与其他字符集是双向兼容的，也就是说，如果将任何文本字符串翻译到 UCS 格式，再翻译回原编码，不会丢失任何信息。

随着信息技术在各行业应用的深入，GB 2312 收录汉字数量不足的缺点显露了出来。例如，"镕"字曾是高频率使用字，而 GB 2312 没有为它编码，因而政府、新闻、出版、印刷等行业和部门在使用中感到十分不便。1995 年，原电子部和原国家技术监督局联合颁布了指导性技术文件《汉字内码扩展规范》1.0 版，即 GBK。

汉字扩展内码规范 GBK 保持与 GB 2312—1980 的汉字编码完全兼容，同时在字库一级支持 ISO 10646.1（GB 13000.1）的全部其他 CJK 汉字，且非汉字符号同时涵盖大部分常用的 BIG5 中的非汉字符号。GBK 字符集中的汉字字序是：GB 2312—1980 的汉字仍然按照原有的一、二级字，分别按拼音、部首/笔画排列；GB 13000.1 的其他 CJK 汉字，按 UCS 代码大小顺序排列；追加的 80 个汉字、部首/构件，与上述两类字库分开，按康熙字典页码、字位单独排列。

1995 年之后的实践表明，GBK 作为行业规范缺乏足够的强制力，不利于其本身的推广。在银行、交通、公安、户政、出版印刷、国土资源管理等行业，对新的、大型的汉字编码字符集标准的要求尤其迫切。

为此，原国家质量技术监督局和原信息产业部组织专家制定发布了新的编码字符集标准，GB 18030—2000《信息技术 信息交换用汉字编码字符集 基本集的扩充》。GB 18030 的双字节部分完全采用了 GBK 的内码系统。

3．BIG5 汉字编码

BIG5 汉字编码是我国台湾地区和香港特别行政区计算机系统中使用的汉字编码字符集，包含了 420 个图形符号和 13070 个汉字（不使用简化字库）。编码范围是 8140H～FE7EH、81A1H～FEFEH，其中 A140H～A17EH、A1A1H～A1FEH 是图形符号区，A440H～F97EH、A4A1H～F9FEH 是汉字区。

4．Unicode 和 UTF-8

Unicode 是一种在计算机上使用的字符编码，它为每种语言中的每个字符设定了统一并且唯一的二进制编码，以满足跨语言、跨平台进行文本转换、处理的要求。它于 1990 年开始研发，1994 年正式公布。随着计算机工作能力的增强，Unicode 也得到了普及。

一般来说，Unicode 编码系统可分为编码方式和实现方式两个层次。

（1）Unicode 编码方式

Unicode 的编码方式与 ISO 10646 通用字符集（UCS）的概念相对应。目前，用于实用的 Unicode 版本对应于 UCS-2，使用 16 位的编码空间，即每个字符占用 2 字节。这样理论上最多可以表示 65 536（2^{16}）个字符，基本满足各种语言的使用。实际上，目前版本的 Unicode 尚未用完这 16 位编码，保留了大量空间作为特殊使用或将来扩展。这样的 16 位 Unicode 字符构成基本多文种平面（Basic Multilingual Plane，BMP）。

UCS 的总体结构是一个四维编码空间，包含 00H～7FH 共 128 组（三维），每组包含 00H～FFH 共 256 个平面（二维），每个平面包含 00H～FFH 共 256 行（一维），每行共 256 字位（00H～FFH），每个字位用 1 字节（8 位二进制数）表示。因此，在 UCS 中，每个字符用 4 字节编码，对应着每个字符在编码空间的组号、平面号、行号和字位号，上述 4 个 8 位二进制数编码形式称为 UCS 的 4 个 8 位正则形式，记为 UCS-4。UCS 提供了一个极大的编码空间，可以包括多个独立的字符集。每个字符在这个 4 字节编码空间中都有绝对的编码位置。

UCS 中的表意文字采用中、日、韩汉字统一（CJK）编码方式，以现有各标准字符集作为源字符集，将其中的汉字按统一的认同规则进行认同、甄别后，生成涵盖各源字集并按东亚著名的四大字典（康熙字典、大汉和字典、汉语大字典及大字源）的页码序位综合排序，构成 UCS 中的表意文字部分（20902 个字符）。已收入 UCS 的 20902 个 CJK 汉字，从中国的角度看，有 17124 个字源自 GB；从中国台湾的角度看，有 17258 个字源自 TCA-CNS；从日本的角度看，有 12157 个字源自 JIS；从韩国的角度看，有 7476 个字源自 KSC。它们采用 2 字节编码，现已被批准为我国国家标准（GB13000）。

UCS 是一个由各种大、小字符集组成的编码体系。它的优点是编码空间大，能容纳足够多的各种字符集；缺点是引用不同的字符集信息量大，在信息处理效率和方便性方面还不理想。解决这个问题的方案是使用 UCS 的顺位形式的子集（UCS-2），又称为 Unicode 编码，其编码长度为 16 位。全部编码空间都统一安排给控制字符和各种常用大、小字符集。由于它把各个主要大、小字符集的字符统一编码于一个体系，既能满足多字符集系统的要求，又可以把各个字符集中的字符作为等长码处理，因而具有较高的处理效率。但是 Unicode 也有明显的缺点：首先，实用中几万字的编码空间仍嫌不足；其次，Unicode 与 ASCII 码不兼容，这使目前已有的大量数据和软件资源难以直接继承使用，因而成为推广这种编码体系的最大障碍。

（2）Unicode 实现方式

Unicode 的实现方式不同于编码方式。一个字符的 Unicode 编码是确定的，但是在实际传输过程中，由于不同系统平台的设计不一定一致和出于节省空间的目的，对 Unicode 编码的实现方式有所不同。Unicode 的实现方式称为 Unicode 转换格式（Unicode Translation Format，UTF）。

例如，如果一个仅包含基本 7 位 ASCII 字符的 Unicode 文件，如果每个字符都使用 2 字节的原型 Unicode 编码传输，其第 1 字节的 8 位始终为 0。这就造成了比较大的浪费。对于这种情况，可以使用 UTF-8 编码。OTF-8 是一种变长编码，它将基本 7 位 ASCII 字符仍用 7 位编码表示，占用 1 字节（首位补 0）；而遇到与其他 Unicode 字符混合的情况，将按一定算法转换，每个字符使用 1～3 字节编码，并利用首位为 0 或 1 进行识别。

如果直接使用与 Unicode 编码一致（仅限于上文提及的 BMP 字符）的 UTF-16 编码，由于 Macintosh 机和 PC 机上对字节顺序的理解是不一致的，这时同一字节流可能会被解释为不同内容，如编码为 U+594EH 的字符"奎"同编码为 U+4E59H 的"乙"就可能发生混淆。于是在 UTF-16 编码实现方式中使用了大尾序（big-endian）、小尾序（little-endian）的概念，以及 BOM（Byte Order Mark）解决方案。

（3）UTF-8

在 UNIX 下使用 UCS-2（或 UCS-4）会导致非常严重的问题。用这些编码的字符串会包含一些特殊的字符，如'\0'或'/'，它们在文件名和其他 C 语言库函数参数里都有特别的含义。另外，大多数使用 ASCII 文件的 UNIX 下的应用程序，如果不进行重大修改是无法读取 16 位字符的。基于这些原因，在文件名、文本文件、环境变量等地方，UCS-2 不适合直接作为 Unicode 的实现编码。

RFC 2279 中定义的 UTF-8 编码没有这些问题，它是在 UNIX 风格的操作系统下实现 Unicode 的常用方法。

用 Unicode 字符集写的英语文本是 ASCII 或 Latin-1 写的文本大小的 2 倍。UTF-8 则是 Unicode 压缩版本，对于大多数常用字符集（ASCII 中 0～127 字符），它只使用单字节，而对其他常用字符（特别是朝鲜和汉语会意文字），它使用 3 字节（见表 1.6）。如果写的主要是英语，那么 UTF-8 可减少文件大小一半左右。如果主要写汉、日、韩语，那么 UTF-8 会把文件大小增大 50%。UTF-8 就是以 8 位为单元对 UCS 进行编码。UTF-8 的一个特别的优点是它与 ISO 8859-1 完全兼容。这样，为数众多的英文文件不需任何转换就自然符合 UTF-8，这对向英文国家推广 Unicode 有很大帮助。

表 1.6　UTF-8 的格式

UCS-2 编码（十六进制数）	UTF-8 字节流（二进制数）
0000～007F	0xxxxxxx
0080～07FF	110xxxxx 10xxxxxx
0800～FFFF	1110xxxx 10xxxxxx 10xxxxxx

UTF-8 有如下特性：

① UCS 字符 U+0000H～U+007FH（ASCII）被编码为字节 00H～7FH（ASCII 兼容），这意味着只包含 7 位 ASCII 字符的文件在 ASCII 和 UTF-8 两种编码方式下是一样的。

② 所有大于 U+007FH 的 UCS 字符被编码为一个多个字节的串，每个字节都有标记位集。因此，ASCII 字节（00H～7FH）不可能作为任何其他字符的一部分。

③ 表示非 ASCII 字符的多字节串的第一个字节总是在 C0H～FDH 范围内，并指出这个字符包含多少字节。多字节串的其余字节都在 80H～BFH 范围内，这使得重新同步非常容易，并使编码超越国界，且很少受丢失字节的影响。

④ UTF-8 编码字符理论上可以最多有 6 字节，而 16 位 BMP 字符最多用到 3 字节。

5．文字编码的应用

各种文字的编码方案在不同时期的计算机产品中有所体现，例如，Windows 3.2 采用的是 GB 2312 作为中文版的内码；Windows 95/98/ME 则以 GBK 为基本汉字编码，但兼容支持 GB 2312；而 Windows 2000/XP/Vista/7 则使用的是 Unicode 编码方式（其中汉字编码就是 CJK 方案）。桌面操作系统的进化步伐显然比万维网快得多，这是由 Windows 操作系统的应用普遍性决定的。但是，万维网的代码进化则受到诸多因素的制约，首先网络上大部分服务器的操作系统为 UNIX/Linux 类的产品，不能直接支持 Unicode，而向 UTF-8 的转换需要大量的人力的投入。在现阶段，中文类网页发展的方向在万维网上是 UTF-8，但是在相当部分的中文网站中，GB 2312 和 GBK 仍大量存在。由于各种文字编码的存在，出现编码问题的几率也大量增加。下面的案例试图说明遇到此类问题的解决办法。

（1）全角和半角问题

由于汉字编码的特点，我们会遇到两个最基本且又非常重要的概念，那就是全角与半角。

形象地说，在使用英文输入法时，计算机屏幕上，一个英文字符（如 ASCII 码中的"a"）所占的位置被称为"半角"，而一个汉字所占的位置则等于两个英文字符，被称为"全角"。

在日常使用的计算机系统里，初始输入法一般都默认为英文输入法（输入的文字信息为 ASCII 码），这时自然会处在半角状态下，无论是输入字母、符号还是数字，始终都只占一个英文字符的位置。若切换到中文输入法状态下，则会有全角、半角两种选择。对中文字符来说，这两种选择没有影响，始终都要占两个英文字符的位置；但对此状态下输入的符号、数字以及英文字母来说，就显得很重要。例如，"QUAN"与"ＱＵＡＮ"，前者输入选择的是半角（在计算机中以 ASCII 码字母编码存在），后者为全角（依据操作系统的不同，可以是 GB 2312 或 Unicode 编码字符），两者在不同的应用程序中呈现的视觉结果会有差异，但有时候会被忽视。在选择全角后，即便是字母、符号、数字，都无一例外地要被当成汉字编码进行处理。

如果忽视半角和全角间的切换，会遇到一些怪事，如上网时经常要输入密码或网址，若此时在全角状态下进行，将因为系统无法确认（因为是完全不同的编码）而导致失败；在发送电子邮件的时候，把电子邮件地址写成 xxx@xxx.com，即全角"@"的形式，而不是符合规定的半角"@"形式，结果也只能是无法成功发送邮件。要强调的是，在使用命令行输入计算机命令和参数，在程序设计环境中使用标点、符号和空格等场合，都要求使用半角（实质上是 ASCII 码）进行输入。而忽视这一点，会带来难以预料的各种问题，如系统反馈无法执行命令或程序编译失败等。

所以，绝对不能忽视全角和半角的差异带来的问题。在中文输入状态下，它们的情况会被显示在输入法提示栏中。比如，在智能 ABC 的提示栏中有相应按钮供转换，其形状为"半月"的是半角，"圆月"的是全角，可用鼠标单击"半月/圆月"或用快捷键 Shift+Space 进行全角和半角间的切换。

（2）解决网页浏览时出现的乱码问题

这种问题的产生，往往是网页内容的编辑对万维网的国际化程度认识不足引起的，有的 HTML 文件作者，特别是英文作者，在文件中不指定字符集。如果网页中使用了 80H～FFH 之间的字符，中文 Windows 又按照默认的 GBK 或 GB 2312 去解释，就会出现乱码。这种情况可以通过 Firefox 浏览器的属性页面来查看（见图 1-20 和图 1-21）。

图 1-20　测试网页使用出现乱码

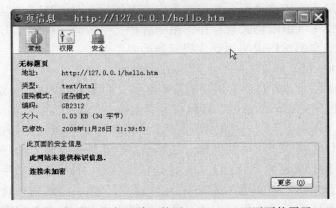

图 1-21　属性页面说明了问题：服务器默认使用 GB2312，而网页使用了 UTF-8 但没有说明

这时只要在这个 HTML 文件中的<head></head>标记之间加上指定字符集的语句，例如：

        `<meta http-equiv="Content-Type" content="text/html; charset=UTF-8">`

如果原作者使用的代码为 GB 2312，即使没有在网页中说明代码，因为同服务器默认代码一致，也不会出现乱码。

（3）解决网站内容的更新问题

在某种 e-Learning 环境中，系统管理员每学期需要做的事情之一是把选课学生的资料以文本文件的形式批量上传，以便为新学期做好准备。某位系统管理员在为新近安装的课程管理系统上传学生名单时发现了新情况，内容中所有的 ASCII 字符完全正确，但是学生姓名等汉字信息则出现乱码，在一番检查后发现，新版课程管理系统要求使用 UTF-8 字符编码。

在 Windows XP 操作系统附带的"记事本"中，"另存为"对话框中可以选择 4 种编码方式，除去非 Unicode 编码的 ANSI 外，"Unicode"、"Unicode big endian"和"UTF-8"分别对应 Unicode 编码三种实现方式（见图 1-22）。用"记事本"把文本内容按照 UTF-8 重新保存后，再次上传，则没有再出现乱码。

图 1-22　Windows 中的"记事本"可以转换文字编码

1.2.5　图像信息的表达

图形（如照片和图画）与包含数字和文字的文档不同。显而易见，计算机不能用字符编码（如 ASCII）来存储和传送图形，计算机必须将图形编码成由 0 和 1 组成的位串来存储和传送。在计算机系统中，有两种非常不同的图形编码方法：位图和矢量图。这两种编码方法不同，不仅会影响到图像的质量、所用存储空间的大小，还会影响图像传送的时间和修改的难易程度。

（1）位图图像

计算机通过编码方式确定计算机屏幕每个像素（pixel）的状态并存储位图图像，如数码照片。位图图像包含的范围很广，既可以是简单的黑白图像，也可以是全真色彩的照片（见图 1-23）。最简单的位图图像是单色图像（二值图像），所包含的颜色仅仅有黑色和白色两种。为了理解计算机怎样对单色图像进行编码，可以考虑把一个网格叠放到图像上。网格把图像分成许多单元，每个单元相当于计算机屏幕上的一个像素。

图 1-23　位图与像素示意图

对于单色图像，每个单元（或像素）都标记为黑色或白色。如果某图像单元对应的颜色为黑色，则在计算机中用 0 来表示；如果图像单元对应的颜色为白色，则在计算机中用 1 来表示。网格的每一行用一串 0 和 1 来表示，计算机在存储单色图像时使用 0 来表示黑色像素，使用 1 来表示白色像素（见图 1-24）。对于单色图像来说，用来表示全屏图像的位数和屏幕中的像素数正好相等。所以，用来存储图像的字节数等于总位数除以 8。看看图 1-24 的计算，就可以知道它是怎样工作的。分辨率为 250×130 的单色图像需要 32 500 个二进制位。每个字节为 8 位，因此图像需要 4062 字节（4 MB），这个存储空间真不算大。但是，单色图像使用的机会并不多（如 OCR），作为图像，它们看起来不太真实。

灰度图像用不同等级的灰色按比例显示位图图像。如果说单色图像如同剪纸的效果，那么，灰度图像则与黑白照片效果相似。使用的灰度级越多，图像看起来越逼真。为了表示如图 1-25 所示的灰度图像，计算机需要使用比单色图像更为复杂的编码方案。通常，计算机用 256 级灰度来显示灰度图像。

图 1-24　250×130 的单色图像的存储空间约为 4KB　　　　图 1-25　灰度图像相当于黑白照片

对于 256 级灰度图像，需要使用多少二进制位呢？在 256 级灰度图像中，每个像素可以是白色、黑色或灰度中 254 级中的任何一个——共 256 种可能性。传送 256 个信息单元需要多少位呢？答案是 8，2^8=256。这样，256 级灰度图像的每个像素需要 8 位（1 字节）。一幅分辨率为 490×460 的 256 级灰度图像需要 225 400 字节。

256 色图像中，每个像素需要 8 位（1 字节）。一个 256 色的全屏图像（分辨率为 1024×768）需要 786 432 字节，是 16 色图像的存储空间的 2 倍，与 256 级灰度图像一样。照片质量的图像可以显示多达 1670 万种颜色，称为 24 位或真彩色图像。为了表示 1670 万色图像，每个像素需要 24 位（3 字节）来表示。

图像文件可能相当庞大，这样大的文件需要很长的传输和下载时间。如果在家里从网络下载一个 640×480 大小的 256 色位图，要花费半分钟或更长时间。而下载 16 色同样大小的图像文件则可以减少一半的时间。

扫描的照片和其他常见图像通常被保存为位图图像。扩展名为.bmp、.pcx、.tif、.jpg 和.gif 的文件，通常意味着文件中包含位图图像。文件扩展名通常作为文件格式的名称，如扩展名为 .gif 的文件通常被称为"GIF 格式文件"。

因为位图文件被编码为一系列的位串来表示像素，因此可以通过修改单个像素来修改或者编辑此类图像。可以使用位图图像软件（也称为"照片编辑软件"或"画图软件"）来修改位图文件。图像编辑软件能够将图片的局部进行放大，以便更加方便地对单个像素进行修改。因为按像素修改大幅图像是很乏味的过程，位图图像软件提供了一些附加的操作工具，如剪切、复制、粘贴和填充图片区域的颜色等。

位图图像软件具有修改照片级质量图像的能力，如可以润饰和修复老照片，润色新照片。一些常见的位图处理软件，如"光影魔术手"，可以批量处理和修改位图文件或数码照片（见图1-26）。

图 1-26 可以处理照片的"光影魔术手"软件

（2）矢量图像

矢量图像由一系列可重构图像的指令构成。在创建矢量图像的时候，可以用不同的颜色来绘制线条和图形，计算机再将这一连串线条和图形转换为能重构图像的指令。计算机只存储这些指令，而不是真正的图像。矢量图像看起来没有位图图像逼真（见图1-27）。

图 1-27 矢量图的常见效果

但是，矢量图像有几个优点，这使得它们非常适合用作绘制示意图。

① 可以把矢量图像的一部分当作一个单独的对象，单独加以拉伸、缩小、变形、上色、移动和删除，从而使得它在工程、创意和设计领域具有广泛的用途。例如，假设某矢量图像中包含一辆银色的汽车，你可以方便地把它移到不同的位置、放大或改变它的颜色。当缩小或者放大矢量图像时，对象也会按比例变化，以保证边缘平滑。位图中的圆形在放大之后会出现齿痕，而矢量图像中的圆形在任何尺寸下看起来都是平滑的。

② 同时，矢量图的存储空间比位图小得多。其存储空间的需求与图像的复杂性有关，每条指令都需要存储空间，所以图像中的线条、图形、填充模式越多，所需要的存储空间越大。矢量图像文件通常包含文件扩展名，如.wmf、.dxf、.mgx、.eps、.cgm。矢量图像软件是指"绘画软件"，而且在通常情况下，是与位图图像软件不同的软件包。流行的矢量图像软件包有 Microsoft Visio、Corel DRAW 和亿图等。

使用矢量图像软件来画一个图像时，可以使用画图工具来创建图形或物体，也可以通过选择不同的几何物体，连接不同的点，而创建不同的应用图形。例如，可以使用填充圆工具来画一个圆，并填充以颜色，通过选择和改变对象的位置、大小和颜色，可以将创建的多个对象组合成一个图像，加注必要的说明，如尺寸大小、对象的用途、图形的名称等。图 1-28 显示了怎样使用画图工具来创建一个矢量图像。

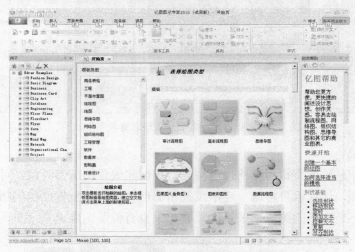

图 1-28　亿图绘图软件可以绘制矢量图像

1.2.6　声音信息的表达

在计算机应用中，声音主要分为 3 种：

① 背景音乐，其主要作用是烘托气氛，引发目标受众的情结和情感，增强作品的感染力。针对不同的主题，应该配以不同风格、情调、节奏的音乐，使背景音乐和主题风格协调、一致。

② 旁白解说，其主要作用是强化画面信息，对画面信息进行补充说明。

③ 效果音乐。铃声、笛声、鸟叫等声音称为效果音乐，也称为音效，其主要作用是吸引目标受众的注意。

计算机中广泛应用的数字化声音文件有两类：一类是采集各种声音的机械振动得到的数字文件（也称为波形文件），其中包括音乐、语音及自然界的效果音等；另一类是专门用于记录数字化乐声的 MIDI 格式的文件。

常见的声音处理方法有：

⊙ 声音信息的数字化，如将语言或磁带上的声音录制成音频文件。

⊙ 对已有的数字化音频信息进行编辑，如截取音频文件片断，将 WAV 格式的文件转换为 MP3 格式的文件（这些内容将在第 6 章中描述）。

1. 波形音频

波形音频是声音的数字形式表示。音乐、语音和自然界的各种声音都可以以波形形式进行记录。对于声音的数字记录来说，会周期性地对声音波形进行采样，并以数字数据的形式进行存储。图 1-29 显示了计算机怎样用数字方式对声音波形进行采样。

音乐 CD 是按照样本速率 44.1 kHz 进行录音的,这意味着每秒进行 44100 次的声音采样。16 位用于每个样本，为获得立体声效果，需要 2 倍的 16 位样本，因此每个样本需要 32 位的存储空间。当以 44.1 kHz 对立体声 CD 质量音乐进行采样时，一辑典型的音乐专辑 CD（45分钟）需要 454 MB 的存储空间。

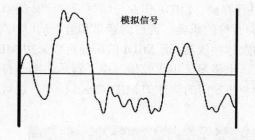
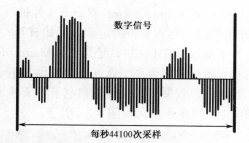

图 1-29　计算机对音波信息进行数字化采样

为了节省存储空间，不需要高品质音效的应用程序可以使用较低的采样速率。如果设定语音采样速率为 8 kHz，即每秒采样 8000 次、单声道。这样，声音的质量比较低，而文件大小只有以 44.1 kHz/16 位/双声道录制的相似声音文件的 1/25（见图 1-30）。

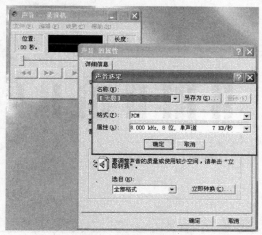

图 1-30　通过"声音选定"调整采样速率

存储在计算机上的波形文件的扩展名有 .wav、.mod、.au 和 .voc 等。可以使用 Windows 系统自带的"录音机"和"媒体播放器"程序来记录和播放波形文件，这些音乐文件播放通常需要通过声卡和扬声器配合。

2．MIDI 音乐

MIDI（Musical Instrument Digital Interface，乐器数字接口）是电子乐器用来交流、传输信号的一种协议，相当于一个指令系统，其指令里包含各种器乐数据信息，这些信息通过 MIDI 线路发送给音源，音源按照指令发出声音。计算机中的 MIDI 文件包含 MIDI 乐器和 MIDI 声卡，用来重构声音的指令序列。尽管 MIDI 文件能存储和重构乐器声音，但不能存储和重构语音和声乐。MIDI 文件比波形文件更为紧凑。3 分钟的 MIDI 音乐仅仅需要 10 KB 的存储空间，而 3 分钟的波形音乐则需要 15 MB 的存储空间。

MIDI 对音乐的影响很广，其中最重要的影响之一是改变了作曲的方式。MIDI 是由乐器商建立的通信标准，它规定计算机、合成器（synthesizer）与其他电子设备之间交换信息和控制信号的方法。凭借各种 MIDI 软件工具、个人计算机和 MIDI 硬件，作曲家可以制作出复杂的、具有专业水平的乐曲。

MIDI 是一个音乐符号系统，允许计算机和音乐合成器进行通信。计算机把音乐编码成一个序列，并以 .mid、.cmf 或 .rol 文件扩展名进行存储。MIDI 作曲与编写乐谱十分类似。MIDI 谱曲操作包含音符的定调、开始音符、演奏音符的乐器、音符的音量和音符的时间等。

为了播放 MIDI 文件，可以使用 Microsoft 的媒体播放器；而 MIDI 的编曲可以采用 MIDI 乐器和设备，包括音乐工作站、合成器、电子琴、电钢琴、电子弦乐、电子管乐、电子打击乐、音源器、效果器、采样器和电子手风琴等。一些专门的软件如 MIDI Tracker 等，也可以用来编制 MIDI 音乐，如图 1-31 所示。

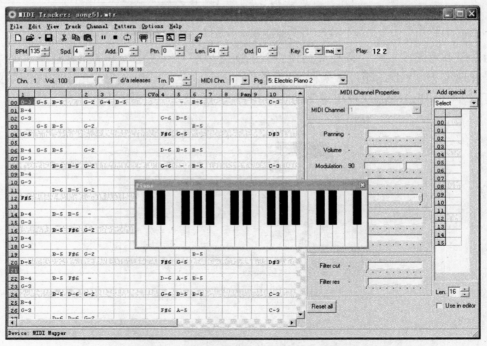

图 1-31　电子合成器作曲软件 MIDI Tracker 的工作界面

1.3 数据输入综合应用

计算机中的信息处理过程中理想的字符输入方式是利用语音或图像识别技术“自动”将文本输入到计算机中，使计算机能认识汉字（包括手写体），听懂汉语，并将其转换为机内代码表示。目前这种理想已经成为现实。

1.3.1 光学字符识别

光学字符识别（Optical Character Recognition，OCR）是指通过扫描等光学输入方式，将各种票据、报刊、书籍、文稿及其他印刷品的文字转化为图像信息，再利用文字识别技术将图像信息转化为可以使用的计算机输入技术。其基本原理是：利用光学技术对含有文字或字符的纸介质进行扫描、识别并转换成计算机内码。所需要的软件、硬件支持包括：扫描仪（见图 1-32）、OCR 识别软件。OCR 的优点在于，非键盘输入，速度最快，所以主要的行业应用包括：银行票据、大量文字资料（如图书馆馆藏图书）、档案卷宗等。但是 OCR 对手写体汉字的输入有较大的局限性。

图 1-32　扫描仪工作图

下面是一个运用 OCR 对在线电子文档进行识别的案例。

PDF 文件是因特网上最为流行的电子文档格式，许多期刊、书籍在网上流通的版本保存成为 PDF 文档，这个事实通过 Google 的高级搜索的文件分类检索可以说明。PDF 文档中保存的文字信息有相当一部分实际上是扫描得到的图像，所以不可以直接通过复制、粘贴来选取其中的文字材料进行引用或编辑，但是再次录入无疑是令人头痛的重复劳动。这个问题可以通过以下方式解决：

1）在画图软件中显示在 PDF 阅读器中的文本，通过屏幕截图，得到含有文字的位图信息（见图 1-33）。

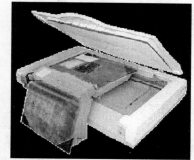

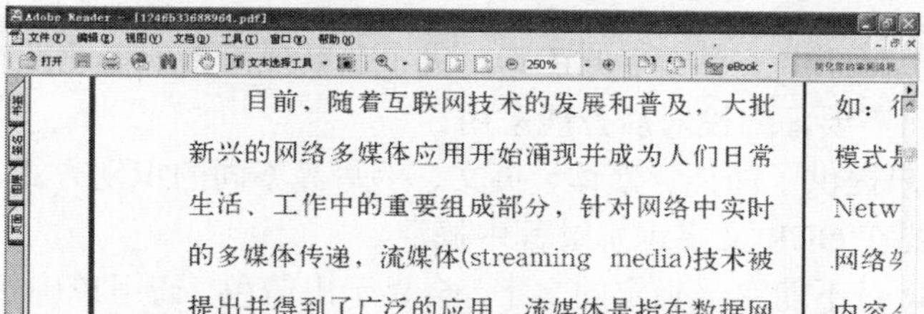

目前，随着互联网技术的发展和普及，大批新兴的网络多媒体应用开始涌现并成为人们日常生活、工作中的重要组成部分，针对网络中实时的多媒体传递，流媒体(streaming media)技术被提出并得到了广泛的应用。流媒体是指在数据网络上按时间先后次序传输和播放的连续音/视频数据流。与传统的播放方式不同，流媒体在播放前不需要下载整个文件，只将部分内容缓存，实现数据流的边传送边播放，节省了下载等待时间和存储空间。流媒体具有连续性、实时性、时序性

图 1-33　利用画图软件可以将屏幕截图转为黑白格式

2）将图像成为黑白二值的 BMP 格式文件（见图 1-34）。

3）通过 OCR 软件，将图像文件中的文字识别成为可编辑文本（见图 1-35）。

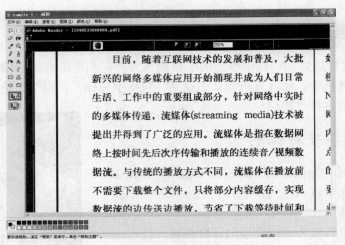

图1-34 将位图文件保存成二值格式

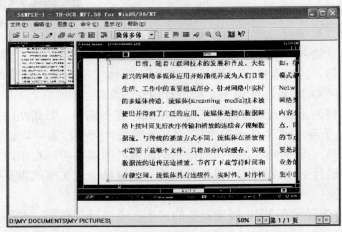

图1-35 通过OCR软件将图像信息识别、转换成文本信息

由于转换过程中可能由于受文字的色彩、大小和其他因素的影响，转换得到的文字中可能存在误码或错字，需要仔细校对后方能采用。

OCR软件为用户提供了简体、繁体、英文、手写等不同的识别方式，以及竖排、表格等版面模式，千万不要在OCR文字识别过程中搞混。

通常而言，OCR对不能完全确定的文字，会显示出蓝色，请用户确认。但值得注意的是，在没有提示出错的地方，也有可能出错，尤其是中文文本中的英文单词，OCR一般会将其作为中文识别，错误率非常高。所以在校对时，可以先通读一遍，以提高文字校对的效率。

特别注意容易出现识别错误的地方，包括：数字"1"和字母"l"，各种全角和半角的标点符号，电子邮件中的"@"符号等。上述符号如果出现在电子邮件地址中，结果就是邮件无法发送。

1.3.2 手写字体输入

手写字体输入常见于手机等嵌入式产品，使用方便，但输入效率较低，需要专用的手写板、笔、手机、PDA（掌上电脑）感应屏幕等硬件支持。

手写输入汉字利用输入设备（如输入板或鼠标）模仿成一支笔进行书写，输入板或屏幕中内置的高精密的电子信号采集系统将笔画变为一维电信号，输入计算机的是以坐标点序列表示的笔尖移动轨迹，因而被处理的是一维的线条（笔画）串，这些线条串含有笔画数目、笔画走向、笔顺和书写速度等信息。

手写输入汉字解决了联机手写汉字的识别率问题，其中较为有名的产品有北京汉王科技有限公司的"汉王笔"和摩托罗拉公司的"慧笔"。利用手写输入可以解决两个问题：冷门字或只会写不会读的字的输入；要求对电子文档进行手写体签名的输入。

汉王提供的手写输入有三种模式：框式输入、任意位置书写、绘图板（见图 1-36）。同样，在 Office XP 中，手写输入必须在微软自带的输入法下才有效。

"框式输入"模式的手写范围限定在左边框的范围内，单击右边的"查找"按钮，在中间框显示与左边框相似的文字供选择（见图 1-37）。

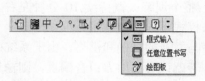

图 1-36　输入法中的手写选项

图 1-37　"框式输入"模式

"任意位置书写"模式可在屏幕任意位置书写，随意性较大，容易干扰视线。

"绘图板"也规定了书写范围，书写的字作为图形对象插入到文档中。

但是，手写输入的速度慢，使用不方便，长期操作眼睛特别辛苦，这些都是手写输入难以逾越的障碍。由于在使用计算机输入时，录入者要同时照顾书写板和屏幕，眼睛特别容易疲劳，不可能实现大量汉字的输入。因此，手写输入只会在特定人群中流行，如：对计算机不熟悉只需要输入少量的汉字，或需要签名的人士。同时，PDA 和手机也可以采用笔输入，因为机器尺寸小，键盘输入不方便。

1.3.3　汉字语音输入

汉字语音输入，源于语音识别技术，通常是采用语言相关的信息模型进行统计处理和基于规则方法进行歧义判别。例如，我们平时说话，说一个字的时候，由于有重码，别人可能听不懂，但是说上一个词语，别人能听懂的可能性增加，当说上一句话的时候，旁人就都懂了，这是因为话语中的字和词相互之间是关联的。将这种关联因素以量化方式进行统计分析，得出常用词语之间搭配的统计数量关系，计算机根据这种数量关系，通常能够在一定范围具备"智力"。对录制的语音进行识别，有时还需要采取一定的语言规则，对统计方法进行补充，以提高机器的智力水平。

20 世纪 90 年代中后期，IBM 推出中文普通话的语音输入系统 ViaVoice，实现了每分钟150 字以上的高速输入，这是目前语音输入中的佼佼者。IBM ViaVoice 是专业语音识别输入系统，正确率可达 95%，可用于所有打开的程序，包括控制浏览器的某些操作。

微软的语音输入识别正确率可达 85%以上，仅用于 Office 软件产品，不能应用于整个系统和其他软件。

计算机对语音识别方法主要通过样板匹配法，即对输入的语音信息与识别系统中的词汇表内的词条进行匹配来实现语音识别，所以汉字语音输入的重要条件是中文语言资料库（又叫语料库），语音识别技术的效率与语料库的大小、说话人的口音等因素有关。因此，为了提高识别率，一般语音识别系统为使用者提供了语音识别训练，以掌握使用者的口音、语调、语速以及朗读习惯，便于提高识别率。

在 Microsoft Office 中，语音输入有"听写"和"声音命令"两种工作模式（见图 1-38）。"听写"利用语音输入文字；"声音命令"利用声音来对菜单、工具栏和对话框发出控制命令，实现对文档的对应操作。

图 1-38 微软输入法中的语音输入

当用户第一次执行"工具 | 语音"命令时，Office 将弹出语音识别向导，让识别系统对读者个人的语音进行识别训练（见图 1-39 和图 1-40）。整个训练大概持续 10 分钟左右。在 Microsoft Office 中，语音输入必须在微软自带的输入法模式下才有效使用。

语音输入的不足之处在于，它要求输入环境的安静与发音的准确和洪亮。由于系统中语料库的前后关联，一处错误就会引发出一连串的错误。若朗读者的地方口音偏重，则输入结果更不可想象。专业录入员采用这种方式工作，宽敞的计算机房变成一个个隔音的小空间，而且连续数小时的朗读，无疑劳动强度会很大。非专业人士使用计算机录入，通常是一边思考，一边录入，而语音输入要求输入者高度集中在语音的准确、流畅上，而很难把注意力放在问题的思考上。

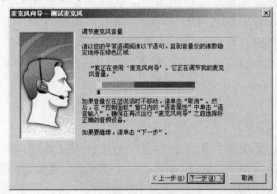

图 1-39 调节麦克风音量

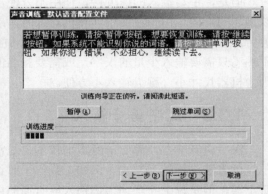

图 1-40 识别系统对读者个人的语音进行识别训练

本 章 小 结

本章介绍两个基本而且互相关联的主题：计算机信息数据的录入和编码。文字、声音和图像的输入是一切计算机信息处理的起点，掌握计算机信息的输入、编码、存储、转换方法，是作为信息时代专业人员所应具备的计算机基本知识和技能。

值得注意的是，这些基本的信息数据在数字化以后，会被广泛应用在两个重要的计算机技术平台——桌面（基于 Windows 的平台）和网络（基于 Web 的平台）之上，形成重要的技术分野。熟悉这些信息技术的基本性质和应用领域，对学习计算机基础知识有着重要和深远的意义。

不同的数据信息是可以转换的，本章的综合应用中列举了光学字符识别、语音文字录入和手写体输入等文字输入技术。实际上，这些文字信息的是从图像和声音信息转换而来的，这就给我们一个启发，众多的计算机信息数据之间存在转换的可能性。这为我们应用计算机和信息技术开启了新的门路。

习 题 1

1.1　请关注你所使用的键盘，看看哪些键上的符号或名称对你还是陌生的？

1.2　请比较智能 ABC、搜狗、微软这三种输入法的主要区别。

1.3　什么是数字化，计算机中主要的数字化信息有哪几类？

1.4　使用 PrintScreen 键，将屏幕图像放入"画图"软件，保存成为 24 位真彩图像（BMP 格式），并计算文件的大小（需要屏幕的分辨率参数），看看实际的文件是多大？

1.5　使用录音机软件，以 8kHz、8 位、单声道录音 10 秒，并保存成 WAV 格式文件，将实际的结果与计算结果进行比较。

1.6　把一段英文的内容在记事本中分别以 ANSI、Unicode 和 UTF-8 格式保存为 3 个文件，比较它们的大小。

把一段中文的内容在记事本中分别以 ANSI、Unicode 和 UTF-8 格式保存为 3 个文件，比较它们的大小。

将以上实验结果汇总成表，分析和说明原因。

1.7　请说明记事本中的 ANSI 编码如何处理中英文文字编码。

1.8　你所使用的计算机中，主要的信息处理工作有哪些？各自使用哪种文字或信息编码？

1.9　请使用 OCR 软件，分别对其中的样例文件进行识别实验，并说明以下问题：

（1）OCR 软件可以识别的图像属于何种类型？

（2）OCR 软件是否可以识别手写汉字？

（3）OCR 软件是否可以识别表格？识别的效果如何？

1.10　请使用亿图图示专家或 Microsoft Visio，把你的学习发展规划画一个示意图，你会选择哪种模板？

1.11　作为图像信息，位图与矢量图，各有哪些有缺点，各自适用于哪些场合？

1.12　使用"光影魔术手"对数码照片进行"锐化"、"反转片"、"曝光补偿"等处理，检查对比处理前后的效果。观察光影魔术手的默认文件格式，注意与"画图"的默认格式 BMP 的差别。

1.13　声波文件格式与 MIDI 文件格式，在计算机声音信息的存储上有哪些差别？各适合使用在哪些场合？

1.14　除了文字、声音、图像信息外，计算机还可以接收、存储、表达哪些信息数据？这些信息数据与前者有何关联？

第 2 章　计算机硬件

计算机具有各种外形，大小不一，有台式的，也有便携式的。计算机的主要部件包括主板、微处理器、内存条、硬盘、光驱、显卡、声卡、网卡（显卡、声卡、网卡可以是独立的，也可集成在主板上）、键盘、鼠标、显示器及打印机等。

最早的计算机是台式的，使用市电工作，采用立式机箱或卧式机箱。卧式机箱可以放置在显示器下面来节省桌面空间。立式机箱（也称为塔式机箱）可以放在桌面上、地板上或桌子下面的小隔间中，摆放灵活性大，也便于安装扩展部件。机箱内安装了主板、微处理器、内存条、硬盘、光驱、显卡、声卡、网卡等部件，这一部分往往被称为主机。

便携式计算机具有与笔记本外形类似的机箱（故往往称其为笔记本电脑），机箱内集成了计算机的几乎所有部件，体积小、重量轻，具有方便携带的优点。它既能使用市电，也能使用电池工作。与台式机比较，便携式计算机的处理能力和存储容量较小，价格比台式机稍贵。学生们都很喜欢便携式计算机，因为它不会在拥挤的宿舍中占据太多空间，而且可以随身携带，便于在校园中的各个角落里使用。

超便携个人计算机（Ultra-Mobile Personal Computer，UMPC）是一种外形小巧的平板计算机，一般只有平装书大小，重量仅有 500 克左右，可以运行多数便携式计算机上能运行的软件。UMPC 通常没有键盘，而是使用触摸屏上显示的模拟键盘或手写笔输入。UMPC 一般可以提供 GPS 导航并装备了无线因特网接入设备，可以访问 Web 和电子邮件。许多 UMPC 具有多媒体播放和游戏功能。

本章首先介绍计算机的主要硬件部件，然后介绍有关计算机硬件的实用技巧，使读者对计算机硬件系统的组成有一个基本的了解。

2.1　计算机系统

计算机系统的中心部件当然是主机，除此之外，离不开外部设备。外部设备是指为了增强计算机系统的性能，而在计算机系统上附加的输入、输出和存储设备。常用的外部设备包括键盘、鼠标、显示器、打印机、数码相机、扫描仪、游戏控制杆、麦克风和扬声器等。

- ⊙ 主机。主机是安装了主板（Mother Board）、微处理器、内存、电源和硬盘/光驱外部存储设备的机箱（主机取决于计算机的设计，便携式的主机可以包括内置键盘、麦克风、摄像头、扬声器等设备）。
- ⊙ 键盘。多数计算机系统都会使用键盘作为主要输入设备。
- ⊙ 鼠标。一种输入设备，可以操作屏幕上的图形对象和控件。
- ⊙ 硬盘驱动器。计算机系统的主要存储设备，它一般安装在计算机的主机内。
- ⊙ 光盘驱动器。是指应用激光技术处理计算机或音频 CD 上的数据的存储设备。
- ⊙ 音频设备。计算机的音频设备包括麦克风（音频输入设备）、耳机/音箱/扬声器（音频输出设备）和声卡（音频处理设备）。这些设备能够以数字方式记录、处理和输出数字化声音（包括语音、音乐和各种音效）。

⊙ 显示设备。计算机的显示系统由显示卡（将原始的数字数据转换成显示设备可以显示的图形图像的部件）和显示器等设备组成。显示器包括 CRT 显示器和 LCD 显示器两大类。

⊙ 网络接口。多数计算机系统都内置有有线（局域网）或无线网络接口。网络接口可以构建家庭网络，或连接公共网络。用于 3G、有线电视、卫星或其他类型因特网接入的网络连接设备通常是单独的部件。

⊙ 打印机。作为常用外部设备，能够将计算机产生的文本或图形图像输出到纸上或胶片上。

值得注意的是，"外部设备"作为一个计算机术语，其历史可以追溯到早期计算机发展的年代，那时计算机的核心——中央处理器（Central Processing Unit，CPU），现在被称为微处理器，被安装在巨大的机箱中，并且所有的输入、输出设备和存储设备都是与 CPU 分开放置的，故将那些与 CPU 分开放置的设备称为外部设备。从技术角度严格地讲，凡是通过某种输入、输出接口与系统连接的设备（或者说，CPU 要通过输入/输出接口来访问的设备）都可以称为外部设备。例如，硬盘是外部设备（尽管它们被安装在主机内部），因为 CPU 要通过 PATA/SATA 接口来访问它；而内存不是外部设备，因为 CPU 可以直接对它进行访问，而不需要通过输入/输出接口。

2.1.1 微处理器

大多数计算机规格说明都以微处理器的型号和速率开始，不同型号的计算机的主要差别就是微处理器的型号和速率、内存和硬盘容量的大小。那么，究竟我们需要多快的计算机以及多大的内存和硬盘容量？这些指标和参数如何影响计算机的处理性能呢？本节将介绍微处理器和内存怎样影响计算机的性能和价格。

微处理器（有时简称处理器，CPU）是用来处理计算机指令的集成电路，是最重要的、通常也是最昂贵的计算机部件。微处理器的基本功能包括数据运算、逻辑判断、程序控制、存储器管理等任务。

观察计算机内部，通常可以很容易地辨认出微处理器，尽管有时它藏在冷却风扇的下面，但是它是主板上最大的芯片。当今大多数微处理器都封装在如图 2-1 所示的具有针状网格阵列（Ping Grid Array，PGA）引脚的塑料或陶瓷片中。

图 2-1　微处理器芯片

影响微处理器性能的因素有多种，如时钟频率、总线速度、字长、缓存容量、指令集和系统结构。

① 时钟频率：大多数计算机用 MHz 和 GHz 来说明微处理器的时钟频率。1 MHz 表示 1 秒内有 100 万个时钟周期，1 GHz 表示 1 秒内有 10 亿个时钟周期。时钟周期是微处理器内部

最小的时间单位，微处理器进行的每个操作都以时钟周期来度量。但需要注意，时钟频率并不等于处理器在 1 秒内执行的指令数目。在很多计算机中，一些指令能在 1 个时钟周期内完成，但是也有一些指令需要多个时钟周期才能完成。有些微处理器甚至可在一个时钟周期内执行几个指令。例如，规格 3.2 GHz 的意思是微处理器能在 1 秒内运行 32 亿个时钟周期。在其他因素相同的情况下，使用 3.2 GHz 处理器的计算机要比使用 1.5 GHz 处理器或 933 MHz 处理器的计算机快得多。

② 前端总线（Front Side Bus，FSB）：用来与微处理器交换数据的电路，可以认为就是由 CPU 引脚构成的总线。快速前端总线能快速传输数据而且允许处理器全力工作。在当今的计算机中，前端总线速率（从技术上讲是前端总线频率）是以 MHz 来度量的，而且前端总线速率在 200～1250 MHz 之间。数字越大，代表前端总线速度越快（表示前端总线的其他术语包括系统总线和内存总线）。一些处理器生产商使用一种称为超传输（Hyper Transport）的技术来加快向处理器传输数据的速度。

③ 字长（word size）：指微处理器能同时处理的数据的位数。字长取决于算术逻辑单元（ALU）中寄存器的位数（或位宽）和运算器的位数。例如，字长为 32 位的处理器，其运算器和寄存器都是 32 位的，可以同时处理 32 位的数据，称为"32 位处理器"。

> 算术逻辑单元（Arithmetic Logic Unit，ALU）是 CPU 内部的执行单元，是所有中央处理器的核心组成部分，由 And Gate 和 Or Gate 构成的算术逻辑单元，主要功能是进行二进制数的算术和逻辑运算。

字长较长的处理器在每个处理器周期内可以处理更多的数据，这也正是导致计算机性能提高的一个因素。当今的计算机通常使用 32 位或 64 位处理器。

④ 缓存（Cache）：专用的高速存储器，微处理器访问它的速率要比访问主板上的内存快得多，从而可以大幅度地提高计算机的性能。有些计算机规格详细说明了缓存的类型和容量。现代的微处理器的一级缓存（Level l cache，L1）和二级缓存（L2）甚至三级缓存（L3）都已集成在微处理器内部。一级缓存往往还被划分为数据缓存和指令缓存两部分。缓存的容量通常以 KB（千字节）或 MB（兆字节）来度量。

⑤ 指令集：当芯片设计人员为微处理器设计指令集时，他们往往会设计一些需要几个时钟周期才能执行的较复杂的指令。拥有这样指令集的微处理器称为使用了复杂指令集计算机（Complex Instruction Set Computer，CISC）技术的微处理器，简称为 CISC 微处理器；而拥有数量有限且较简单指令集的微处理器称为使用了精简指令集计算机（Reduced Instruction Set Computer，RISC）技术的微处理器，简称为 RISC 微处理器。虽然 RISC 微处理器执行大部分指令的速率比 CISC 微处理器要快，但是在完成同样一个任务时，它需要更多的简单指令。当今大多数通用计算机的微处理器都使用 CISC 技术，而专用计算机或嵌入式计算机的微处理器以 RISC 技术为主。

将专门的图形和多媒体指令添加到微处理器的指令集中，会使微处理器处理图形的性能有所提高。例如，3DNow!、MMX 和 SSE-3、SSE-4 就是指令集增强的例子。虽然指令集增强可以提高游戏、图形软件和视频编辑的速率，但是只对使用这些特定指令的软件起作用。

⑥ 串行与并行：早期的微处理器以"串行"方式执行指令，即一次执行一条指令。串行处理时，微处理器只有在完成一条指令周期的所有步骤后才能开始执行下一条指令。而使用流水线技术，微处理器可以在完成一条指令前就开始执行下一条指令。当今的许多微处理器还使用多指令流的并行处理，可以同时执行多个指令流——称为超级流水线技术。

⑦ 多核处理器：现在越来越多的计算机使用一块具有两个以上微处理器内核的芯片。多核处理器比单核处理器速度快。但要真正让多核处理器发挥作用，计算机的操作系统和软件要专门为多核处理优化。Windows XP/Vista/7 及一些游戏和图形软件都支持多核处理器。

⑧ 超线程（Hyper-Threading，HT、HTr）：指能将单处理器模拟成双处理器的电路。例如，Intel 公司的酷睿 i3 系列和 i5 系列中的部分型号采用的是双核四超线程技术，可以能让一些应用程序提速，但它所提供的性能提升不如 i7 的物理四核技术（见图 2-2）。

图 2-2　Intel 酷睿 2 四核微处理器

以上各种技术对微处理器的综合性能会产生不同的影响。为此，各种 IT 测试实验室都在进行一系列的技术测试，以测定微处理器的性能，这些测试的结果称为基准（benchmark），可以同其他微处理器测试的结果进行比较。

目前的主要微处理器主要来自英特尔公司，它是世界上最大的微处理器芯片制造商。1971 年，英特尔公司推出了世界上第一款微处理器——4004。英特尔的 8088 处理器曾为早期的 IBM 个人计算机带来了强大性能。自从 1985 年 IBM PC 问世以来，英特尔不断推出为多数 PC 生产商所选用的微处理器。

AMD 公司是 Intel 公司在微处理器芯片市场上最大的对手。AMD 处理器要比同性能的英特尔处理器便宜，而且在某些基准测试项目中有性能优势。

IBM 为服务器和其他高性能计算机生产基于 RISC 的 POWER 系列处理器。而全美达（Transmeta）公司专门为移动计算机设备（如平板计算机）生产芯片。

计算机处理器的选用取决于工作类型和资金预算。目前，市场上与计算机配套的微处理器基本能满足商业、教育和娱乐应用的需求。当要进行三维动画游戏、桌面出版、乐曲录制和视频编辑等需要处理大数据量时，要考虑使用市场上所能提供的最快的处理器，以节省时间，提高生产效率，增强产品和服务的竞争能力。

当然，现有计算机的性能不能满足应用的需要时也可以通过升级微处理器、内存或其他部件的方法来解决。但是由于微处理器设计生产的核心技术被少数几个大公司所垄断，所以用户在升级更新计算机时往往要受到这些公司产品特性的制约。例如，主板芯片组的类型限制了升级微处理器或内存时的可选范围。另一方面，即使更换计算机的微处理器是可行的，但是也很少有人这样做。因为从投资角度出发，新型号微处理器的价格往往超过购买全新计算机系统所需花费的三分之一。此外，技术因素也不鼓励微处理器的升级，只有计算机中所有部件都以高速工作时，微处理器才能发挥出较高效能。在很多情况下，在旧计算机上安装新的处理器可能就像在在老爷车上安装喷气发动机，太大的动力反而可能造成灾难性后果。

2.1.2 主板

主板，又叫主机板（main board）、系统板（system board）或母板（mother board），它安装在机箱内，是微型计算机最基本的也是最重要的部件之一（见图 2-3）。主板一般为矩形电路板，上面安装了组成计算机的主要电路系统，一般有基本输入输出系统（Basic Input/Output System，BIOS）芯片、输入/输出（I/O）控制芯片、键盘和面板控制开关接口、指示灯插接件、扩充插槽、主板及插卡的直流电源供电接插件等元件。

电路板内部（大部分主板为多层结构）是错落的电路布线，上面安置各部件：插槽、芯片、电阻、电容等。当主机加电时，电流会在瞬间通过 CPU、南北桥芯片、内存插槽、AGP（Advanced Graphic Ports）插槽、PCI（Peripheral Component Interconnect）插槽、IDE（Integrated Device Electronics）接口及主板边缘的串口、并口、PS/2 接口等。随后，主板会根据 BIOS 来识别硬件，并进入操作系统发挥出支撑系统平台工作的功能。

一般主板上芯片包括以下两种芯片。

① BIOS 芯片：一块方形的只读存储器，里面存有与该主板搭配的 BIOS 程序，能够让主板识别和初始化各种硬件，还可以设置引导系统的设备，调整 CPU 外频等。BIOS 芯片是可以写入的，以方便用户更新 BIOS 的版本，以获取更好的性能及对计算机最新硬件的支持。

② 南北桥芯片：大部分主板上有一组称为南北桥的集成电路芯片组。在一般情况下，主板的命名都是以北桥芯片命名的（如 P45 的主板就是使用 P45 的北桥芯片）。北桥芯片主要负责处理 CPU、内存、显卡和 PCI 总线之间的数据交换。南桥芯片则负责硬盘、USB、串并行接口和 PCI 总线之间的数据交换。芯片组在很大程度上决定了主板的功能和性能。需要注意的是，现在最新的主板芯片组采用了单芯片设计（如 Intel 5 系列的 X58、P55 等，称为 PCH，功能类似于原来的南桥），将原来北桥的功能集成到了 CPU 内部，保留的芯片仅负责 PCI-E 总线的管理和 I/O 设备的管理等工作。

图 2-3　计算机主板实例

一般来说，不同的微处理器需要不同的主板芯片组来支持，同一款微处理器也可以由若干不同档次的芯片组来支持。

台式机主板一般采用开放式结构。主板上大都有 6～8 个扩展插槽，供 PC 外围设备的控制卡（适配器）插接。通过更换这些插卡，可以对微机的相应子系统进行局部升级，使厂家和用户在配置机型方面有更大的灵活性。总之，主板在整个微机系统中扮演着举足轻重的角色。可以说，主板的类型和档次决定着整个微机系统的类型和档次，主板的性能影响着整个微机系统的性能。

一般主板上的扩展总线包括：

① 内存插槽：如 DDR SDRAM 插槽的线数为 184 线。

② AGP 插槽：颜色多为深棕色，传输速率最高可达到 2133 MBps。

③ PCI Express 插槽：主板上主流的设备接口插槽，多用于连接图形显示卡，有逐渐替代 PCI 的趋势。根据速率的不同，分为 PCI-E x1～x16，传输速率最高可达双向 16 GBps。

④ PCI 插槽：多为乳白色，是主板的必备插槽，必要时可以插入 Modem、声卡、股票接收卡、网卡、多功能卡等设备。PCI 的传输速率最高可达 532 MBps（66MHz、64 位）。

大多数笔记本配备一个称为 PCMCIA（Personal Computer Memory Card International Association，个人计算机存储卡国际联合会）的专用外置插槽。可以连接多种扩展功能插卡（也叫作"PCMCIA 扩展卡"或"扩展总线卡"）。笔记本计算机用户可以使用 USB 接口或 PCMCIA 插槽进行扩展，而不必打开笔记本的主机。

当集成在主板上的功能芯片出现故障或需要扩展时，可以考虑使用相同功能的扩展卡来替代或扩展。

一般主板上集成的输入/输出接口包括：

① 硬盘接口：可分为 IDE（也称为 ATA 或 PATA）接口和 SATA 接口。新型主板上主要是 SATA（Serial Advanced Technology Attachment，串行高级技术附件）接口。

② COM 接口（串口）：大多数主板都提供了两个 COM 接口，分别为 COM1 和 COM2，作用是连接串行鼠标和外置 Modem 等设备，也可以连接数字化设备的输出。

③ PS/2 接口：用于连接键盘和鼠标。

④ USB 接口：现在最为流行的接口，最大可以支持 127 个外设，并且可以独立供电，其应用非常广泛。USB 接口可以从主板上获得 500 mA 的电流，支持热拔插。此外，USB 2.0 标准最高传输速率可达 480 MBps。

⑤ LPT 接口（并口）：一般用来连接打印机或扫描仪，采用 25 脚的 DB-25 接头。

⑥ MIDI 接口：声卡的 MIDI 接口和游戏杆接口是共用的。

2.1.3　内存

计算机内部的存储系统分了许多层次，但对系统运行效率影响最大的是随机访问存储器，即 RAM（Random Access Memory），而除了 RAM，还有两种内部存储器也扮演了重要角色，那就是只读存储器（ROM）和 EEPROM。

1. RAM

RAM 即一般所称的"内存"，是临时存放数据、应用程序指令和操作系统的区域。计算机内存通常指插在计算机主板上的一组芯片或线路板（俗称内存条）。在计算机的规格说明中，总是会出现计算机内存的容量。计算机内存的大小会影响整个计算机系统的价格和性能。内存是计算机的"转运站"，它存放了等待处理的原始数据、处理数据的指令和处理的结果（见图 2-4）。

RAM

图 2-4 内存中存放着等待处理、存储、显示或打印的数据

例如，使用字处理软件时，输入的原始文字就存放在内存中。字处理软件会把处理这些数据的指令发送到内存。在指令的操纵下，处理器处理文档的编排和显示效果，并把结果发回内存。从内存中，这些输入和编辑过的文档可存储在磁盘上、显示在屏幕上或打印出来。

除了数据和应用软件指令外，内存还存放了操作系统指令，这些指令控制着计算机系统的基本功能。每次启动计算机时，这些指令就被装进内存中，直到关机才消失。

由于内存和硬盘存储器都能存放数据，而且都位于主机内部，都以 MB 或 GB 度量，人们在刚刚接触计算机的时候，很容易将二者混淆。要区分它们，只需要记住内存把数据存放在与主板直接相连的集成电路中，而硬盘存储器把数据存放在磁介质上。与磁盘存储方式不同，大多数内存都是易失的（volatile），即需要电力来维持所存储的数据。如果计算机关机或突然断电，存放在内存中的所有数据就会立刻丢失。当听到某人惊呼"糟糕！我的数据不见了"时，通常就是指某人正在向尚处在内存中的文档输入数据，并且还没有来得及保存到磁盘上，计算机遭遇了断电而造成数据丢失。所以，内存是临时性存储，而硬盘相对而言是长久性存储。此外，内存的容量通常比硬盘的容量小的多。

内存容量使用 MB 或 GB 来表示。现在计算机通常都有 256 MB～4 GB 内存。计算机所需要的内存容量取决于所使用的软件。通常，软件运行环境所需的内存容量都在软件包装上有说明。如果需要更大的内存，可以购买并安装额外的内存条来扩充容量，直到达到计算机能支持的最大值。为了满足基本性能要求，计算机运行 Windows 软件最少需要 256 MB 内存。游戏、桌面出版、图形和视频应用程序要顺利运行的话，往往需要 1 GB 以上的内存。

假定要同时运行几个程序和处理大量的图片，计算机会最终把内存耗尽吗？答案是"不大可能"。当今的计算机操作系统擅长为同时运行的多个程序分配各自所需的内存空间。如果物理上的内存不够用，操作系统会将硬盘上的一部分存储空间模拟成内存来使用，以存储运行所需要的部分程序和数据，这部分硬盘空间称为虚拟内存（virtual memory）。通过有选择地交换内存中的数据和虚拟内存中的数据，计算机内存容量几乎是用之不竭的。

但是，过多使用虚拟内存会对计算机性能产生负面影响，因为从硬盘等机械装置中获取数据要比从内存等电子设备中获取数据慢得多。为了减少虚拟内存的用量，可以为计算机配置尽可能大的内存。

内存部件在速率、技术和配置上都有所不同，如想为三维游戏和平面设计购买更快的内存，则不得不费力地读懂一些缩略词和技术术语，如"1GB 800MHz DDR2 RAM"。

内存的访问速率通常以 ns（纳秒）或 MHz 来表示。1 ns 是十亿分之一秒。对于内存的访问速率来说，ns 数越小，内存的访问速率就越快，因为它意味着内存可以更快地反应和更新它存放的数据，如 8 ns 的内存比 10 ns 的内存快。内存的访问速率也可以用每秒百万个周期数（MHz）来表示。与 ns 不同，MHz 数值越大，速率越快。例如，同类型的内存中，1066 MHz 的内存要比 800 MHz 的内存快。

现在，大多数计算机都使用同步动态内存（Synchronous Dynamic RAM，SDRAM），速率快且相对便宜。而多位预取和双数据速率（Double Data Rate，DDR）技术则提高了 SDRAM 的速率，更新型的内存还包括 DDR2、DDR3 等（见图 2-5）。

2. ROM

ROM（Read-Only Memory，只读存储器）是一种存放计算机启动程序的存储器电路。与内存的暂时、易失不同，ROM 的存储是半永久性的且非易失的。这意味着程序和数据等信息直接固化在 ROM 的电路里，永久性地成为电路的一部分，即使计算机掉电后也不会消失。如果我们使用过掌上计算器，那么对这个概念一定很熟悉。计算器中包含了计算平方根、余弦函数和其他函数等各种固化在电路里的程序。ROM 中存储的信息是半永久性的，更改它们的方法是非在线地擦除其中的信息并重新写入。

在打开计算机时，微处理器加电并开始准备执行指令。但由于电源关闭的时候，内存是空的，里面没有处理器可以执行的指令，此时 ROM 就要发挥作用了。ROM 中存储了一组 BIOS 的小型程序集，这些程序指令能对计算机硬件进行配置、引导计算机访问硬盘、搜索操作系统并把它加载到内存中。当操作系统被加载后，计算机便能理解来自外部的信息、显示输出、运行程序及访问数据了。

早期的主板要更新 BIOS 很不方便，必须把 ROM 从主板上拔下来（有些时候必须使用电烙铁），然后放到擦除器上擦除，再用写入器写入新的 BIOS。为了方便用户自行更新 BIOS，现在的新型主板上往往采用 EEPROM（Electrically Erasable Programmable Read-Only Memory，电可擦可编程只读存储器）来取代普通 ROM 存储 BIOS 程序。EEPROM 的一种特殊形式是闪存（Flash Memory），可以快速地在线擦除和重写程序。

热衷于 DIY 的用户经常会使用 BIOS 中的硬件设置程序来调整硬件工作参数，如设置 CPU 运行参数、设置工作频率、启用/停止设备、设置引导设备、设置设备的工作模式等。

注意，如果随意调整硬件设置，会影响到计算机的启动和运行。但不必担心，如果设置后出了问题，最简单的办法是进入到 BIOS 中，将硬件配置参数恢复到设备出厂状态。用户要通过运行 BIOS 的设置程序来手动改变硬件的设置，可以在计算机引导时，按下 BIOS 设置键（不同的 BIOS，设置键有所不同，常见的设置键有 F1、F12、Esc 等），即可启动 BIOS 设置程序（见图 2-6）。

图 2-5　内存条实例

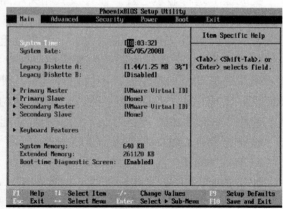

图 2-6　硬件配置信息在计算机启动过程中可修改

3. CMOS RAM

要想正常运行，计算机自身就必须保存计算机系统的配置信息，如 CPU 运行参数、硬件工作频率、日期和时间、开机密码、硬盘容量、内存容量、各种接口配置和电源选项等。由于关机时，内存中的信息会丢失，所以这些配置信息不可能存储在内存中。ROM 也不是存放配置信息的理想地方，因为它只能存放一次性写入的数据，而无法存放关机后还在变化的信息。最明显的例子就是系统日期，日期时间一直在变化，计算机即使断电，内部时钟也仍在运作，这种时间上的变化必须有地方保存。计算机需要一种持久性介于 RAM 和 ROM 之间的存储器来存储这些可变的基本系统信息。

微型计算机中采用 CMOS（Complementary Metal Oxide Semiconductor，互补金属氧化物半导体）技术的 RAM 来存储系统配置信息，所以需要在主板上安装一个电池来为其供电。电池的使用寿命一般在三年左右，一旦电池失效，系统配置信息就会丢失，这时就应该换电池了。

在以上几种存储器中，虽然 ROM、EEPROM 和 CMOS RAM 在计算机运行中扮演了重要的角色，但是用户更感兴趣的显然是内存。内存能存放的数据和程序越多，计算机从虚拟内存中来回运送数据的时间花费就越少。拥有大容量的内存，用户会发现文档滚动、游戏反应的速率都变快了，许多图形处理的时间也更少了。

大多数内存的规格都明确说明了容量、处理速率和类型。如计算机包装箱上标注了"1GB 800MHz DDR2（Max. 8GB）"时，就说明计算机的内存容量是 1GB（可满足大多数现有的软件运行），以 800 MHz 的处理速率运行（还挺快），而且用的是 DDR2 类型的 SDRAM。用户还能知道，可以安装到这台计算机上的内存的最大容量是 8 GB。对于大多数应用来说，这台计算机的内存已经能够满足要求了。

2.1.4 显卡

随着集成度的提高，原先独立存在的外部设备接口，也就是主板上的扩展卡（包括声卡、多功能卡、网卡等）大部分被集成到主板上。唯有显卡由于图形界面应用（包括游戏、工业设计）的发展，在桌面环境中成为划分计算机档次的主要特征。以下解释显卡的配置和选取原则。

集成显卡是将显示芯片、显存及其相关电路都做在主板上，与主板融为一体。集成显卡的图形处理单元（Graphics Processing Unit，GPU）可以独立芯片的形式做在主板上，但目前更普遍的设计是将 GPU 集成在主板上的芯片组中。绝大部分的集成显卡均不具备独立的显示存储器（显存），需借用系统内存来充当显存，其借用量由系统自动调节。集成显卡的显示效果与处理性能相对较弱，不能对显卡进行硬件升级，但可以通过更新 BIOS 实现软件升级来挖掘显示芯片的潜能。集成显卡的优点是功耗低、发热量小。随着技术和生产工艺的进步，目前集成显卡的性能已经与入门级的独立显卡不相上下。

独立显卡将 GPU、显存及其相关电路做在一块独立的电路板上，插入主板的总线扩展插槽（AGP 或 PCI-E）。

独立显卡的 GPU 性能通常要比集成显卡的 GPU 性能好得多，在三维游戏和视频处理应用中起到了关键的作用。特别是在三维游戏中，升级显卡往往要比升级 CPU 能带来更加优秀的性能提升，升级成本甚至更低。

目前，生产 GPU 的厂家主要有 Intel、AMD 和 Nvidia 三家公司。Intel 以生产集成 GPU 为主，不仅在低端台式机市场上具有垄断地位，而且在便携式计算机中，Intel 公司的显示核心也占据了绝大部分的市场份额。AMD 和 Nvidia 公司的 GPU 产品则平分了台式计算机的中高端显示核心的市场份额。在低端市场上，它们还无法与 Intel 公司竞争。目前，三家公司生产的 GPU 主流型号如下：

- ⊙ Intel 公司：GMA950、GMA X4500 HD、GMA HD 等。
- ⊙ AMD 公司：HD3000/HD4000/HD5000 系列。
- ⊙ Nvidia 公司：Geforce 8000/9000 系列、GT200/GT400 系列。

显卡的性能除与 GPU 有关外，还与显存有很大的关系。显存可以存储正在处理而未被显示的屏幕图像。配置大容量的高速显存是进行快速的动作游戏、三维建模和图形密集型桌面出版时快速更新屏幕的关键。独立显卡上大多配置有 128 MB～1 GB 的 DDR3 或 DDR5 显存。

独立显卡的总线多采用 PCI-E 接口（见图 2-7），传输速率快，升级容易。其缺点是系统功耗和发热量较大，风扇噪声也较大。

为了同时保持集成和独立显卡的优点，避免各自的缺点，一些高档的 PC 或笔记本会同时配置两种显卡，并根据需要，使用硬件或软件进行不同显卡的切换，来满足功能和节能在不同时刻的需求。

对于一般用户来说，选择显卡应该以"够用"就好，而不必盲目地追求高性能。下面给出几点建议：

图 2-7　独立显卡实例

① 如果用户的应用以上网和办公为主，则可以选择集成显卡或低端的独立显卡。

② 如果用户的应用除了上网和办公外，还有多媒体应用和对显示核心要求不高的三维游戏，则可以选择中低端的独立显卡，如 Nvidia GT210/220/240、AMD HD3000 系列等。

③ 如果用户要运行对显示核心要求较高的大型三维游戏，则可以选择中、高端的独立显卡，如 Nvidia GT250/260/280 系列、AMD HD4000/5000 系列等。

④ 如果用户的应用对显示核心的图形处理速率要求极高，可以选择用几块高端的独立显卡并联使用或直接购买双 GPU 核心的独立显卡，如 Nvidia GeForce GTX 295、Radeon HD 5970 等。

⑤ 如果用户主要的应用是播放高清视频，则可以选择带有完整硬件解压缩功能的低端显卡，如 Nvidia GT240、AMD HD3650 等。

2.2　外部存储设备

计算机上为满足不同的用户需要，往往配置各式各样的外部存储设备，如硬盘驱动器（尽管它一般安装在主机箱内部）、光盘驱动器、U 盘等。如何从这些存储设备中做出选择？

事实上，当今的存储技术没有一项是完美的。有的技术能使用户快速存取数据，但也有可能会将用户数据毁于一旦。有的种技术可能会更可靠些，但它的缺点是存取数据速率又比较慢。熟悉每种存储技术的优点和缺点，可让这些设备发挥最大的作用。

2.2.1　存储基础知识

存储数据的处理通常称为输入数据或保存文件等，这是因为存储设备能将数据写在存储介质上保存起来，便于以后使用。检索数据的处理通常称为读取数据、载入数据或打开文件等。

数据存储系统主要包括两部分：存储介质和存储设备。存储介质是磁盘、磁带、CD、DVD、U 盘或其他包含数据的介质。存储设备是在存储介质上记录和读取数据的机械装置，包括磁盘驱动器、光盘驱动器和闪存等。一般，"存储技术"同时包括存储设备和所用介质。

计算机存储设备与内存之间存在一条高速通道，也就是系统总线，数据从存储设备中通过总线复制到内存，然后在那里等待处理。当数据被处理后，便临时存放在内存中，但最终会被复制到存储介质以便长久保存。

正如我们所知，计算机处理器所处理的数据是用 0 和 1 表示的位来编码的。存储数据时，这些 0 和 1 就需要转变成某种相当持久的信号或记号，也可以在需要时更改它们。

显然，存储计算机数据不是向我们人类用笔在纸上逐位写下 0 或 1 那么简单。这些 0 和 1 必须转化成存储介质表面的某种物理形式，而这之间究竟如何转化则取决于不同的存储技术。例如，硬盘存储数据的方式与 CD-ROM 的存储方式不同。在计算机中普遍使用三种存储技术：磁存储（如硬盘）、光存储（如 DVD 光盘）和固态存储（半导体存储，如 U 盘、CF 卡、SD 卡等）。

要比较存储设备，通常会从通用性、耐用性、速率和容量等方面来考虑。

① 通用性：一些固态存储器可以为计算机、照相机和手机通用，硬盘和光盘一般只能为计算机使用（有时也能用于数码摄像机）。固态存储器和硬盘可以支持读写、修改；而光盘一般只能一次性写入（可擦除光盘昂贵且不常用）。

② 耐用性：多数存储介质容易受人为因素（如光盘划花）和环境因素（如高温和潮湿）的影响而导致数据损坏。某些介质比另一些更容易受损坏而导致数据丢失。例如，CD 和 DVD 的耐用性往往就比硬盘好，而 U 盘比硬盘更容易损坏（大部分由于使用不当）。

③ 速率：分为访问速度、数据传输速度和读写速度几种。

访问速率：指计算机查找存储介质上的数据并读取数据的平均时间。存储设备的访问时间是用毫秒来度量的。例如，访问时间为 6 ms 的驱动器要快于 10 ms 的。硬盘存储器的访问时间约为 4～10 ms，固态存储器的访问时间约为 0.2 ms。

传输速率：指存储设备与计算机接口之间的最大数据传输速度。例如，SATA 硬盘的数据传输速度标称值为 300MBps（实际上硬盘的读写速率远远低于此值）。

读写速率：数据写入存储器或从存储器读出的速率。通常情况下，存储装置的写入速率要低于读出速率。影响读写速率的因素很多，如存储原理、接口类型等。一般来说，固态存储器的读写速率比磁盘存储器的要快，因为它没有机械运动装置。硬盘的读/写速率一般为60～120 MBps，而固态存储器的读写速率则可达 250～300 MBps。

④ 容量：能存储在存储介质上的最大数据量，用 KB、MB、GB 和 TB 来度量。

2.2.2　磁盘技术

磁盘靠磁化磁盘表面的微粒来存储数据。微粒能保留磁化方向直到这个方向改变，因此使用磁盘可以相当持久地保存数据，但它们也是可更改的存储介质。读写头是磁盘驱动器中通过使微粒受磁来写数据或使微粒的磁极受检测来读取数据的机械装置（见图 2-8）。

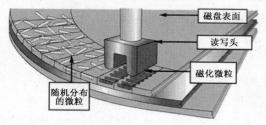

图 2-8　磁盘工作原理示意

通过改变磁盘表面部分微粒的磁化方向，可以轻易地更改或删除磁存储的数据。磁存储的这个特性为编辑数据和再利用含有无用数据的存储介质空间提供了很大的灵活性。

目前大量使用的磁硬盘技术成为大多数计算机系统的主要存储技术的原因有三个：第一，它有很大的存储容量；第二，它能很快地从文件中存取数据；第三，硬盘经济实惠，现在几乎所有数字设备（包括计算机、iPod 和数码摄像机等）都会使用硬盘驱动器。

硬盘驱动器由一个或多个盘片和与之相关的读写头组成，大多数计算机都将它作为主存储设备。硬盘盘片由覆盖有磁性铁氧化物微粒的铝或玻璃的扁平硬质盘片构成。盘片数目越多，数据存储容量越大。盘片会以每分数千转甚至上万转的转速绕固定轴旋转。盘片的每一面都对应有一个读写头，通过它在硬盘盘片表面的移动来读取数据。读写头就悬浮在磁盘表面上方几微英寸（1 英寸的百万分之一）的地方。

计算机硬盘盘片的直径通常是 3.5 英寸或 2.5 英寸。3.5 英寸的硬盘主要用于台式机，存储容量最大可达 2000 GB；2.5 英寸的硬盘主要用于便携机，存储容量最大可达 1000 GB。微型硬盘驱动器（如 Apple 公司的 iPod 数字音乐播放器特有的 1.8 英寸驱动器）最大能存储 320 GB。

硬盘的访问时间通常是 4～10 ms，硬盘驱动器的速率也用转每分（revolutions per minute，rpm）来度量。驱动器旋转越快，将读写头定位到所需数据位置所需的时间越短，单位时间内扫过磁头的存储单元越多。例如，7200 rpm 的驱动器存取数据的速率快于 5400 rpm 的。

计算机技术数据通常会详细说明硬盘驱动器的接口类型、容量、访问时间和转速。所以"SATA 500GB/8ms/7200rpm"是指硬盘驱动器的接口为 SATA，容量为 500 GB，访问时间是 8 ms，转速是每分 7200 转。而技术资料中很少提及硬盘的数据传输速率，通常硬盘的平均数据传输速率为 100 MBps 左右，而企业级服务器的硬盘数据传输率可达 200 MBps，固态盘甚至可以达到 300 MBps。

许多计算机上使用的存储技术是通过控制器将数据从磁盘上传输到处理器的，最后在实际处理前送到内存。计算机规格说明有时会提到这类技术。例如，直接内存访问（Direct Memory Access，DMA）技术允许计算机将数据从硬盘直接传输到内存，而不经过处理器的干预。这种结构减轻了处理器传输数据的负担（降低了 CPU 的使用率），并为其他任务释放了处理周期。

如果磁盘容量不够，可以通过添加硬盘驱动器来增加。增加的硬盘驱动器也可以作为主驱动器的备份。硬盘驱动器可以安装在机箱内部或外挂在系统的外部。内装的驱动器相对便宜，而且很容易安装在台式机的主机中。外挂的驱动器价格比较贵（需要增加较多的接口和电源电路），但携带方便，可以用线缆连接在台式机或笔记本电脑上。

目前，常见的磁盘驱动器接口技术包括 Ultra ATA、EIDE 和 SATA，这是根据它们的控制器进行分类的。现在最为流行的是 SATA 接口的硬盘。

2.2.3　光驱技术

现在，大多数计算机都配备某一类型的光驱，用来读取或刻录各种各样的 CD 和 DVD。CD 和 DVD 的基本技术是相似的，但存储容量不同。

CD（Compact Disc，光盘）技术起初是为存放 74 分钟的唱片音乐而设计的。这样的容量能为计算机数据提供 650MB 的存储空间。改进后的 CD 标准将容量增加到 80 分钟的音乐或 700 MB 的数据。

DVD（Digital Versatile Disk，数字多用途光盘）是 CD 技术的变体。起初 DVD 是作为视频数据载体，但很快被用来存储计算机数据。DVD 的标准容量约为 4.7 GB（4700 MB），大约是 CD 容量的 7 倍。HD DVD（高清标准）可以存储 15 GB 数据。而蓝光 DVD（Blue-ray DVD，BD）的每个记录层都有 25 GB 容量。

光存储技术通过光盘表面的微光点和暗点来存储数据。暗点称为凹坑（见图 2-9）。盘片上没有凹坑的区域称为平面。

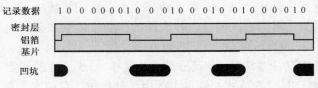

图 2-9　光盘信息记录的原理示意

光盘驱动器有一个使光盘绕着激光透镜旋转的轴。激光器将激光束投射到光盘的下面。由于光盘表面上的凹坑和平面反射的光不同，随着透镜读取光盘，这些不同的反射光便转换为表示数据的 0 和 1 序列。

光盘的表面涂有一层透明的塑料，使得光盘持久耐用且存储在光盘上的数据比存储在磁介质上的数据更不易受外界环境灾害的影响。光盘不会受到潮湿、指纹、灰尘、磁铁、饮料滴溅的影响。光盘表面的划痕可能会影响数据传输，但可以使用研磨剂对光盘表面进行抛光，这可以在不损坏光盘数据的前提下去除划痕。专家估计的光盘寿命在 30 年以上。

最初的 CD 驱动器每秒可以存取 150 KB 的数据。它的下一代驱动器使数据传输速率加倍，因而称为"2X（X 表示倍数）"驱动器。虽然传输速率一直在持续增长，如 52X 的 CD 驱动器传输速率是 8 MBps 左右，但这与传输速率为 500 MBps 的硬盘驱动器相比仍然非常慢。

DVD 与 CD 驱动器的速率是用不同等级来度量的。1X DVD 驱动器的速率大约与 9X CD 驱动器相当。现在的 DVD 驱动器一般有 16X 的速率，其传输速率为 22 MBps 左右。

光存储技术分为三类：只读、可记录和可擦写。

只读技术（Read-only，ROM）能将数据永久地存储在光盘上，这种光盘不再能进行添加或更改。只读光盘（如 CD-ROM、音频 CD、视频 DVD 和 DVD-ROM）通常是在大规模生产中进行压制的，可以用来装载软件、音乐和电影。

可记录技术（Recordable，R）用激光改变夹在透明塑料盘面下染色层的颜色来记录数据。

激光在染色层制造的暗点就是读取时的凹点。染色层中的改变是永久的，所以数据一旦被记录就不能再改变。

可擦写技术（Rewritable，RW）使用"相变"技术来改变光盘表面的晶状体结构，从而记录数据。改变晶状体结构来创建亮点和暗点的模式与 CD 上的凹点和平面十分相似。晶状体的结构可以从亮变暗再从暗变亮，可反复多次，这使得它可以像硬盘一样记录和修改数据。

当今在计算机中流行的有以下几种 CD 和 DVD 格式：

- ⊙ CD-DA（数字音频光盘），即"音频 CD"，是商用音乐 CD 格式，消费者不能更改它。
- ⊙ DVD-Video（数字多用途视频光盘），是含有标准长度电影的商用 DVD。
- ⊙ CD-ROM（只读存储光盘），早期存储计算机数据的光盘，由厂商来刻录数据，数据不能增减。
- ⊙ DVD-ROM，含有厂商刻在光盘上的数据。与 CD-ROM 一样，盘上数据不能增减。
- ⊙ CD-R（可记录光盘），在其上的数据一旦记录就不能删除或更改。但大多数的 CD-R 驱动器允许多次写入数据。
- ⊙ DVD+R 或 DVD-R，存储数据用与 CD-R 相似的可记录技术，但具有 DVD 的存储容量。
- ⊙ CD-RW（可擦写光盘），使用的是可擦写技术，存储的数据可以多次记录和擦写。
- ⊙ DVD+RW 或 DVD-RW，用类似 CD-RW 的可擦写技术存储数据，但具有 DVD 的存储容量。

尽管 CD-ROM 和 ROM-BIOS 都含有"ROM"（只读存储）字样，但它们是两种截然不同的技术。ROM-BIOS 是指包含计算机启动程序的系统主板芯片，而 CD-ROM 通常是指一种只读光盘格式。

大多数 CD 驱动器可以读取 CD-ROM、CD-R 和 CD-RW 光盘，但不能读 DVD。反之，大多数 DVD 驱动器可以读取 CD 和 DVD 格式的光盘。存储计算机数据和创建音乐 CD 需要可记录或可擦写的设备。功能更强的光存储设备是 DVD R/RW 的结合体。

2.2.4　固态存储器

固态存储器（有时也叫"闪存"）是能将数据存储到可擦除和可重写的电路上的技术。它广泛应用于如数码相机、MP3 音乐播放器、笔记本计算机、PDA（个人数字助理）和移动电话之类的消费型便携式设备中。固态存储器便于携带，存取数据的速率也相当快，因此是将数据存储在移动设备上及把数据在设备之间交换的理想解决方式。

固态存储器包含栅格或电子电路，并且栅格中的每个单元格都含有 2 个门电路晶体管。门电路打开，电流可流通，单元格的值呈"1"位；通过金属半导体异质结和重参杂半导体中场发射特性关闭门电路时，单元格的值变为"0"位。

现在的消费者可以选择多种固态存储器。这些外形小巧而平整的固态存储卡包括：CF 卡（Compact Flash，快闪存储卡）、MMC 卡（Multi-Media Card，多媒体卡）、SD 卡（Secure Digital，安全数字系统卡）和 SM 卡（Smart Media，智能介质卡）等。因为数码摄影很流行，所以一些计算机就内置了读卡器，以满足用户将数码相机中的相片传输到计算机上的需求（见图 2-10）。

图 2-10　计算机多功能读卡接口和两种不同规格的 SD 卡

　　U 盘（USB flash drive，闪存）是可直接插到计算机 USB 接口（使用内置的连接器）的便携式固态存储设备（见图 2-11）。就像处理存储在磁介质或光介质上的文件一样，用户可以打开、编辑、删除和运行存储在 U 盘上的文件。常见 U 盘的容量范围是 16 MB～16 GB。它的最大数据传输率可达 180 MBps（写）～230 MBps（读），但通常实际传输速率根据实际的应用场合而定（有的计算机使用 USB 1.0 接口，传输速率只有 12 MBps）。

图 2-11　U 盘的普及使其成为一项新的创意产业

　　由于开关门电路需要的功率很低，这使固态存储器成为数码相机和 PDA 之类电池驱动设备的理想存储器。一旦数据被存储，就不易失存，不需要外部电源，这种芯片也能保留数据。固态存储器能很快地存取数据，因为它不包含机械部件，不会受到振动、磁场和强烈温度波动的影响。目前，市场上已经有 512 GB 的固态硬盘面世，随着容量的扩展和成本降低，在便携式电子设备，如摄像机、上网本中的应用也将会更加广泛。

2.2.5　外部存储器使用注意事项

　　我们可以通过给计算机添加硬盘以增加本地主机的存储容量，或安装其他类型的存储设备来增加存储的灵活性。

　　外置存储设备（如外挂硬盘、光驱或 U 盘）可以直接插到主机的 USB 接口上。在移除外置设备前，应该单击 Windows 通知栏中的"安全删除硬件"图标，系统通知显示（见图 2-12）后方可取出，防止在数据传输尚未结束前，意外拔出设备造成数据丢失和外置存储器的损坏。

图 2-12　外置存储器在系统出现通知后方可取出

　　使用 USB 作为供电电源的外挂硬盘由于需要使用主机电源通过 USB 接口供电，对于台式机一般不存在问题，对于笔记本电脑可能会有驱动电源的动力不足的问题，所以，选择品质良好的外挂硬盘驱动电路盒成为一项必须考虑的因素。

2.3 输入和输出设备

本节将综述最流行的计算机的输入和输出设备。首先介绍输入设备，包括键盘、鼠标、触摸板、操纵杆和触摸屏，接着介绍计算机显示器，以帮助读者选择不同规格的 CRT、LCD 和等离子显示器，随后的打印机手册描述了当今最流行的打印机技术。读者将在后面的章节中学习到其他外部设备、相关的扩展总线和主机的外部接口，以及各种外部设备的安装步骤。

人机交互装置与工具是用户界面的一个重要组成部分。交互工具的性能对提高两者间的通信效率具有举足轻重的作用。各种计算机产品在技术上越来越难分伯仲，市场竞争日趋激烈，交互工具的人机工程设计已引起生产厂商的高度重视，并成为其产品吸引用户、争取市场的希望所在。这是因为，对大多数用户来说，用户界面的友善性远比性能和价格因素更能吸引他们。符合人机工程设计原则成为用户选择计算机设备时的重要参考指标，同时用户需要、特点、爱好等人的因素得到了系统设计者的重视，并已逐渐成为人机交互工具设计的出发点。

大多数的计算机系统都通过键盘和光标定位装置（如鼠标）来输入基本数据。触摸屏也能作为输入设备的补充。而额外添加的输入设备（如扫描仪、数码相机和手写板）则可以方便地输入图形。麦克风和电子乐器可提供声音和音乐的输入。

2.3.1 键盘

键盘是目前最重要的数据输入装置，影响键盘输入效率的重要因素之一是键盘的布局。打字机的键盘布局早在计算机出现之前就已达到了标准化，也就是 20 世纪出现的机械打字机键盘的布局（称为 QWERTY 键盘）。除了基本的输入键区外，台式机和笔记本计算机的键盘还含有用来执行计算机特定任务的功能键集合。多数台式机键盘还有计算器式的数字键区以及编辑键（如"End"、"Home" 和 "PageUp" 等），以便快速移动屏幕上工作区内光标的插入点。甚至可以在高档手机上看到小型键盘，这是因为输入文本和数字是数据处理的基础。

2.3.2 定位装置

定位装置允许操作屏幕上的指针以及其他基于屏幕的图像控件。最流行的计算机定位装置有鼠标、轨迹球、指点杆、触摸板和操纵杆。

标准台式机都用鼠标作为基本定位装置。许多用户还为笔记本添加鼠标。计算机鼠标使用机械或光电技术来跟踪光标的位置（见图 2-13）。大多数用户更喜欢光电鼠标，因为它追踪精确高，更耐用，不需要过多维护，且在各种台面上都能灵活移动。

图 2-13　机械鼠标和光电鼠标的内部结构

机械鼠标（左图）基于滚动在桌面鼠标垫上的球的移动来读取它本身的位置，光电鼠标（右图）使用携带的感应芯片来追踪台板或其他物体表面（如桌面、书写板或鼠标垫）反射的光束。

非鼠标类的定位装置（见图 2-14）大部分应用在笔记本电脑、手持设备、专用设备（如游戏机）等设备中。

图 2-14 非鼠标类的定位装置：指点杆、触摸板、操纵杆、轨迹球

指点杆的样子很像一个铅笔橡皮头，它嵌入在笔记本计算机键盘中。这是一种节约空间的定位装置设计，用户可以通过向前、向后或向旁边推动指点杆来移动屏幕上的指针。

触摸板是一个灵敏的触摸面，用户可以用手指在上面滑动来移动屏幕上的指针。一般笔记本电脑都会带有指点杆或触摸板，这样用户就不用再额外带着鼠标了。一些厂商在触摸板上设计了快捷触点，敲击这些触点可以启动特定的应用程序。

轨迹球看起来像把机械式鼠标翻了过来。用户可以用指、掌滚动球来移动光标。控制轨迹球与控制鼠标所使用的是不同的肌肉群，所以一些计算机用户会定期地换用轨迹球以防止肌肉劳损。

操纵杆看起来像缩微版的汽车变速杆。移动该杆能给屏幕上的对象（如指针或计算机游戏中的一个角色）提供输入。

触摸屏可用于平板计算机、多数 PDA、UMPC、ATM 机及信息屏等装置（也有显示屏的功能）的输入。最常用的触摸屏技术是在透明的面板上涂上一层薄的导电材料，这种导电材料对触摸屏幕时产生的电流十分敏感。这种"电阻"技术确实相当有耐久性，它不怕尘土或水汽，但不敌过锋利的物体。触摸行为所使用的坐标定位实质上与鼠标单击使用的是同样的定位方法。例如，如果触击 PDA 屏幕上的一块标记为"游戏"的按键区域，所产生的触击点坐标数据被传向处理器，处理器会比对屏幕上所显示的图像的坐标，并找出此坐标处所存标记并做出反应，这样就可以开始准备运行相关的游戏程序了。电阻技术应用在现在的触摸屏中，它可以接收手指或手写笔的输入（见图 2-15）。处理技术既可以处理单次触击，也可以处理复杂的输入（如手写输入）。

图 2-15 触摸屏实例

2.3.3 扫描仪

扫描仪是一种计算机输入设备，通过捕获图像并将之转换成计算机可以显示、编辑、存储和输出的数字化信息。可以对照片、文本页面、图纸、美术图画、照相底片、电影胶片，甚至纺织品、标牌面板、印制板样品等都进行扫描，提取其中原始的线条、图形、文字、图像资料。

平面扫描仪的工作原理如下：获取图像的方式是先将光线照射被扫描的材料上，光线反射回来后由 CCD 光敏元件接收并实现光电转换。当扫描不透明的材料，如照片、印刷文本以及标牌、面板、印制板实物时，由于 CCD 器件可以检测图像上不同光线反射，并将反射光皮波转换成为数字信息，用 1 和 0 的组合表示，最后通过扫描仪软件读入这些数据，并重组为计算机图像文件。

而当扫描透明材料如制版胶片，照相底片时，扫描工作原理相同，有所不同的是，此时不是利用光线的反射，而是让光线透过材料，再由 CCD 器件接收，扫描透明材料需要特别的光源补偿和透射装置来完成这一功能。

扫描仪的技术指标如下。

① 分辨率：扫描仪最主要的技术指标，表示扫描仪对图像细节上的表现能力，即决定了扫描仪所记录图像的细致度，通常用每英寸长度上扫描图像所含有像素点的个数来表示，即 dpi（dots per inch）。大多数扫描的分辨率为 300～2400 dpi。dpi 的数值越大，扫描的分辨率越高，扫描图像的品质越高，但这是有限度的。当分辨率大于某一特定值时，只会使图像文件增大而不易处理，并不能对图像质量产生显著的改善。

② 灰度级：表示图像的亮度层次范围。级数越多，扫描仪图像亮度范围越大、层次越丰富。目前，多数扫描仪的灰度为 256 级。256 级灰阶中以真实呈现出比肉眼所能辨识出来的层次还多的灰阶层次。

③ 色彩数：表示彩色扫描仪所能产生颜色的范围。

④ 扫描速率：有多种表示方法，因为扫描速率与分辨率、内存容量、硬盘存取速率以及显示时间、图像大小有关，通常用指定的分辨率和图像尺寸下的扫描时间来表示。

⑤ 扫描幅面：表示扫描图稿尺寸的大小，常见的有 A4、A3、A0 幅面等。

2.3.4　显示设备

计算机显示器通常属于输出设备，因为它一般显示处理任务的结果。然而，有些屏幕属于输入和输出设备，因为它们都含有用于接收输入的触摸感应技术。用于显示设备的技术有三种：CRT、LCD 和等离子（见图 2-16）。

图 2-16　CRT、LCD 和等离子显示器

CRT（Cathode Ray Tube，阴极射线管）显示设备采用电子管内的枪状机械装置射出扫描电子束到屏幕上，激活单个像素点形成图像。CRT 显示设备体积大且费电，目前在普通计算机上的应用已经趋于淘汰。

LCD（Liquid Crystal Display，液晶显示器）能通电流来改变液晶面板上的薄膜型晶体管内晶体的结构，使它显示图像。LCD 是笔记本计算机的标准设备。独立的 LCD 显示器或平板显示器常用作台式机的显示设备。LCD 显示器的优点是显示清晰、低辐射、轻便和紧凑，现在已经是普通计算机的标准配置。

等离子显示器利用高电压来激活显像单元中的特殊气体，使它产生紫外线来激发磷光物质发光，目前主要用于电视技术。

随着国家"三网融合"（电话、电视、计算机）的进程，"三屏合一"（移动电话机、电视机和计算机）的时代已经开始。而目前这三种屏幕的发展趋势全部指向液晶和其他平板式显示装置。

显示设备的图像质量取决于屏幕尺寸、点距、视角宽度、刷新率、色深和分辨率。

① 屏幕尺寸：从屏幕的一个角到其对角的长度，用英寸度量。一般计算机显示器屏幕的可视图像尺寸（viewable image size，vis）为 12～27 英寸（个别上网本的在 7～10 英寸之间）。等离子显示器的尺寸都比较大，市售最小尺寸是 42 英寸（也就是等离子电视机）；液晶显示器则各种尺寸都有。

② 点距：度量图像清晰度的一种方式。越小的点距意味着图像越清晰。从技术角度上讲，点距是像素点之间的距离，点距以毫米为单位，像素是形成图像的小光点。现在显示设备的点距一般为 0.23～0.26 mm。

③ 视角宽度：观察者在显示器的斜侧面仍能够清晰看到屏幕图像的最大角度。同样的尺寸条件下，更宽的视角是指可观看范围更大一些。CRT 和等离子显示器具有比液晶显示器更宽的视角。平面设计人员往往比较偏好 CRT 显示器，因为它能从任何角度显示一致的色彩。

④ 刷新率（也称为"垂直扫描率"）：屏幕更新的速率，以每秒周期数或赫兹（Hz）来度量，而且可以使用 Windows 的控制面板来设置。一般来说，要使 CRT 屏幕不闪烁至少需要 60 Hz 的刷新率，CRT 技术一般可以达到的刷新率为 85 Hz。刷新率对液晶显示器来说意义不大，通常限制在 60 Hz。

⑤ 色深：显示器可以显示的颜色数量。多数计算机显示设备能显示数百万种颜色。将色深设为 24 位（有时称为"真彩色"）时，计算机可以显示 1600 多万种颜色，并且可以产生被认为是照片级质量的图像。Windows 允许用户自行选择分辨率和色深。过去常见的台式机设置是 1024×768 分辨率的 24 位真彩色。而现在一些笔记本液晶屏的设置可以达到 1280×800 分辨率的 32 位真彩色。

⑥ 分辨率：显示设备屏幕上水平像素和垂直像素的乘积。大部分早期的计算机显示器为 4∶3 制式，分辨率分别为：

- ⊙ VGA（Video Graphics Array，视频图形阵列）：640×480。
- ⊙ SVGA（Super VGA，超级 VGA）：800×600。
- ⊙ XGA（eXtended Graphics Array，扩展图形阵列）：1024×768。
- ⊙ SXGA（Super XGA，超级 XGA）：1280×1024（显示制式为 5∶3）。
- ⊙ UXGA（Ultra XGA，极致 XGA）：1600×1200。

较新型宽屏显示制式为 16∶9（如 WUXGA，Widescreen UXGA）的分辨率（1920×1200）能提供与高清电视水平相当的画质。

分辨率越高，文本和其他对象就显得越小，但计算机可以显示更大的工作区域，如在工作区显示整页的文档。随着三屏合一的发展，目前大部分液晶显示器的生产规格呈 16∶9 的宽屏趋势（如 1680×1050），而这种风格的显示器为办公或上网能够带来很大便利。例如，Windows 7 专门提供了所谓"半屏显示"功能，专门方便用户在工作时，在桌面上显示两个

"严丝合缝"的半屏视窗，分别来显示参考文献和工作文档（见图2-17）。

一般计算机显示装置（显示器和投影仪）都采用RGB模式。RGB模式是一种发光的色彩模式，在一间黑屋子里仍然可以看见屏幕上的内容。所以，RGB色彩模式是照明行业的一种色彩标准，是通过对红（Red）、绿（Green）、蓝（Blue）三种颜色（也称三原色）各自明暗变化以及它们相互之间的叠加来得到各式各样的颜色的。RGB即是代表红、绿、蓝三个通道的颜色，这个标准几乎包括了人类视力所能感知的所有颜色，是目前运用最广的色彩系统之一。

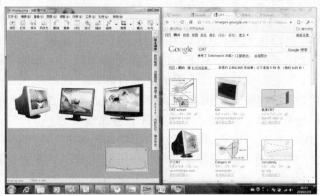

图2-17　Windows 7的两个半屏帮助用户比较内容上的差异

RGB色彩模式使用RGB模型为图像中每个像素的RGB分量分配一个0～255范围内的强度值。例如，纯红色可以表达成RGB（255, 0, 0）；灰色的R、G、B三个值相等，即RGB（125, 125, 125）；白色值为RGB（255, 255, 255）；黑色值为RGB（0, 0, 0）。RGB图像只使用三种颜色并按照不同的比例混合。

通常情况下，RGB各有256级亮度，用数字表示为0～255。256级的RGB色彩总共能组合出约1678万种色彩，即256×256×256=16777216。通常也被简称为1600万或24位色（2^{24}）。

由于显示卡到显示器的连接线上，RGB三种颜色是通过三根线缆分别传递的，当电子线路、线缆、接口发生断路故障时（最容易出现问题的地方是VGA电缆的插头内的针头因安装用力不当而发生断针），屏幕显示的结果会呈现明显的偏色。

2.3.5　打印机

打印机是最流行的计算机输出设备之一。当今最畅销的打印机一般使用喷墨或激光技术。而传统的点阵打印机在需要打印发票的场合也还有一些应用。

喷墨打印机（见图2-18）比其他类型的打印机更畅销，因为它们价格便宜，而且能产生彩色和黑白的打印输出，多用在家庭和小型企业中。小而轻便的喷墨打印机能够满足许多可移动计算机用户的要求。喷墨技术也用于照片打印机，照片打印机对打印由数码相机和扫描仪产生的高质量图像的功能做了优化。

喷墨打印机使用喷嘴将墨滴喷射到纸上，以产生字符和图形。彩色喷墨打印机的打印头由一组墨盒的喷嘴组

图2-18　喷墨打印机

成。与显示器不同，多数的彩色打印机使用 CMYK 色彩（印刷工业的色彩标准）。

CMYK 是一种依靠光线反射的色彩模式。比如，在阅读报纸时，必须有光源（日光或灯光）照射到报纸上，再反射到我们眼中，才能看到内容，在黑屋子里是无法阅读的。

利用 CMYK 色彩的喷墨打印机使用靛青色（蓝）、洋红色（粉红）、黄色和黑色墨水来产生数千种颜色输出。有些打印机选择使用 6 色或 8 色的墨水来打印，这样便可产生中等色调的阴暗部分，使图像如照片般更加逼真。

商用的喷墨打印机价格在 1500 元左右，一套耗材（包括彩色和黑白墨盒）的费用假设在 450 元左右（1400 张，覆盖面积 5%），则每张的墨水成本在 0.32 元左右。

激光打印机把接口电路送来的二进制点阵信息调制在激光束上，之后扫描到感光体上。感光体与照相机构组成电子照相转印系统，把照射到感光鼓（一般称硒鼓）上的图文映像转印到打印纸上，其原理与复印机相同。普通的激光打印机只能产生黑白打印输出，广泛应用于需要打印大量打印文字材料和黑白图像的企事业单位。彩色激光打印机（见图 2-19）采用的印刷技术标准与彩色喷墨打印机相同，需要四个感光鼓（彩色硒鼓）。入门级的彩色激光打印机价格目前在 2000 元左右，但一套耗材的价格超过购机价格的一半。以一个蓝色硒鼓（350～450 元）可以印制 1400 张（覆盖面积 5%）为例计算，一张彩色激光输出的印刷品仅耗材的成本就在 1 元左右。

点阵打印机是比较经典的技术，最初出现于 20 世纪 70 年代后期，今天仍然在使用。点阵打印机（见图 2-20）用排列成矩阵的金属撞针来产生字符和图形。随着打印头上的金属撞针敲击色带，便在纸上产生出计算机所要求的图案。点阵打印机的最大优点之一是可以一次打印若干份完全相同的文档（也就是复写打印，尤其是在商业服务行业有用）。遗憾的是，不像喷墨和激光打印机，点阵打印机一般没有打印质量控制，所以可能得到可视质量极差的打印结果。

图 2-19 彩色激光打印机   图 2-20 点阵打印机

各种打印机有不同的分辨率、速率、运行成本、双面功能和网络功能。这对日常的工作效率和生产成本有重大影响。

① 分辨率：打印图像和文本的质量或清晰度取决于打印机的分辨率，即产生图像的网格点的密度。打印机的分辨率用 dpi 来度量。如果需要产生与杂志质量相当的打印输出，900 dpi 的分辨率就足够了。但如果要出古董拍卖会画册，就需要分辨率为 2400 dpi 或更高的打印机。

② 打印速率：用每分打印的页数（pages per minute，ppm，用于页式打印机）或每秒打印的字符数（characters per second，cps，多用于字符打印机）来度量。彩色打印一般比黑白打印需要更长的时间。打印文本页面往往快于打印图形页面。通常，计算机使用的打印机的打印速率是每分钟 6～30 页。

③ 运行成本：打印机购置成本只是与打印输出相关的费用之一，其所需耗材才是需要关注的。喷墨打印机要更换墨盒（或为墨盒添墨水）；激光打印机需要经常填充或更换硒鼓；点阵打印机要换色带。一般来说，打印成本的主要构成是每份耗材所能打印的份数加上纸张成本，最后才是打印机的折旧。

④ 双面功能：双面打印机能在纸张的两面打印。选择这种环保型的打印机可以节约不少纸张，但会延缓打印过程，特别是喷墨打印机要等到一面的墨水干后才能打印另一面。

⑤ 网络功能：如果计算机系统没有连网，则可以将打印机直接连接到计算机上。如果计算机已经在网络中，则还可以与网络中的其他用户共享打印机。也可以购买具有网络接口的打印机，网络连接可以是有线的，也可以是无线的。能直接连接网络的打印机的最大好处就是它可以放置在一个公共场所，方便所有网络用户，又不会干扰大家的办公环境。

⑥ 打印负荷：在一般情况下，每月的打印负荷量的估算公式为：每月打印负荷量=每人平均打印量/天×22 个工作日/月×网络打印用户数。有了这个基数，再选择标称每月打印负荷量略高于该估算值的打印机，否则打印机将因过度劳累而提前报废。比如，如果 A 型打印机打印负荷达到每月 6 万页，它就比打印负荷仅为每月 1.2 页的 B 型打印机可靠性要高很多。

2.3.6　安装外设

在过去安装计算机外设需了解关于相关的接口标准（用的较多的有串行、并行接口）、主板扩展插槽和设备驱动程序的知识。今天，许多外部设备都能连接到 USB（Universal Serial Bus，通用串行总线）接口，并且 Windows 还能自动加载它们的设备驱动程序，使得大部分外设安装过程变得十分简单。现在计算机的 USB 接口都设置在主机前面板上或主机顶部以便于使用。很多外设（如鼠标、扫描仪和操纵杆）都能用 USB 连接。有些存储设备（如 U 盘和外挂硬盘）也可以用 USB 连接。但为计算机安装高端的显卡和声卡时一般仍需要打开主机机箱。

无论使用 USB 连接还是更复杂的设备，关于计算机数据总线的一些信息会帮助用户了解大部分外设的安装步骤。安装外设，实际上就是在外设与计算机之间建立数据传输连接。在计算机中，数据从一个部件传输到另一个部件所通过的线路叫作数据总线。一部分数据总线在内存和微处理器之间进行传输。从内存延伸到外设的那部分数据总线叫作扩展总线（或 I/O 总线）。当数据沿着扩展总线传送时，它们便可以经过扩展槽、扩展卡、接口以及电缆传送到外部设备上。

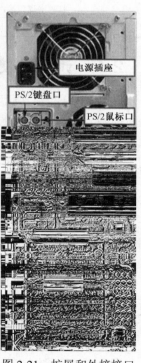

图 2-21　扩展和外接接口

扩展接口是任何能将数据传入传出计算机或外设的连接器。这与电源插座很相似，因为可以插入一些相应标准的接头以形成连接。扩展接口通常置于扩展卡上，这样就可以通过计算机主机后面的开口接入。接口也可以内置于台式机或笔记本计算机的主机内。计算机主板上内置的接口通常包括鼠标、键盘口、串口、USB 接口、音频接口和网络接口等，有些高档主板还配备有光纤接口、同轴接口、ESATA 接口和 1394 接口等。图 2-21 展示了一般台式机的主要扩展和外接接口类型。

有这么多种接口，用户便期望有各种相应的电缆。如果一个外设配备一种电缆，通常就可以根据电缆接口的形状判断应把它插入哪个接口。有些厂家还用彩色编码接口和插头使它们容易匹配。表2.1提供了用户最可能遇到的计算机外设电缆的信息。

一般计算机机箱内扩展卡的安装步骤如下：

1）打开机箱前，确保已经拔掉了计算机电源，并使自己接地，是指用特制的地线或双手接触金属物体来释放静电。

2）扩展卡须插入相应类型扩展槽内，若有必要，用螺丝钉或其他卡扣固定。只要了解有关的扩展卡是怎样连接主板扩展插槽和外设，安装外设就不困难了。

3）所使用的电缆必须与外设和计算机接口相配。一旦安装完成后加电，PnP便会识别新的设备。如果有随机安装光盘，可以插入安装驱动程序。如果PnP技术不起作用，那么计算机上缺少相应的驱动程序。请查看厂家有关设备驱动程序的更新网站，或联系厂家技术支持部门。

有些设备需要用软件（称为设备驱动程序）来建立计算机与设备之间的通信。外设手册中含有怎样安装设备驱动程序的说明。一般来说，使用设备驱动程序CD就能一次安装到位，然后收好CD，以备再次安装时用。关于设备驱动程序，读者会在后续章节了解更多。

表2.1 常见计算机的电缆和接口

接　　口	描　　述	设　　备
USB	USB接口，最多能支持127个设备。USB-1的数据传输率为1.2 MBps，而USB-2最高达480 MBps	键盘、操纵杆、扫描仪、鼠标、外置硬盘驱动器、MP3播放器、数码相机、数码摄像机
VGA HDB-15	模拟视频接口	显示器
RJ-45	局域网接口	局域网连接设备
DVI	数字视频接口	显示器
音频接口	板载集成声卡输出接口	耳机、音箱

2.4　计算机使用须知

高性能处理器、硬盘、显卡和一些其他计算机部件会产生大量热量，过热会导致计算机停机故障。多数台式机的电源上都装风扇，这可以将主机内的温度维持在合适的工作温度。微处理器或显卡也安装额外的散热风扇。笔记本计算机也包含散热风扇，但只有在处理器达到一个特定的温度后，风扇才会启动。

保证计算机系统周围的空气流通是很重要的，而且要确保风扇可以从房间吸入冷风，然后吹过计算机内的部件。如果计算机放置在封闭的空间（如机柜）中，就需要在机柜后面开一些散热孔，以保证计算机机拥有空气流通的空间。同时，用户还需要注意放置计算机的房间内的温度。如果用户认为设备已经过热（常见于空间狭小的笔记本计算机），还可以使用额外的散热风扇或散热底座。

不要将计算机主机放置在玻璃台板上，由于玻璃台板的绝缘性能太好，会导致静电聚集，可能对计算机正常运行造成影响。

其他需要注意的问题包括：

⊙ 定期备份数据，尤其是最重要的数据和用户文件，并进行测试。

⊙ 按月删除浏览器的历史纪录和缓存文件，以保证有足够的空余空间存放临时文件。

- 硬盘维护，最好按周进行磁盘清理和磁盘碎片整理程序。
- 安装最新的驱动程序和安全更新（补丁或服务包）。
- 保持病毒库自动更新，并定期对计算机进行病毒和漏洞扫描。

无论遇到什么样的计算机故障，首先需要关注到计算机给出的各种提示信息，有条件的话，应该记录下来。如果能够用截屏等方式将故障或问题留成图像，就可以在同相关人员询问时同时递交或发送，更能说清楚问题。

最常见的计算机硬件故障是线路松动，包括电源、各种外设的连接线，从各种设备（主机机箱面板、键盘、显示器、有线/无线网卡等）的指示灯可以判别此类故障；其次是风扇故障导致机箱或 CPU 芯片升温导致停机；一些辅助性电器元件（如电容老化）会导致主板工作失常。笔记本最常见的问题是主机、键盘溅入了液体（赶紧断电、拔电池），以最快速度控出液体，晾干 24 小时后再开机测试。

最常见的计算机软件故障是新装软件后系统出现问题，或遇到了使其不能正常运转的关键问题（如蓝屏）。在 Windows XP 下，可重启计算机后按 F8 功能键进入安全模式。安全模式是功能受限制的 Windows 版本，用户可以在安全模式下使用鼠标、显示器和键盘，但不能使用其他外设。在安全模式下，用户可以使用"控制面板"中的"添加/删除程序"功能卸载最近安装的、可能影响其他部件运行的程序或硬件。

恶意代码和病毒攻击呈现出来的结果一般也属于软件故障。所以，没有安装杀毒软件和个人防火墙的计算机系统是极端危险的。一般需要安装两种安全类软件来对计算机进行交叉型基本防护，而且要养成良好的使用习惯，如不浏览不良内容网站和设置用户口令等。

对于软件故障最好的办法是预防，使用最新的驱动程序和安全更新（补丁或服务包），以及稳定版本的应用软件。

2.5　计算机系统检测与基准性能测试

在购机、攒机时或在进行系统维护、排除故障时，我们需要了解计算机软/硬件配置的详细情况：CPU 是什么型号，工作频率是多少？内存有多大，是什么类型的？等等。

还有一个问题，计算机在运行大计算量的程序时，高负荷下微处理器会散发热量，这个热量究竟有多大？芯片温度有多高？由于新型的微处理器一般都有温度传感器，我们希望了解微处理器的工作温度与负载的关系，在可能的情况下，优化处理器运行的工作条件。

我们还关心另外一个问题。如果测试一辆汽车，可以借用飞机场的跑道，将汽车开到其设计的极限速度（经常看到汽车杂志组织这些活动）。那么，计算机如何像汽车一样，借助某种手段，把 CPU 的"极速"跑出来？

解决上述问题，我们需要一些工具：
- 能够全面了解计算机软/硬件配置情况的检测程序。
- 能够充分发挥计算机处理功能的应用程序（一般系统程序显然很难做到这一点）。
- 观测和记录微处理器工作负载的系统程序（Windows 下的任务管理器可以部分做到，但可观测的时间周期有限）。
- 观测微处理器工作温度的程序。
- 可以调节微处理器工作条件的系统程序。

这些工具可分为如下四大类。

（1）系统信息检测

⊙ 专用检测工具：如检测 CPU 信息的 CPU-Z、检测 GPU 信息的 GPU-Z 等。

⊙ 全面检测工具：如 Everest Ultimate、SiSoftware Sandra 等。

（2）基准性能测试工具

⊙ 专用测试工具：如针对 CPU/GPU 的 Cinebench、针对微处理器的 CPU RightMark 和 SuperPI、针对内存的 RMMT、针对硬盘的 HDTune 和 ATTO Disk bench32、针对显卡的 Furmark 等。

⊙ 通用测试工具：如针对普通应用的 PCMark、针对 3D 图形应用的 3DMark 等，这类工具与专用基准性能测试工具不同，更着眼于计算机各部件的均衡配置和整体性能。

（3）超频工具

⊙ 用于调整 CPU 工作频率的 RMClock（RCCU）、SoftFSB、ClockGen 等。

（4）运行监测工具

⊙ 用于检测微处理器的工作频率、温度、占用率的 RM Gotcha、HWMonitor 等。

2.5.1　系统信息检测

现在对计算机或配件有个详细、全面的了解，给计算机做个全面的"体检"是必不可少的，这时就要用到系统信息检测软件了。系统信息检测软件就是可以检测并详细显示一台计算机中软件、硬件信息的软件，可以让用户知道自己的计算机的主板品牌、芯片组，内存大小，显卡芯片、显存大小、工作频率等一切关于计算机的信息。

另外，在安装操作系统时往往会遇到需要安装一些特殊硬件的驱动程序，但我们并不知道这些硬件的类型，这时检测软件就成为寻找合适的硬件驱动的一个极好的帮手。

（1）CPU-Z 和 GPU-Z

CPU-Z（见图 2-22）是一款常用的 CPU 信息侦测工具，可显示 CPU 的各种详细参数。支持全系列的 Intel、AMD 处理器。CPU-Z 非常小巧，无需安装，可在购机时用于鉴别 CPU，以防受到不良商家的欺骗。

图 2-22　CPU-Z 界面

CPU-Z 不仅可以查看当前 CPU 的基本信息，包括主频、外频、倍频、总线频率、高速缓存、工作电压之外，还能够查看主板的型号、芯片组、BIOS 版本以及内存的品牌、频率和 SPD 信息等，新版本中又加入了 GPU 信息的检测功能，虽然不像 GPU-Z 一样详尽，但至少聊胜于无，在没有 GPU-Z 的时候可以用它来应急。

GPU-Z 是一款体积小巧、功能强大的用于检测显卡信息的专业软件，不仅能识别显卡的种类，还可以检测出显卡的大多相关参数，包括 GPU 的核心代号和制造工艺、核心频率、DAC 类型、显存类型、显存容量、显存频率、显存带宽，以及 GPU 的温度、显存的温度、散热风扇转速和显卡的 DirectDraw、Direct3D、纹理加速等详细信息。

（2）Everest

Everest（见图 2-23）用于了解计算机的软/硬件信息或者购买计算机时进行现场测试，也常常被专业媒体用于软/硬件评测中，可以详细给出微机系统软/硬件各方面的信息。支持 3400多种主板和 360 多种显卡，支持对并口、串口、USB 这些 PnP 设备的检测，支持对各式各样的处理器的侦测。Everest 更新非常快，基本上做到每个月都有更新，以支持最新的硬件。

图 2-23 Everest 测试并与其他品牌型号的硬件进行比较

Everest 的界面相当友善，使用起来很像 Windows 的资源管理器，左侧是树形菜单，右侧是显示窗口。要想了解哪个部件的情况，只要展开左边的树形菜单，找到该部件并单击它，右边窗口就会显示出该部件的相关信息。

Everest 检测的内容主要包括计算机、主板、操作系统、显示设备、多媒体、存储器、软件、安全性等，涵盖了硬件检测、软件检测、安全性和性能测试等。

2.5.2 基准性能测试

基准（benchmark），是计算机行业常用的术语，指在"同等"条件（同样的数据集，同样的程序）下，看哪一款硬件的执行效率最高、性能最好或速率最快（也有对软件做基准测试的，在此不讨论）。

专用的基准测试软件只对某一个部件或相关联的一两个部件进行性能测试。这类测试软件中比较著名的有 Cinebench、CPU Rightmark、SuperPI、RMMT、HDTune 和 Furmark 等。

（1）测试 CPU/GPU 基准性能的 Cinebench

Cinebench（见图 2-24）是一款业界公认的 CPU/GPU 性能基准测试软件，使用了 Cinema 4D 特效软件引擎（Cinema 4D 是专门针对电影电视行业开发的 3D 创作软件），在国内外主流媒体的性能测试中都能看到它的身影。

图 2-24　Cinebench 的测试界面

Cinebench 通常被用于测试多核多线程 CPU 性能，最多可支持 16 个处理器，也可以用来测试显卡的 GPU 性能。Cinebench 的最新版本（11.5）能够支持 Windows XP/Vista/7，也支持 PowerPC 和 Intel 架构的 Mac 平台。

Cinebench 的测试由 CPU 性能测试和 GPU 性能测试两部分组成。

CPU 性能测试部分纯粹使用 CPU 来渲染一幅高精度的包含 2000 多个物体的三维场景画面，场景中的多边形数量超过 30 万个，并需要实现反光等光影特效。在单处理器单线程下只运行一次，如果系统有多个处理器核心或支持多线程，则第一次只使用一个线程，第二次运行使用全部处理器核心和线程。渲染测试以 pts 来表征，数值越高越好。

GPU 性能测试部分针对显卡的 OpenGL 性能，演示的是实时绘制的警车追逐画面，测试成绩以 FPS（平均帧数）来表示，其数值越高越好。测试结束后，窗口左下角会用图形显示所测试系统与其他系统的比较。

（2）专用于测试硬盘基准性能的 HD Tune

HD Tune（见图 2-25）是一款专业硬盘（包括 U 盘和移动硬盘）测试工具，主要检测内容包括：硬盘性能基准（读写时的传输速率、存取时间、CPU 占用率等），健康状态，温度及磁盘表面扫描等。另外，它还能检测硬盘固件版本、序列号、存储容量、缓存大小等。

（3）专用于测试显卡 GPU 基准性能的 Furmark

FurMark（见图 2-26）是一款显卡的 OpenGL 基准测试工具，通过皮毛渲染算法来衡量显卡的性能，同时通过高强度的图形运算来考验显卡的稳定性，要求显卡支持 OpenGL 2.0 规范（目前市售的显卡绝大多数都可以满足此要求）。

除了两种运行模式（基准测试和稳定性测试），FurMark 还提供了多种测试选项，如全屏/窗口显示模式、九种预定分辨率（也可以自定义）、基于时间或帧的测试形式、多种多重采样反锯齿（MSAA）、竞赛模式等，并且支持包括简体中文在内的五种语言。

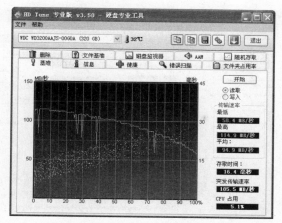

图 2-25 HD Tune 的测试界面

图 2-26 Furmark 的运行模式选择界面和测试界面

2.5.3 微处理器工作频率调整

微处理器的工作频率调整通常又称为"超频"，是通过提高微处理器的工作频率来达到提升性能的目的。超频可以通过 BIOS 设置来实现，也可以使用软件工具来实现。常用的工具有 RMClock、SoftFSB、ClockGen 等。下面仅对 RMClock 进行简单介绍。

RMClock 全称为 RightMark CPU Clock Utility（RCCU）是一款小巧的图形化应用程序。RMClock 依靠 CPU 内负责电源管理的特别模块寄存器（MSR），可以实时检测 CPU 的当前工作频率、功耗、使用率，还可以随时调整 CPU 的工作频率。目前，其 2.35 版本支持 Intel Core 2 系列处理器（四核 Yorkfield，Wolfdale 和 Penryn）等最新的处理器。在自动管理模式下，RMClock 可以随时监测处理器的使用率并动态调整其工作频率、功耗和电压，使其符合当前性能需要水平，实现根据目前系统负载决定自身输出效能的处理器工作模式，避免资源浪费。

图 2-27 是 RMClock 的操作主界面，可以显示处理器的多项常规信息，如 CPU 的名称、代号、修订号、电源管理特性、核心频率、降频调温、CPU 和操作系统的负载等数据，以及处理器电压的当前值、启动值、最小值、最大值。如果用户计算机使用的是多核处理器，可以在窗口底部的切换，以观察不同处理器内核的工作情况。

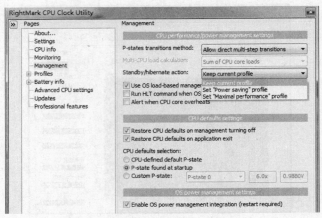

图 2-27　选择微处理器的工作模式

由于并非所有工作都必须把 CPU 的全部"马力"动员起来,尤其是一般的文档处理、数据输入工作,因此完全可以把 CPU 的工作状态做人为调整(见图 2-27)。例如,我们出差在外,使用笔记本从事一般的事务性,希望电池支持的时间可以更长一些,完全可以通过 RMClock 将笔记本的工作方式设置成"Set "power saving" profile",也即节电模式,或者可以设置为"Run HLT When OS Idle",当操作系统空闲时自动关机(再使用时需要重新启动)。但是,当设计工作完毕,需要使用三维软件出效果视频,则可以把 CPU 的工作方式设为"Set maximal performance",即使用 CPU 最强性能。

对于提供了温度测试的微处理器或主板,RMClock 还提供了微处理器芯片温度的实时检测,这样,用户在进行基准测试或大运算量计算时,可以实时检测微处理器温度变化情况,最为重要的通过是对笔记本计算机的散热等性能进行监测,同时调整微处理器的钟频或性能参数,来降低微处理器的温度,达到节省电力、延续电池使用时间的目的。通过图 2-28,我们可以清楚地看到,一旦 CPU RightMark Lite 开始运行,就像一辆跑车上了机场跑道,CPU 将全负荷运行,时钟频率一直跑在该 CPU 的极限值(1596 MHz),CPU 和操作系统的资源几乎消耗殆尽,而 CPU 芯片的温度也在逐步上升。这样的测试,放在笔记本上进行,其升温的效果尤为明显。因此,也可以用这款软件测试笔记本 CPU 芯片的升温和散热工况(见图 2-28)。

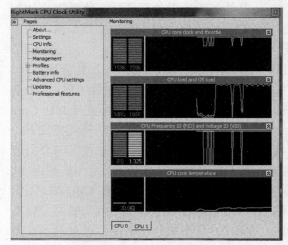

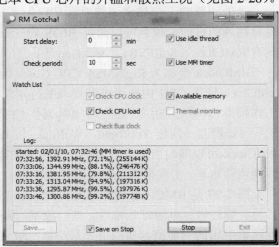

图 2-28　显示多核或多超线程 CPU 的各种参数　　　　图 2-29　RM Gotcha！的操控界面

我们并不需要一直将 RMClock 的主界面显示在屏幕上，因为系统托盘区的 RMClock 图标会实时显示 CPU 的工作频率、CPU 使用率、系统使用率、倍频（FID）、电压值（VID）等信息。

2.5.4 系统资源监测与硬件健康检测

RM Gotcha!（原称 RMspy）是一个小型的测试程序，负责记录微处理器的负载、内存资源的空闲情况，并可以日志文件记录到硬盘（见图 2-29）。该实用程序的特点是它只需要几个 CPU 时钟周期，几乎不影响测量结果。所以，可以在运行 CPU Rightmark Lite 的同时，在后台运行 RM Gotcha!，将基准测试的结果记录在文件中。RM Gotcha!可以对一些应用程序设计效果进行实时检测，用于判断各种资源的占用和程序算法的优化效果等。

HWMonitor（见图 2-30）是一个硬件实时监测工具，体积小巧，免安装。它能够读出微机系统主要硬件的传感器数据，包括各部件的电压、CPU 的温度、风扇转速，主板南北桥温度、硬盘温度、显卡温度等。

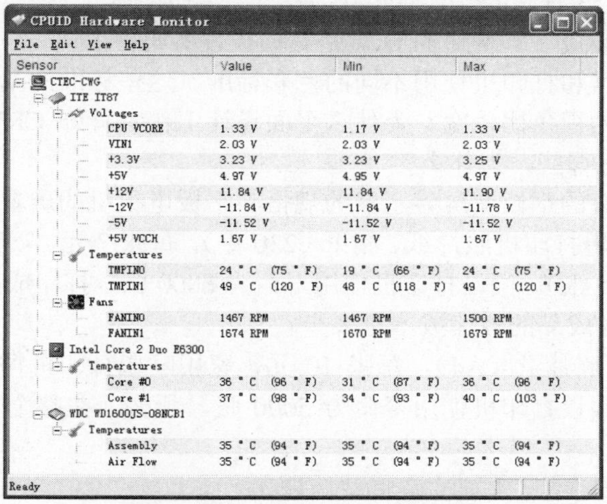

图 2-30　HWMonitor 的监控界面

除了以上所介绍的硬件测试工具外，还有液晶显示器、光驱、鼠标等设备的测试软件，在此就不一一介绍了。

以上四类工具已经能够非常完美地解决计算机系统的软/硬件配置信息检测、基准性能测试、性能调整以及资源检测和记录等问题。当然，互联网上类似的测试工具还有很多，希望从事计算机维护工作（或维护自己的计算机）和对计算机硬件性能有兴趣的读者可以到互联网上寻求相关的信息，比较它们的优缺点和适应范围，找到最适合自己的软件工具。工欲善其事，必先利其器。有了好的工具，才能在完成硬件配置、升级、超频、故障排除等任务时，做到心中有数，有的放矢。

本 章 小 结

本章的主要任务是解决当前计算机系统的配置、选择和检测和调控过程中，用户会遭遇到的各种问题。这些问题包括微处理器的主要参数、主板、内存和显卡、常用外部设备的选型等。对于一些已经过时或一般用户难以遇到的硬件装备，如软盘、磁带等，我们予以忽略，有兴趣的读者可到图书馆和网络上查询。对于硬件设备的故障，本章进行了概括描述和基本的解决办法。对于系统软/硬件检测、微处理器的基准测试和性能调控，本章提供了一个基本的解决方案。

习 题 2

2.1 什么是摩尔定律？请举例说明摩尔定律的曾经有过的实例。目前，摩尔定律仍然有效吗？实际的状况如何？

2.2 32 位与 64 位的微处理器有哪些不同？目前，主流的微处理器是多少位的？

2.3 英特尔的奔腾和酷睿系列产品主要有何差别？英特尔酷睿的 i3、i5、i7 有何差别？

2.4 计算机内有哪些重要的存储装置，分别有何特点？请设想一下，在计算机断电以后，计算机如何保证开机时，计算机内的时间与外部世界的时间同步？

2.5 定位设备有哪些类型，各自有何优势，适用于哪些场合？机械鼠标和光电鼠标有何不同，哪种更受欢迎？为什么？

2.6 什么是"热插拔"？普通的 U 盘是热插拔设备吗？

2.7 为什么显示器和打印机使用不同的色彩标准？这些标准的基本原理是什么？

2.8 哪种显示器的视角比较宽？为什么平面设计工作者喜好 CRT 类显示器？目前，显示器的主流发展趋势有哪些，为什么？

2.9 目前，计算机的平板宽屏显示器的规格与平板电视机的屏幕规格是一致的吗？

2.10 柯达 A4 喷墨打印机照片纸、相纸（230 克），每张 7 元，喷墨打印机每台 1500 元，耗材每套 500 元（1400 张）。假设打印机使用寿命为 8000 张，打印成品率为 75%，那么，在整个使用周期内，每张成品的打印成本是多少？

2.11 惠普打印机照片纸（A4），每张 10 元，家用喷墨打印机每台 2000 元，耗材每套 1500 元（1400 张）。假设打印机使用寿命为 5000 张，那么，在整个使用周期内，每张照片的打印成本是多少？

2.12 计算机在使用中，需要注意哪些问题？

2.13 计算机故障分哪几类？最基本的解决办法有哪些？

2.14 本章提到的 RightMark 项目有关的软件，各自扮演了什么角色？应如何搭配使用？

2.15 请使用本章介绍的系统测试工具检测你所使用的计算机，记录下计算机的主要配置情况。

2.16 请使用本章介绍的基准软件检测你所使用的计算机，并记录所测试的基本数值（FPS），包括扫描 1000 次 1024×768 图像所花费的时间、微处理器的温度等。与你有机会使用的第二台进行比较，请说明差别和原因（请特别关注显卡、显示器配置，色彩深度、分辨率等）。

第 3 章　计算机软件

软件（Software）是一系列按照特定顺序组织的计算机指令和数据的集合。计算机软件决定了计算机所能帮助用户完成的任务种类。文字处理软件能帮助用户创建文档，个人防火墙可保护计算机不受网络病毒侵害，支撑软件可优化环境并提高计算机的性能。

广义的"软件"是指计算机上所有非硬件部件，包括计算机程序及其所使用的数据，还有数字化形式文档和图片。狭义的"软件"则不包括数据、文档和图片。

本章详细介绍各种计算机操作系统、应用软件、支撑软件和设备驱动程序的各种特性。

3.1　软件分类

一般来讲软件被划分为系统软件和应用软件。系统软件为计算机使用提供最基本的功能，但是并不针对某一特定应用领域。而应用软件则恰好相反，不同的应用软件根据用户和所服务的领域提供不同的功能。例如，用户可以使用系统软件诊断硬盘或因特网连接的问题，而使用应用软件编辑照片或写技术手册。

系统软件（System Software）为计算机使用提供了最基本的功能，负责管理计算机系统中各种独立的硬件，使得它们可以协调工作。系统软件使得计算机用户和其他软件将计算机当作一个整体而不需要顾及到底层每个硬件的工作细节。系统软件又可分为操作系统和支撑软件，其中操作系统是所有软件运行的基础。

操作系统（Operating System，OS）是管理计算机硬件与软件资源的程序，也是计算机系统的核心和基石。操作系统的工作职责包括：决定系统资源（最重要的资源就是 CPU 的处理能力）供需的优先次序，管理与分置内存，控制输入、输出设备，操控网络与管理文件系统等。操作系统也提供用户与系统交互的操作接口。常用的操作系统有 DOS、Linux、Mac OS、OS/2、UNIX、Windows 等。

支撑软件（Utility）包括一系列基本的工具，如编译器（将程序代码转换成可执行程序）、数据库管理、外部存储器格式化、文件系统管理、用户身份验证、设备驱动程序管理、网络连接等方面的工具和程序设计的集成开发环境（Integrated Development Environment，IDE），包括环境数据库、各种接口软件和工具组件。著名的软件开发环境有 IBM 公司的 Web Sphere、Microsoft 公司的 Studio.NET 等。

运行应用软件的方式取决于计算机的操作系统，但对于多数图形用户界面（Graphic User Interface，GUI）的操作系统（如 Windows）而言，只需双击显示屏上出现的图标，或像图 3-1 中所展示的那样在菜单中选择应用软件。在一些较为专业的环境中，应用程序可以通过命令行接口（Command Line Interface，CLI）运行。

随着计算机网络尤其是因特网的发展与普及，新的软件应用方式或分类方式也在出现。可以把软件分成基于"桌面"（在本地 PC 上运行）的和基于网络（在网络服务器上运行）的。对于桌面软件，我们并不陌生，一般用户以往的大部分计算机应用的经验，都来自计算机的桌面软件。而基于网络的软件，其应用普及程度则是在逐渐的扩展当中。基于网络的应用，可以粗略地分为基于 Web 模式的（即 Browser/Server）和基于客户端模式的（即 Client/Server）两种。

图 3-1　Windows XP 系统中的 GUI 风格　　　　图 3-2　DOS 系统中的 CLI 风格

基于 Web 的应用软件借助浏览器来运行的，Web 应用软件的主要程序并不在本地主机上运行，而是在远程网络计算机（计算机术语称 Server——服务器）上运行。一些 Web 应用软件（如 Gmail）使用浏览器作为电子邮件客户端软件，这就使用户可以在任何一台带有浏览器并连接到因特网的计算机上收发电子邮件。Web 应用软件也能实现很多本地应用软件的功能，如电子邮件的收发、个人日程安排、数据库访问、图片共享、项目管理、地图应用和查询、游戏和文字处理。

基于客户端的应用模式中，一些网络应用软件（如 Google Earth）需要在本地计算机上安装专门客户端程序，如股票交易软件、实时信息交互平台（如 QQ 和 MSN）等。

3.2　操作系统

操作系统是一种计算机系统软件，是计算机系统中所有活动的总指挥，而且是决定计算机兼容性和平台的因素之一。计算机操作系统最重要职责就是为运行软件提供环境。计算机操作系统、应用软件和设备驱动程序的工作方式类似于军队中命令的逐级下达。当用户使用某应用软件发出命令后，应用软件就会命令操作系统该做什么，操作系统再命令设备驱动程序，最后由设备驱动程序驱动硬件，硬件就会开始工作。

操作系统通过与应用软件、设备驱动程序和硬件之间的交互来管理计算机资源。在计算机系统中，资源是指任何能够根据要求完成任务的部件。例如，处理器就是资源，RAM、存储空间和外设也是资源。当用户使用应用软件时，计算机操作系统也在幕后忙着处理各种资源管理任务。

尽管操作系统本身（如 Windows XP 或 Windows 7）是一种软件，但是"Windows 软件"、"Linux 软件"在一般情况下是指应用软件。"Windows 软件"就是指一切为使用 Windows 操作系统的计算机而设计的应用软件。例如，Word 就是一款 Windows 软件，是运行在 Windows 操作系统中的文字处理软件。而"Linux 软件"则是在 Linux 操作系统中运行的软件。

操作系统控制计算机的所有资源，其中最为重要的就是微处理器的处理能力。许多称为"进程（Process）"的计算机作业都会耗费和争用微处理器的资源。用户使用键盘和鼠标输入时，正在运行的程序会收到命令，与此同时，数据要传送给显示设备或打印机，来自因特网的邮件也正在到达。为了管理这些进程和分配资源，计算机操作系统必须确保每一个进程都能够及时分配到微处理器的工作周期。

使用 Windows 时，用户可以打开"任务管理器"以查看微处理器正在执行的进程列表（见图 3-3）。

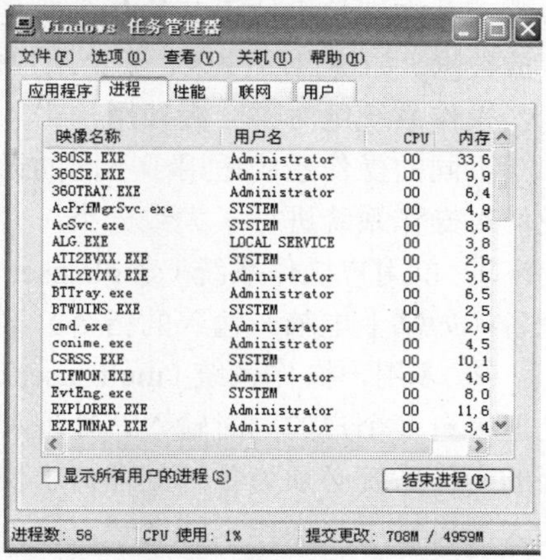

多数进程是运行在后台的正当程序，它们可以为操作系统、设备驱动程序和应用软件执行各种任务。而有时恶意代码（如木马程序和蠕虫）也会产生进程。为了系统安全，如果想知道进程是否是正当的，可用搜索引擎来查询与进程相关程序的名称和功能。

在个人计算机运行过程中，平均会同时运行 50 个左右进程。理想的情况是，操作系统应该能帮助微处理器在多个进程间无缝切换。而根据操作系统和计算机硬件的性能差异，管理进程的方式有多任务、多线程以及多进程。

图 3-3　用 Ctrl+Alt+Del 键访问进程列表

操作系统的多任务功能提供了进程和内存管理服务，这允许两个或多个任务、作业和程序同时运行。

在一个程序的运行过程中，多线程允许多项工作或线程（thread）同时运行。例如，电子表格程序的一个线程可能在等待用户的输入，其他线程则在后台长时间进行统计计算。

许多新计算机都装有双核处理器或多个处理器。操作系统的多进程能力会将任务平均分配给所有处理单元。多线程可以提升单处理器或多处理器计算机的工作效率和性能。

内存也是计算机中重要的资源之一，微处理器执行的指令和处理的数据都存储在内存中。当用户想同时运行不止一个程序时，操作系统就不得不在内存中为不同的程序分配出特定的空间。

当多个程序在运行时，可能产生操作系统中内存溢出和泄漏。内存溢出是指操作系统某个空间的特定指令和数据从该内存区域中溢出到已经分配给其他程序的另一个区域。如果操作系统没有意识到并进行管理，就不能保护各个程序的内存区域的独立性，相应的指令和数据就将被破坏，程序可能崩溃，并且计算机将显示错误信息，如"General Protection Fault"（一般性保护错误）或"Program Not Responding"（程序没有响应）。有时候，如果同时按下 Ctrl、Alt 和 Del 键来关闭遭破坏的进程，只是作为不得已的处理手段。内存泄漏是指由于疏忽或错误造成进程未能释放已经不再使用的内存。内存泄漏并非指内存在物理上的消失，而是应用程序或进程被分配某段内存后，由于设计错误，失去了对该段内存的控制，因而造成了内存的浪费。有内存泄漏的程序如果一再运行，可能造成系统内存的严重短缺或系统响应时间极长，以致造成不得不重新启动系统。

管理文件系统是操作系统的又一项职责，它负责存储和检索硬盘和 CD 上的文件、记住计算机中所有文件的名字和位置和哪里有可以存储新文件的空间。不同的操作系统对文件的创建、命名、保存和检索有不同的管理方法，并对用户的使用造成重大影响。

外部设备是计算机的输入、输出资源。计算机操作系统会与设备驱动软件通信，以确保数据在计算机和外围设备间可以顺畅地传输。如果外围设备或其驱动程序不能正常运行，计算机就会根据不同情况，在屏幕上显示相关的告警信息。

计算机的操作系统会确保以有序的形式处理输入和输出，并在计算机忙于其他任务时使用缓冲区来收集和

存放数据。如键盘缓冲区，无论用户击键速度多快，即使 CPU 同时还忙于处理其他进程的事情，操作系统绝对不会漏掉用户击入的任何一键。

不同的操作系统适用于不同的计算任务。为了更好地了解不同操作系统的优点和缺点，我们对操作系统进行了大致分类，并使用下述术语来描述其特征。

① 单用户操作系统（single user operating system）：处理的是一次只能由单个用户控制的设备（如掌上电脑）输入的指令。某些早期的 PC 操作系统为此类型（如 DOS）。

② 多用户操作系统（multi-user operating system）：允许一台计算机（常见于大型机系统）处理来自多个户的同时输入、处理和输出请求。多用户操作系统的最艰巨任务之一就是主机上的操作系统必须为各种处理请求快速、合理的安排资源。IBM 公司的 OS/390 就是最常见的大型机多用户操作系统之一。

③ 网络操作系统（network operating system，也称为服务器操作系统）：提供了计算机之间共享数据、程序和外围设备的通信和网路业务服务。网络服务和多用户服务之间的并没有明确的区别，尤其是 UNIX、Linux 和 Solaris 等操作系统都能提供这两种服务。可能存在的区别是，多用户操作系统将需要为各种处理请求快速、合理的安排资源（包括处理器时间片和内存），而网络操作系统则仅仅是通过网络将数据和程序分发给每个用户的本地计算机，实际的计算和处理发生在本地计算机上。作为企事业单位的信息服务平台，命令行界面（CLI）扮演了极为重要的角色。

④ 桌面操作系统（desktop operating system）：一种 PC、笔记本和平板式计算机等使用的操作系统。在日常工作和学习中所使用的计算机很可能配置的是桌面操作系统（如 Windows XP）。通常，这些操作系统主要使用图形用户界面（GUI），可以提供网络功能、多任务功能，对常用的计算机硬件设备采用即插即用的技术标准安装。

尽管操作系统主要在计算机系统的后台运行（大部分操作系统的进程不在桌面上直接显示信息，除出现故障，如蓝屏死机），但是一些被称为操作系统支撑程序的工具软件，可以帮助用户来控制和定制计算机设备和工作环境。例如，Windows 为用户提供了对以下行为的控制：

① 运行程序：在计算机启动后 Windows 会显示可操作的图形对象（如图标、"开始"按钮、"程序"菜单），用鼠标点击这些图形对象来运行程序。

② 管理文件：Windows 资源管理器帮助用户查看文件列表、将文件移动到不同的存储设备上，以及复制、重命名和删除文件。

③ 获得帮助：用户可以用 Windows 的"帮助"功能来了解各种命令的功能和用法。

④ 定制界面：Windows 的"控制面板"提供了帮助用户定制屏幕显示和工作环境的支撑程序。

⑤ 配置设备："控制面板"还可帮助用户安装和配置计算机的硬件及外围设备。

⑥ 系统维护：用户可以通过任务管理器，对运行中的程序或进程进行管理；可以通过"清理磁盘"删除过期的数据和文件，通过"整理碎片"把分散在磁盘各个离散的簇里的文件整合到相邻的簇，以加快系统的访问速率。

3.2.1 用户界面

这里讨论的用户界面是指用户与计算机相互通信的软件与硬件的结合。常用计算机用户界面包括显示器、鼠标、键盘和软件元素（如图表、菜单、工具栏按钮和命令行）。

各种操作系统的用户界面为各自系统中运行的所有软件定义了的形象，为用户提供了不同人机交互的感受和体验。最初计算机使用的是命令行界面，需要用户输入熟记的命令来运行程序和完成任务。而在 Windows 下运行的应用软件使用一组基于操作系统的用户界面的标准菜单、按钮和工具栏。

现在的操作系统大多数都具有图形用户界面（GUI）的功能。图形用户界面提供了用鼠标点击来选择菜单选项并操作屏幕上显示的图形对象的方式。

图形用户界面最初是由著名的 Xerox PARC 公司的研究机构设想出来的。1984 年，Apple 公司的研制者成功地将这一概念运用到商业中，在发行的受欢迎的 Macintosh 计算机上首次使用了图形用户界面操作系统和应用程序。但是直到 1992 年，Windows 3.1 成为绝大多数 PC 的标准配备之后，图形用户界面才真正成为 PC 市场的主流。

图形用户界面基于能用鼠标或其他输入设备操纵的图形对象。每种图形对象都代表一种计算机任务、命令或现实世界对象。图标和窗口可以在基于屏幕的桌面上显示（见图 3-4）。图标是代表程序、文件或硬件设备的小图片。而窗口是容纳程序、数据或控件的矩形工作区。

开始菜单提供了运行程序、查找文件、 任务栏包括了开始菜单、快速
访问配置设定、获取帮助等功能   启动区、任务列表区和通知区

图 3-4　Windows XP 桌面

菜单的出现是为了解决在使用命令行用户界面时，多数用户在记忆命令字和语法上的困难。菜单能将命令或选项显示成列表形式。菜单上的每一行通常被称为菜单项。菜单之所以会流行是因为用户可以直接在列表上选择需要的命令，而且列表中的所有命令都是有效的，不会调用无效命令而产生错误。

用户可能想知道菜单怎样才能显示所有需要使用的命令。连接命令字的可能种类显然很多，因此菜单选项可能是数以百计的。通常有两种方法用来将选项列表展示成适当的大小：子菜单和对话框。子菜单是用户在主菜单上做出选择后，计算机所显示出的一系列补充命令。有时子菜单会显示能提供更多命令选择的另一个子菜单（见图3-5）。

某些菜单选项会打开对话框而不是子菜单。对话框会显示与命令相关的选项。用户可以在对话框中输入信息，以专门指示计算机怎样按用户的要求执行命令（见图3-6）。

对话框上显示有控件，用户可以通过使用鼠标操纵控件，以指定设置和其他命令参数。所有常见的桌面操作系统都使用基本类似的图形用户界面。不管用户使用的是 Windows、Mac OS 还是 Linux，都可能遇到一套相当标准的屏幕控件集，它们虽然可能外观有所不同，但使用方法基本一致。

图 3-5 菜单选项和子菜单

图 3-6 对话框可以包括各种控件

3.2.2 启动过程

在开启计算机电源到计算机准备完毕并能接受用户发出的命令之间发生的一系列事件称为启动过程，历史上也曾经被称为自举（boot）。

有些数字设备，特别是掌上电脑和视频游戏控制台，整个操作系统很小，可以存储在只读存储器上。而对于大多数其他计算机而言，操作系统程序都非常庞大，所以操作系统的大部分内容平时是存储在硬盘上的。在启动过程中，操作系统内核会加载到内存中。内核提供的是操作系统中最重要的服务（如内存管理和文件访问）。在计算机运行时，内核会一直驻留在内存中。操作系统的其他部分（如桌面图片定制程序）则只有在需要时才载入。

计算机的小型启动程序内置于计算机系统单元内的专门的 ROM 电路中。开启计算机时，ROM 电路通电并通过执行启动程序准备计算机运行环境。启动过程有以下 6 个主要步骤：

1）通电，打开电源开关，电源指示灯变亮，电源开始给计算机电路供电。

2）微处理器开始执行存储在 ROM 中的启动程序。

3）开机自检，计算机对系统的几个关键部件进行诊断测试。

4）识别外围设备，操作系统识别与计算机相连接的外围设备，并检查设备的设置。

5）加载操作系统，计算机将操作系统从硬盘读取并复制到 RAM 中。

6）检查配置文件并对操作系统进行定制。微处理器读取配置数据，并执行由用户设置的任何已定制的启动支撑程序。

在启动过程中，操作系统的副本被传送到 RAM 中，计算机在执行输入、输出或存储等操作时，就能够按需要从 RAM 中快速访问操作系统。

3.2.3　常用操作系统

计算机用户可以在多种操作系统中为 PC 和企业服务器进行选择。这些操作系统各有什么特色？有哪些优势和劣势？

以下概述了各种操作系统，以帮助读者基本熟悉各种操作系统的功能。

（1）Windows

全世界 80%以上的 PC 上安装了 Windows 操作系统。Windows 操作系统的名称来源于出现在基于屏幕上的那些矩形工作区。每个工作区窗口都能显示不同的文档或程序，为操作系统的多任务处理能力提供了可视化模型。

最早版本的 Windows（包括 Windows 3.1）有时被称为"操作环境"而不是操作系统，因为它们需要 DOS 操作系统来提供操作系统内核。Windows 操作环境最初提供了可点击的用户界面，通过图形屏幕显示和鼠标输入来实现。Windows 操作环境发展至今日的综合性操作系统已经不需要 DOS 内核了。

从一开始，Windows 操作系统就是为使用 Intel 或与 Intel 兼容的微处理器的计算机设计的。随着芯片体系结构从 16 位到 32 位、64 位，Windows 始终跟随着芯片发展的脚步。除此之外，Windows 开发人员还添加和升级了各种功能，如网络和文件系统。他们还对用户界面进行了改进，以使用户界面外观更美观、易用。Windows 从 1985 年问世以来，已经发展了很多版本，如表 3.1 所示。

表 3.1　Windows（桌面版）年谱

Windows 7	2009	针对多核处理器的优化，界面更加绚丽，启动更快，对 16:9 的显示屏更友好
Windows Vista	2007	支持 64 位处理，强化安全性能，具有更强的搜索功能，生动的文件夹缩略图
Windows XP	2001	更新用户界面，使用 Windows 2000 的 32 位内核，支持 FAT32 和 NTFS 文件系统
Windows ME	2000	最后一款使用基于 DOS 的老款 Windows 内核的视窗操作系统版本
Windows 2000	2000	是"适用于各种形式商业用途的网络操作系统"，具有强化的 Web 服务功能
Windows 98	1998	最大特点是支持 PnP、稳定性的增强、绑定了 IE 浏览器
Windows 95	1995	更新用户界面，支持 32 位处理器、TCP/IP 协议、拨号上网和长文件名
Windows NT	1993	提供网络服务器和 NTFS 文件系统的管理工具和安全工具
Windows for Workgroups	1992	提供对等网络、电子邮件、组调度及文件和打印机共享等功能
Windows 3.1	1992	采用了程序图标和文件夹，开始正式进入市场
Windows 3.0	1990	采用了图形控件
Windows 2.0	1987	采用了重叠式窗口，扩展了内存访问
Windows 1.0	1985	将屏幕分割为众多矩形"窗口"，使得用户可以同时运行多个程序

在图 3-7 中，Windows XP（上图）和 Windows 7（下图）显示的是同类的 GUI 控件，只是图标和其他图形元素以及视窗的风格在设计上有较大差别。

Windows 的优越性在于，在其上运行程序的数量和多样性是其他任何操作系统都望尘莫及的，这使得 Windows 成为使用最为广泛的桌面操作系统。为了有最大的软件选择可能，尤其是面向市场的商用软件，应该选用 Windows 操作系统。

图 3-7　Windows XP 与 Windows 7 的桌面对照

　　运行 Windows 的硬件平台的多样化也是其显著优势之一。用户可以使用台式机、笔记本、PDA、超便携个人计算机、平板计算机甚至手机来运行具有相似图标和菜单的各种版本的 Windows。诸如手写识别之类的功能让 Windows 的用途更加广泛，这可以使 Windows 能控制带有触摸屏的 PDA 和平板计算机。

　　Windows 庞大的用户群也是其一大优势，在国内各类学校中，使用 Windows 进行教学和实验的极为普遍。数量巨大的文档（包括教材和故障诊断指南）都可以在网络上以及多数书店的书架上找到。

　　对于硬件和外设，Windows 为内置驱动器和即插即用（Plug and Play，PnP）功能提供了极好的支持。由于有着各种平台中最广大的用户基础，Windows 计算机用户群成为大部分硬件生产商的主要目标市场。例如，键盘上的 Windows 专用键，许多最快的显卡和最新的外部设备都只提供给 Windows 平台。

　　而 Windows 的问题表现在可靠性、安全性和用户的习惯势力。操作系统的可靠性通常是由无故障正常运行的时间来度量的。但遗憾的是，Windows 出现不稳定情况的频率往往要比其他操作系统高。系统响应变慢、程序无法工作以及错误信息都是 Windows 出故障的表现。重启系统通常能排除故障并使计算机的功能恢复正常，但浪费在关闭系统和等待重启上的时间，会给用户带来不必要的挫折（这个问题主要出现在 Windows XP 及以前的版本中）体验。

　　在各种主要的桌面操作系统中，Windows 被公认为最容易受病毒、蠕虫和其他攻击侵扰的系统。而 Windows 之所以成为众矢之的，部分原因是因为其庞大的用户群所致。Windows 有许多安全漏洞被黑客发现并利用。虽然微软致力于修补安全漏洞，但其程序员始终要比黑客慢一拍，因此在用户等待补丁的过程中，其计算机可能会受到影响。

此外，Windows 的更新也会给用户带来困扰，微软公司自己也认识到，新版操作系统的最大竞争对手就是自己生产的老版本。例如，在 2009 年推出的 Windows 7，需要几年的努力，才有可能逐步替代用户已经十分熟悉的 Windows XP。这是由于用户经过多年的使用，已经习惯对 Windows XP 的掌控，而切换到新系统，至少会给传统的 Windows 用户带来工作效率下降等方面的问题。

（2）UNIX 和 Linux

UNIX 操作系统是 1969 年由 AT&T 公司的贝尔实验室开发的。UNIX 凭借其在多用户环境下的可靠性获得了良好的声誉，而且它的众多版本也被大型机和微型计算机使用。

在 1991 年，年轻的芬兰学生 Linus Torvalds 开发了 Linux 操作系统。Linux 的灵感来自于从 UNIX 衍生出的 MINIX（由 Andrew Tanenbaum 开发），并在此基础上发展。Linux 作为 PC 的操作系统也不断得到用户的支持，尽管现在它还不像 Windows 那样受到桌面应用软件的青睐。

Linux 是相当独特的，因为它的源代码是带着通用公用许可证（General Public License，GPL）发布的，即允许任何人为个人使用而复制、修订、定制和传播。这种许可策略鼓励了编程人员继续开发 Linux 的支撑程序、软件和改进版本。Linux 主要在 Web 上发布和流通。

尽管 Linux 是为 PC 设计的操作系统，但它仍保留有许多 UNIX 的技术特点，如多任务处理、虚拟内存、TCP/IP 驱动程序和多用户功能。这些特点使得 Linux 在企业服务器方面也成为一款很受欢迎的操作系统。

使用 Linux 通常比 Windows 桌面操作系统需要更多的计算机知识和技能。Linux 下能运行的程序数量相对有限，这也使得非技术用户在为他们的台式机和笔记本电脑挑选操作系统时不倾向于选择 Linux。现在有数量不断增加的高质量的开源软件可以在 Linux 平台上使用，但多数 Linux 应用软件都是面向企业和专业用户的。

在带有 Linux 虚拟机的 Windows 系统上，切换不同操作系统就像选择窗口一样简单。在切换到 Windows 工作区后，可以使用为 Windows 操作系统设计的游戏、商用软件以及其他应用软件。在 Linux 工作区中可以运行各种 Linux 下的开源软件（见图 3-8）。

> 虚拟机（Virtual Machine）是指通过软件模拟的具有完整硬件系统功能的、运行在一个隔离环境中的计算机系统。

许多网站会提供 Linux 发布版本，其中包括了 Linux 内核、系统支撑程序、应用程序和安装程序的软件包。初学者易用的 Linux 发布版本包括 Fedora、Ubuntu 和 SUSE。

（3）DOS

DOS 为磁盘操作系统（Disk Operating System），由微软公司开发并于 1982 年在最早的 IBM PC 上首次采用，DOS 仍然存留在 PC 的世界里，因为它曾为 Windows 3.1/95/98/ME 版本提供了部分操作系统内核，并可以在 Windows XP 和 Windows 7 中找到（已经转变成为 Windows 下一个仿真程序或应用软件）。

DOS 软件（如 edit）使用命令行界面和用户用键盘的方向键控制的简易菜单（见图 3-9）。在使用 edit 时，用户需要按 Alt 键来调主菜单。例如，File 表示文件有关的命令，如果想保存文件，可按下 F 键看到下拉菜单，如 New（新建文件）、Open（打开文件）、Save（保存文件）和 Print（打印文件）。

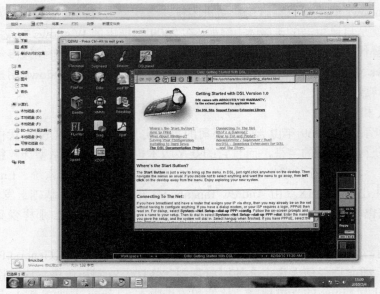

图 3-8　在 Windows 7 环境下运行的 Linux 虚拟机

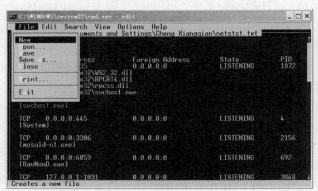

图 3-9　DOS 下的文本编辑程序 edit

在 20 世纪 80 年代，有数以千计款的 DOS 应用程序问世，要运行它们，可以使用 Windows "开始" 菜单中的 "MS-DOS 提示符"（Windows 98/ME/NT/2000）、"命令提示符"（Windows XP）或 "搜索程序和文件"（Windows 7）来运行这类程序。DOS 还能够提供非常方便的网络故障诊断支撑程序，如 Ping、Tracet、Ipconfig 和 Netstat。

即使在今天，熟悉 DOS 对掌握计算机技术仍极为重要，由于 DOS 是操作系统中命令行用户界面（CLI）典型代表。熟悉和了解 DOS，对掌握 UNIX/Linux 等网络操作系统有很大的帮助，而 CLI 环境下的 Shell 编程和批作业可以大大提高与计算机例行工作的效率。为此，Windows Server 2008 中专门开发 Server Core 和 Windows 7 的 Powershell 进行支持 CLI 的应用和进化。

（4）DOS 和 Linux 的常用指令对照表

作为操作系统 DOS 和 Linux 有许多差别，但是，作为二者的命令行用户界面，却又非常相似。表 3.2 和表 3.3 分别列出了常用 DOS 和 Linux 命令对照表和常用的 Linux 命令，供读者在实验过程中参考。

表 3.2   DOS 与 Linux 操作指令对照表

DOS 命令	Linux 命令	功　　能
CD	cd	改变目录。DOS 使用 "cd.." 进入上一层目录，Linux 使用 "cd .."（命令中有一个空格）
CLS	clear	清除当前屏幕上显示的内容
CMD	csh，sh，ksh	命令处理器/user shells
COMP *f1 f2*	diff *f1 f2*	对比 f1 和 f2 两个文件的差异
COPY	cp	文件复制
COPY *f1 f2 > f3*	cat *f1 f2 >f3*	将文件 f1 和 f2 连接后保存到 f3
DATE	date	显示和修改系统时间
DIR	ls，ls –al	显示当前目录的内容
EDIT	vi	文本编辑器
ERASE, DEL	rm	删除文件
FIND	grep	寻找含有某种样本字符串的文件
HELP	man	查询命令的用法
MKDIR, MD	mkdir	创建目录
MORE < *file*	more *file*	在屏幕上一次展示一屏内容
PRINT *file*	lpr *file*	打印文件
RENAME，REN	mv	文件更名或移动
RMDIR，RD	rmdir	删除目录
SET	set	设定系统变量的值
TIME	date	显示和修改系统时间
TYPE *file*	cat *file*	显示文件内容
VER	uname –a	显示当前的操作系统版本

表 3.3   其他常用的 Linux 指令

命　　令	功　　能
df，du	显示可用的磁盘空间
passwd	改变口令
ps	显示当前系统中的进程
pwd	显示用户当前所在的目录（"print working directory"）
exit	退出系统

　　DOS 系统的命令对命令字符串的大小写没有限制；而 Linux 对此则非常严格，一般的 Linux 命令全部为小写。

　　另外，DOS 和 Linux 命令在执行风格上也有差别，一般 DOS 指令无论顺利执行与否，都会给出一定的反馈信息；而 linux 命令则只有在执行过程中出现问题时，才给用户提示或告警信息，顺利执行后，许多命令没有任何反馈，只是出现新的命令输入提示符。

　　无论是 DOS 还是 Linux，其帮助系统和系统的信息反馈大部分是简略的英文，读者在学习过程中需要注意学会与系统进行"交流"，并积累经验。

3.3 计算机文件基础

在 PC 出现之间，我们知道"文件"是指文件柜里的文件、账册等。现在，文件作为计算机信息存储的基本单位，为存储计算机文档、照片、音乐和视频提供了一种简便的途径。

计算机文件拥有诸多特征，如名称、格式、位置、大小和创建及修订日期。为了有效地使用计算机文件，就要对文件基础知识有很好的理解。

3.3.1 文件名规范

计算机文件为保存在磁盘、光盘等存储介质上的命名数据集。一个文件可以包含一组记录、文档、照片、音乐、视频、电子邮件或计算机程序。

在使用文字处理软件时，输入到文档中的文本会被保存为文件。用户可以对文件命名（如"实验报告 1-1.doc"）。从因特网上下载的音乐歌曲（如 Season.mp3）也能被保存为文件。

每个文件都有文件名并且可能有文件扩展名。在保存文件时，必须提供符合特定规则的有效的文件名，这些特定的规则称为文件命名规范。每一种操作系统都有其特有的文件命名规范。

早期的 DOS 和 Windows 3.1 将文件名限制为 8 个字符（不包含扩展名）。由于受到这种限制，通常很难创建具有描述性的文件名。最为著名的案例是 Windows 95 问世时，Apple 公司发布了"CNGRTLTN,W95!"的广告来挖苦 Microsoft 公司。使用这种含义模糊的文件名常常会让用户不容易想出文件的内容，结果就是文件有时很难被查找和识别。现在大多数操作系统都允许使用更长的文件名。

例如，现有版本的 Windows 能支持最长达 255 个字符（包括汉字）的文件名。这个限制是对整个文件路径的限制，包括驱动器名、文件夹名、文件名和扩展名。255 字符的文件名限制就会给用户使用具有描述性的文件名带来灵活性，如"计算机应用基础实验报告No1.doc"，这样用户就能很容易地意识到文件的内容。

文件扩展名是用英文句点与主文件名分开的可选文件标识符（如 Paint.exe）。如果对文件扩展名很熟悉，那么文件扩展名就能大致告诉用户文件的内容。扩展名为.exe 的文件是Windows 系统中计算机可以可直接运行的文件。例如，Paint.exe 就是集成在 Windows 操作系统中的图形支撑程序，扩展名为.c 的文件通常是 C 语言程序文件，而扩展名为.ppt 的文件则是演示相关的文档。

如果某些符号在操作系统有既定的用途，那么在文件名中将不能使用。例如，Windows使用":"将驱动器名和文件名或文件夹名分开（如 C:\Windows）。诸如 Plan:2010 之类的含有冒号的文件名是无效的，因为操作系统不知道如何对冒号进行解释。在使用 Windows 应用程序时，请不要在文件名中使用"*"、":"、"\"、"<"、">"、"|"、""""、"/"和"?"等符号。

某些操作系统也会包含某些所谓的保留字（reserved word），这些保留字在操作系统中被用作命令或特定标识。这些词语不能单独用作文件名，但是它们可以用作较长的文件名的一部分。例如，在 Windows 中，用 Nul 作为文件名是无效的，但是将文件命名成 NulZero.doc或 Null_nothing.exe 是可以的。

Windows 用户还应该避免使用以下保留字作为文件名：aux、com1、com2、com3、com4、con、lpt1、lpt2、lpt3 和 prn。

以下是 Windows 的一些文件命名规范：

⊙ 文件或者文件夹名称不得超过 255 个英文字符，但是在 DOS 下只显示 8.3 格式。

⊙ 文件名除了开头之外任何地方都可以使用空格。

⊙ 文件名中不能有下列符号：?、"、/、\、<、>、*、|、:。

⊙ Windows 98 文件名不区分大小写，但在显示时可以保留大小写格式。

⊙ 文件名中可以包含多个间隔符，如"我的文件.图片集.001.jpg"。

某些操作系统（如 UNIX 和 Linux）是区分大小写的，但一般用户通常在 PC 上使用的操作系统（如 Windows 和 Mac OS）上创建文件名时，用户可以自由使用大小写字母。

用户还可以在文件名中使用空格和中文命名，如"第一章 计算机组成.doc"这样的文件名在桌面应用中是有效的。值得注意的是，对于需要在万维网上发布的文件，由于不同的操作系统之间的兼容性问题，对由表意字符组成的文件名缺少支持，所以需要避免使用空格和汉字来命名文件。电子邮件地址也有独特的规则不允许空格存在。人们通常会在电子邮件地址中使用下划线或句点来代替空格（如 Cheng_Xiangqian@mail.xjtu.edu.cn）。

3.3.2　文件目录管理

要确定文件的位置，首先必须意识到文件保存在哪个设备中。使用 Windows 的计算机的每一个存储设备都是以驱动器名来进行识别的（见图 3-10）。驱动器名是 DOS 和 Windows 操作系统特有的规范（在 UNIX/Linux 中则不存在类似概念）。

图 3-10　Windows XP 下的存储器标识

磁盘分区是指硬盘驱动器上被当作独立存储单元的区域。有些 PC 只配置一个硬盘分区存放操作系统、程序和数据，这个分区被称为主分区。主分区一般是"驱动器 C"，通常可以表示为"C:"。

即使计算机只有一个物理磁盘，也可以创建多个硬盘分区（也称为逻辑分区）。例如，PC 用户可能会为操作系统文件建立一个分区，而为程序和数据设立另一个分区。有时多分区的设置可以在计算机遭受恶意软件攻击时能够加快杀毒过程，分区需要指派驱动器名。在

图 3-10 所示计算机中，操作系统文件可能存储在分区 C 中。而程序和数据文件分区可能被指定为驱动器 D。磁盘分区和文件夹是不同的概念，分区存在的周期较长，需用特定的支撑程序才能创建、修改或删除。

计算机的操作系统为每个磁盘分区、光盘或 U 盘维护着一个称为目录的文件列表。磁盘分区的主目录也称为根目录。在 PC 上，根目录通过驱动器名后加反斜杠来标识。如主分区的根目录是 "C:\"。根目录还可以进一步细分为更小的列表。每个列表就称为一个子目录。

在使用 Windows、Mac OS 或 Linux 图形化的文件管理器时，子目录被描述为文件夹，因为它们类似于文件柜中存放有某种相关文件的文件夹。每个文件夹都可以存放相关项，如一系列文档、声音剪辑和工程项目的照片。用户可以创建文件夹并对其命名，以满足自身要求。例如，创建名为 "档案馆" 的文件夹，并用它来存放报告、信件等；也可以创建 "照相簿" 文件夹来存放 "2010 旅游" 的照片，创建 "创新工程" 文件夹来存放工程文档。还可以在文件夹中创建文件夹。例如，可以在 "2010 旅游" 文件夹中创建一个 "关中行" 文件夹来保存陕西的旅游照片，而创建另一个 "风花雪月" 文件夹来保存云南的旅游照片。

文件夹的名称可以通过特定符号与驱动器名以及其他文件夹名相区分。在 Windows 操作系统中，这种特定符号是反斜杠（\）。例如，保存云南的旅游照片文件夹（在驱动器 D 上的 "2010 旅游" 文件夹中）就应该写为 "D:\照相簿\2010 旅游\风花雪月"。

计算机文件的位置是由文件路径定义的，包含驱动器名、文件夹、文件名和扩展名。假设要将 "风花雪月" 文件夹中名为 "苍山云雾.jpg" 文件存储在硬盘上，那么它的文件路径为 "D:\照相簿\2010 旅游\风花雪月\苍山云雾.jpg"。

尽管在 GUI 环境中有图形界面的帮助，用户不必特别关心以上字符化的计算机文件的路径和它的符号组成。这种符号化路径在今后可能用到的网络和 CLI 环境中是极为重要的。

例如，在 UNIX 和 Linux 的操作系统下，文件的组织与 Windows 和 DOS 有许多不同。图 3-11 展示了 Linux 的文件目录结构。

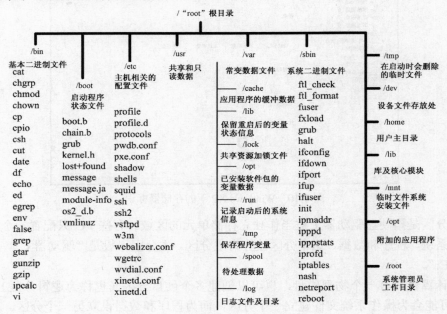

图 3-11　Linux 系统中的文件目录结构

UNIX/Linux 系统的文件目录中，与 Windows 主要的差异在于：

- UNIX 的文件系统只有一棵倒挂的树（所以 UNIX 没有盘符的概念）；而 Winnows 可能有 *n* 棵（取决于逻辑盘符的个数）。
- UNIX 用"/"表示根目录，Windows 和 DOS 用"\"表示根目录，这个符号也作为各自操作系统命令中的目录分隔符。
- UNIX 使用/etc 目录存放系统有关的配置文件；而 Widows 用注册表。
- Windows 文件和目录名不区分大小写字母，而且支持汉字；大部分 UNIX 和 Linux 对目录和文件名区分大小写，对汉字的支持也有较大限制。
- Windows 主要应用 GUI 和资源管理器管理文件，用户可以不理会文件和目录的路径（这里特指使用字符表达的路径形式）；在 DOS 和 Linux 这类的 CLI 用户界面下，文件和目录路径成为至关重要的概念，否则无法进行操作。

计算机文件中的数据的二进制位（bit）形式存储，位数越多，文件也就越大。文件大小通常以字节（byte）、千字节（kilobyte，KB）或兆字节（megabyte，MB）来度量。了解文件的大小是十分重要的。随着照片、视频、动画等数据信息的应用不断发展，数据文件会更快地占据存储空间，或需要更长的网络传输时间，更有可能由于突破邮件附件大小的上限而被服务器从邮件附件中剥离。原来我们认为十分充裕的磁盘空间会被汹涌而来的数据充满，清理磁盘中不用的文件成为一项定期的任务。操作系统能够记录所有文件的大小，并且在文件列表中展示。

计算机会记录文件创建或最后一次更新的日期。如果用户要创建一个文件的多个版本并且想确定自己知道哪个版本是最新的，在这种情况下，文件日期是很有用的。许多应用程序（如杀毒软件）需要定期更新，如想确定所安装的是否最新版本，这时文件日期就会被查验。在万维网应用中，许多浏览过的网页和图片会保存在本地计算机的临时文件目录，再次浏览相同的网站，浏览器会自动检查临时目录中的文件与网站上的日期是否一致，如果答案肯定，浏览器会自动载入本地主机上的相应文件，来减少网络的流量和改善网站的响应时间。

3.3.3 文件格式和扩展名

有的操作系统为避免用户被复杂的文件格式所困扰，做了许多设计和考虑。例如，Windows 使用文件关联列表把文件扩展名和相应的应用软件连接起来。这种特性的便利在于用户在打开数据文件时不必预先打开应用程序，而只需双击从桌面上的文件图标，或从"开始"菜单的"文档"列表中选择即可访问所需要的文件。

当然，在用户打开特定的文件以后，应用软件也会省去了用户通过查找目录打开同类文件的麻烦。在使用应用程序的"打开"对话框时，多数应用程序会自动地筛选文件夹里的候选文件，并且只显示类型匹配（文件扩展名一致）的文件。

各类操作系统中都有一些个性迥异的文件格式，用户可能会发现如果了解文件格式就能很轻松地完成以下列出的任务。

- 搞清楚电子邮件附件的正确格式。
- 找到合适的播放器软件播放从网络上下载的音乐和媒体文件。
- 知道怎样处理看似不能打开的文件。
- 将文件内容从一种格式转化成另一种格式。

虽然文件扩展名可以对文件格式来进行说明，但它并不真正定义文件格式。用户可以使用"重命名"命令将"课程设计.doc"改成"课程设计.ppt"。尽管扩展名变成了.ppt，但这个文件还是 Word 格式的，因为文件中的数据元素是按照 Word 特有的结构排列的。

一般文件的格式可以分成规格说明和数据两部分，最后附有文件终止标记。文件规格说明是文件开头包含了有关该文件信息的一组数据，通常包括文件创建的日期、最近一次更新日期、文件大小和文件类型等。虽然文件的规格说明对用户来说是隐藏的，但计算机可以读取其中的信息来确认文件格式。

文件中的数据取决于文件包含的是文本、图形、音频还是多媒体内容。例如，文本文件会包含句子和段落以及散布其中的用来进行居中调整、文字加粗和页边距设置的代码，图形文件则包括每个像素的色彩数据以及调色板的描述。文件格式规定了这些数据的排列方式。

通常，软件程序至少由一个扩展名为.exe 的可执行文件组成，也可能包括许多扩展名为.dll、.vbx 或.ocx 的支持程序。配置文件和启动文件的扩展名通常是.bat、.sys、.ini 和.bin。另外，扩展名是.hlp 的文件含有程序的"帮助"支撑程序的相关信息，而扩展名是.tmp 的文件则是临时文件。在打开应用软件（如文字处理软件、电子表格软件以及图形工具）的数据文件时，操作系统会为原始文件制作一个拷贝，并将它以临时文件的形式存储在磁盘上。在浏览和修改文件时，用户都是在对此临时文件进行处理。

对不熟悉计算机系统的人说来，与程序和操作系统相关的文件扩展名似乎无关紧要，然而，无论是可执行文件还是支持文件，甚至是所谓的临时文件，对于计算机系统的正常运行都是至关重要的，不要轻易地手动删除这些文件。表 3.4 列出了通常与 Windows 及可执行文件相关的文件扩展名。

数据文件的格式种类比较多，但熟悉最流行的格式以及这些文件的格式所包含的数据类型是很有用的。表 3.5 列出了文件类型和文件扩展名的相关信息。

表 3.4　常用的 Windows 系统文件扩展名

文件类型	描　　　述	扩展名
批处理文件	在计算机启动时自动执行的 DOS 命令和程序	.bat
配置文件	包含了计算机为所使用的程序分配运行这些程序必需的系统资源的信息	.cfg、.sys、.mif、.bin、ini
帮助文件	在屏幕"帮助"上显示的信息	.hlp
临时文件	某种高速暂存存储区，在文件处于打开状态时存放数据，但在关闭文件时数据就会被清除	.tmp
支持程序	与主程序的可执行文件一起执行的程序集合	.ocx、.vbx、.vbs、.d11
可执行程序	计算机主程序的可执行文件	.exe、.com

表 3.5　常用数据文件扩展名

文件类型	扩展名
文本	.txt、.dat、.rtf、.doc
声音	.wav、.mid、.mp3、.au、.ra
图形	.bmp、.pcx、.tif、.wmf、.gif、.jpg、.png、.eps、.ai
动画／视频	.flc、.fli、.avi、.mpg、.mov、rm、.wmv
网页	.htm、.html、.asp、.php、.jsp
电子表格	.xls、.wks、.dif
数据库	.mdb
其他类别	.pdf、.ppt

一般应用软件都可以打开其专属文件格式的文件，以及某些其他格式的文件。例如，Office Word 既能打开它专属的 DOC（扩展名是.doc）格式的文件，也能打开 HTML（扩展名是.htm 或.html）、Text（扩展名是.txt）以及 Rich Text Format（扩展名是.rtf）文件。在 Windows 环境下，可以通过查看"打开"对话框里的"文件类型"列表发现某个特定软件能打开的文件格式（见图 3-12），也可以通过"文件"菜单的"导入"选项来查看。

图 3-12   应用程序可以识别的文件类型列表

即使是非常熟悉计算机的人士，也会遇到打不开某个文件的情况，无法打开文件可能是因为下面三种情况：

- ⊙ 文件可能由于网络传输或磁盘错误已被损坏。即使有可能使用恢复软件来修复受损文件，但简单点的办法还是从文件源头处再复制一份。

- ⊙ 可能有人无意中改变了文件扩展名。可以尝试改变文件扩展名后再打开文件。如果文件里包含图形，很可能扩展名是常用的图形格式中的一种，如.bmp、tif、.jpg、.gif 或.png。否则，应该联系文件的来源，以找到关于文件真实格式的确切信息。

- ⊙ 有些应用系统由于移植的关系，在 Windows 下没有注册过，通过猜测，我们可以识别可执行文件和配置文件。对于配置文件，可以试图用最简单的编辑器（如记事本）来打开查看。

虽然计算机可能会识别出文件的格式，但不一定知道怎样处理文件，因为它也需要一组指令才能使用特定的文件格式。这些指令是由软件提供的。要使用特定的文件格式，必须确定计算机中安装了相应的软件。

假设下载了扩展名是.caj 的文件，但计算机中没有相应的软件能处理这种文件格式。许多网站提供了文件扩展名及其相应软件的列表。在某一列表中查找文件的扩展名，用户就能搞清楚所需要找到、购买、下载和安装的应用软件。

许多从 Web 上下载的文件需要特定的"播放器"或"阅读器"软件。例如，PDF 文件需要 Acrobat Reader 软件，MP3 音乐文件需要 MP3 播放器软件，而 RM 视频文件需要 Real Media Player 软件。通常，根据提供下载文件的那个网页中的链接，就能找到可以下载所需的播放器或阅读器软件的网站。

对于经常需要进行计算机文件交流的人士，要特别关注自己如何给朋友、同事和指导老师发送哪种文件格式的文件，除非知道朋友的计算机上安装了哪些应用软件，否则无法知道他们的计算机是否能打开发送给他们的某些特定文件。但一般情况下，朋友的计算机都应该能打开以常用的文件格式存储的文件，例如，Office Word 的 DOC 或 Adobe Acrobat 的 PDF 格式，PNG、TIFF 或 JPEG 格式的图形文件，以及 MP3 和 AIF 之类的音乐格式。在发送不常用的或专属格式（如 Office Word 的 docx 格式）的文件前，应该和收件人核实一下他们是否能打开此类文件。

计算机应用过程中，我们会遇到许多情况，需要进行文件格式的转换。假设我们想将 PPT 文档转换成 HTML 格式，以将其发布在 Web 上，或者想要将 Windows 的位图（扩展名是.bmp）图形转换成 GIF 格式，从而可以将它镶嵌在网页里。转换文件格式最简单的方法就是找到一种能处理这两种文件格式的应用程序，然后使用这种软件打开文件，使用"导出"选项或"另存为"对话框来选择一种新的文件格式，给文件重新命名后保存文件。

许多文件格式都很容易转换成其他格式，并且转换后的文件实际上与原文件没有什么不同。但有些转换并未保留原文件的所有特性，如将 DOC 文件转换成 HTML 格式时，HTML 页面就不会包括原 DOC 文件中的页眉、页脚、上标、页码、特殊字符或分页符。把彩色的图片文件转换成黑白或二值的格式，原有的色彩信息就会丢失，而且转换不可逆。

在需要为某种未知格式的文件进行转换或需要对差异很大的文件格式进行转换时，可以使用专门的转换软件，这种软件可以以开源软件、商业软件或共享软件的形式得到。

3.3.4　文件管理方法

文件管理包含了任何帮助用户对保存在计算机上的文件进行组织，以使文件在查找和使用上效率更高的过程。依靠计算机的操作系统，可以使用应用程序或通过操作系统提供的特定的文件管理支撑程序来组织和操作文件。本节提供了基于应用程序和基于操作系统的文件管理的概览。

（1）基于应用程序的文件管理

应用程序（如文字处理软件或图形软件）通常能够提供在指定存储设备上的特定文件夹打开和保存文件的方法。除此之外，应用程序还应该包含其他文件管理功能（如文件删除、复制和重命名）。看一看下面的例子——典型的 Windows 操作系统应用程序 Office Word 的文件管理功能。

假设某人准备一个计划书，为某个阶段的工作安排各种资源，他会打开文字处理软件来录入文档。在打字的时候，文档被存放在 RAM 里。某个时刻，他可能想要保存文档。要保存文档，要选择"文件"的"另存为"命令，打开"另存为"对话框（见图 3-13）后，就可以对文件进行命名和格式选择，并为其指定在计算机存储设备上的位置了。

多数 Windows 的应用程序都在"文件"菜单中提供了一组命令。除了"另存为"命令之外，菜单中还有"保存"命令。二者之间的差别很微小，但这种差别却是很有用的。"另存为"命令允许为要保存的文件选择名称、格式和存储设备，而"保存"命令则是简单地将文件的最新版本以当前的名称保存在原来或上一次保存的位置。

用户试图使用"保存"命令对未命名的文件进行保存时，便会产生潜在的混乱。尽管用户选择的是"保存"命令，但因为不能在没有文件名的情况下保存文件，所以应用程序会自

图 3-13 "另存为"对话框

动显示"另存为"对话框。Windows 的应用程序的"另存为"对话框提供的不仅仅是保存文件的功能，还可以重命名文件、删除文件或创建文件夹。

（2）文件管理支撑程序

虽然多数应用软件能够提供对单个文件进行保存、打开、重命名和删除操作的命令，但用户也许会想要对成组的文件进行操作，或对文件进行"保存"和"另存为"对话框中不便的操作。

多数操作系统提供了文件管理支撑程序，能提供所有保存在磁盘上的文件的概览，并能够帮助用户对这些文件进行操作。例如，Windows 提供了"资源管理器"，可以通过"我的电脑/计算机"图标或"开始"菜单的"资源管理器"选项执行该程序。这些支撑程序可以用来浏览文件列表、查找文件、移动文件、复制文件、查看文件属性和重命名文件。

资源管理器的窗口分为两部分。左侧列出了所有连接在计算机上的存储设备和许多重要的系统对象，如"我的电脑/计算机"、"我的文档/库"和"桌面"等。单击相应的加号图标后，存储设备或其他系统对象的图标可以展开。展开图标后，就会显示下一级存储层次（通常是某些文件夹）。

直接单击图标，就可以打开设备图标或文件夹。图标被打开后，设备或文件夹中的内容就会显示在 Windows 资源管理器右侧的窗口里（见图 3-14）。

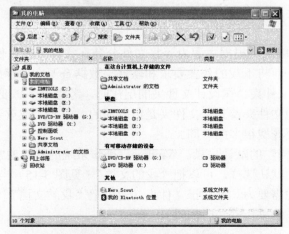

图 3-14　Windows XP 资源管理器的布局

如果要对成组的文件或文件夹进行操作，则必须先选中它们，这可以通过多种方法来完成。按 Ctrl 键然后逐一单击所要选择的项目，这对不是连续排列的文件或文件夹很有效。还可以在单击第一个项目后按下 hift 键，再单击最后一个项目，这就可以选中所点击的项目以及排列在它们之间的所有项目。

Windows 资源管理器能将所选定的所有项目进行高亮/变色标记，在成组的项目被高亮/变色标记后，就可以像对单个项目进行操作一样对所选定的一组项目进行复制、移动或删除操作。

除了对文件和文件夹进行查找外，Windows 资源管理器还提供了一组方法来对文件和文件夹进行如下操作。

- ⊙ 重命名：为了更好地描述其内容，可能要改变文件或文件夹的名称。
- ⊙ 复制：可以将文件从某个设备复制到其他设备上，如从驱动器 F 中的 U 盘复制到驱动器 D 的硬盘。也可制作拷贝，这样在保持原始文件完整前提下，对文件拷贝进行修改。
- ⊙ 移动：可以将文件从某个文件夹移动到其他文件夹或其他存储设备。在移动文件的时候，原始位置上的文件会被删除，所以一定要记住文件的新位置。整个文件夹以及它所包含的内容也可以整体移动。
- ⊙ 删除：在不需要某些文件和文件夹时，可以删除它们。但在删除文件夹时一定要谨慎，因为多数文件管理支撑程序会在删除文件夹时将文件夹中的所有文件都删除。

3.3.5 文件管理策略

文件管理支撑程序提供了很多工具和过程来记录程序和数据文件，但只有在组织文件时有一个逻辑的计划并且遵照基本的文件管理方针，才能使这些工具发挥最大的作用。下面是某些在 PC 上管理文件的小技巧。但在使用实验室的计算机处理文件时，请遵照指导老师的指导或实验室管理员的要求。

① 使用说明性的文件名称。对文件和文件夹命名时要明白易找，要避免用晦涩的缩写。

② 重视和使用正确的扩展名。首先要了解扩展名的性质（所以一定不要让 Windows 隐藏文件扩展名）。在重命名文件时，保留原先的文件扩展名，这样就会很容易用正确的应用软件打开文件。对于性质不明的扩展名，一旦用户找到正确的应用程序，Windows 会纪录下来，以后会自动启用。

③ 将类似的文件编组。根据主题内容将文件分装在文件夹内。例如，将需要递交的作业存放在某个文件夹，而将下载的作业要求和软件、数据资源文件存放在其他文件夹。

④ 从上向下组织文件夹。在设计文件夹的层次时，考虑一下想要如何访问和备份文件。例如，备份一个指定的文件夹及其子文件夹是很容易的，但要是把重要数据分散着存放在很多文件夹中，备份就要花费很多的时间。

⑤ 使用"我的文档"的默认目录。Windows 操作系统的软件通常将"我的文档"文件夹作为存储数据文件的默认选择。可以把"我的文档"（见图 3-15）当做主要的数据文件夹，还可以根据组织文件的需要为其添加子文件夹（建议把"我的文档"文件夹转移到主分区以外的磁盘分区，防止系统重新安装时损毁）。

图 3-15　Windows XP 中的"我的文档"

⑥ 不要把数据文件和程序文件混杂在一起,不要把数据文件存储在存放软件的文件夹中。在 Windows 中,多数应用软件都存储在"Program Files"文件夹的子文件夹中。

⑦ 不要在根目录下保存文件。尽管在根目录下创建文件夹是被允许的,但是在计算机硬盘的根目录下存储程序或数据文件不是一种好的做法。

⑧ 从硬盘访问文件。在访问文件前将文件从 U 盘或 CD 上复制到硬盘上,这样效率更高。

⑨ 删除或归档不需要的文件。及时地删除不需要的文件和文件夹,这样可以保证文件列表的大小不会增长到不可管理的地步。

⑩ 明确存储位置。在存储文件时,确保驱动器名和文件夹名指定了正确的存储位置。

⑪ 备份。定期备份文件夹。

3.3.6　文件系统的概念

操作系统使用文件系统来记录位于存储介质(如硬盘)上的文件的名称和位置。不同的操作系统使用不同的文件系统。例如,Linux 的专属文件系统是 Ext2fs,Windows NT/2000/XP/Vista/7 使用的是 NTFS 和 FAT32 文件系统,Windows 3.1 使用的是 FAT16 文件系统,而 Windows 95/98/ME 使用的是 FAT32 文件系统。

确认所使用的文件系统,对系统效率及安全性会有重大影响。例如,在 Windows XP 中,使用 FAT32 文件系统的比使用 NTFS 的安全性就差很多,因为某些安全特性只能在 NTFS 下实现。

为了加速存储和查找数据的过程,磁盘驱动器通常能处理成组的扇区形成的簇(或叫作"块")。组成簇的扇区数是不定的,取决于磁盘的容量和操作系统处理文件的方式。文件系统的主要任务是维护簇的列表,并且记录哪些簇是空的和哪些存放了数据,这些信息都被存放在特定的索引文件中。例如,如果计算机使用的是 FAT32 文件系统,索引文件就称为文件分配表(File Allocation Table,FAT)。如果计算机使用的是 NTFS 文件系统,索引文件就是主文件表(Master File Table,MFT)。

所有的磁盘都有它自己的索引文件,这样磁盘在使用时,关于它的内容的信息就总是可用的。但如果索引文件因硬盘磁头损坏或感染病毒而被损坏,那么基本上将不能访问存放在磁盘上的任何数据。因为索引文件遭损坏的事情经常会发生，所以备份数据很重要。

在保存文件时，PC 的操作系统会查看索引文件来确定哪些簇是空的，会从中选择某个空的簇，将文件记录在那里，然后去修改索引文件，使索引文件里包含这个新文件的名称和位置。

某个簇存放不了文件的全部内容时，如果下一个相邻的簇里面没有数据，文件就会溢出到这个连续的簇。连续的簇不可用时，操作系统就会将文件的一部分存储在不相邻的簇中。表 3.6 举例说明了索引文件（如 MFT）是怎样记录文件名称和位置的。

表 3.6　NTFS 中的主文件表

文件	簇	注释
MFY	1	为 MFT 文件预留
DISKUSE	2	包含空扇区列表的部分 MFT
Bill.txt	3，4	文件 Bill.txt 存储在第 3 和第 4 簇
Wind.rar	7，8，10	文件 Wind.rar 不连续地存储在第 7、8 和第 10 簇
Pickup.wps	9	文件 Pickup.wps 存储在第 9 簇

磁盘的各个簇里都存有某个文件的某一部分。Bill.txt 文件存储在相邻的簇中，而 Wind.rar 文件存储在不相邻的簇中。系统通过在主文件表里查文件名，就可以找到 Wind.rar 文件并提取出来。

当想要找回某个文件时，操作系统会浏览文件名称和地址的索引。操作系统可将磁盘驱动器的读写头移动到存放该文件数据的第一个簇，接下来会根据索引文件上的其他数据，将读写头移动到存放文件其余部分的各个簇。

对于计算机文件的删除处理，用户会以为存有文件数据的簇以某种方式被磁头抹去了，而实际上操作系统只是将文件名从索引文件上移除，将文件所在簇的状态改变为"空"。但即使文件名不在目录列表中，在新的文件存储进来之前，"被删除"文件的数据会一直会保留在簇中。别以为这样与删除数据没有太大的区别，但是获取能够恢复这些被认为是"已删除"的数据的支撑程序是不费太大工夫的。例如，作为执法手段之一，使用此类支撑程序可以从犯罪嫌疑人的计算机磁盘里已删除的文件中搜集证据。

要彻底地删除磁盘上的数据，可以使用专门的文件粉碎软件（如 360 文件粉碎工具）向标记为"空"的扇区上写入随机的 0、1 序列。如果打算将计算机捐赠出去，要确保硬盘上的个人数据已彻底删除。可以发现，使用文件粉碎软件进行删除工作是十分方便的。

Windows 的"回收站"程序，是为保护用户意外删除文件而设计的。操作系统能将文件移动到"回收站"文件夹，而不是将文件所在簇标记为可用，这样"已删除"的文件依旧占据磁盘空间，但不会出现在常规的目录列表中。

"回收站"文件夹中的文件是可以恢复的，这样可以被删除时所在的目录中。可以"清空回收站"，从而将里面的文件永久地删除。

计算机向磁盘写入文件时，文件的不同部分往往会分散在磁盘的各个角落。这些碎片文件存储在不相邻的簇中，读写头需要不停地来回移动以寻找存放了文件不同部分的簇，这样通常会导致驱动器性能下降。要使驱动器恢复最佳性能，可以使用碎片整理支撑程序来重新排列磁盘上的文件，使它们存储在相邻的簇里（见图 3-16）。

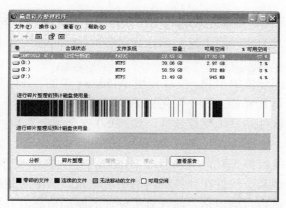

图 3-16　Windows XP 的磁盘碎片整理程序

3.4　支撑软件

支撑软件是系统软件中的一类软件，用来帮助用户监视和配置计算机系统设备、操作系统或应用软件。例如，诊断和维护工具、安装向导、通信程序和安全软件都属于支撑软件。

一般支撑软件所针对的是计算机自身的任务，与特定应用软件没有直接的关联。同所有系统软件一样，支撑软件是专门处理以计算机为中心的任务（如进程检测或系统性能评价），而不是用来处理那些像文档制作或财务处理之类的特定工作。在 Window 环境中，可以像应用软件那样，通过桌面上的图标或"开始"菜单启动一些支撑软件，有些则要通过"控制面板"才能使用（见图 3-17）。

图 3-17　Windows XP "控制面板"上的支撑软件

最近几年，杀毒软件（如瑞星和 360 安全卫士）已成为一种很常用的支撑软件。随着流氓软件、木马入侵、ARP 攻击、U 盘病毒以及垃圾邮件的泛滥，诸如弹出广告拦截器、PC 防火墙和垃圾邮件过滤器及各种专杀工具之类的支撑软件也变得十分流行。

其他如文件加密软件会对需要存储或传输的文件的内容进行加密。过滤软件（如一些安全软件的家长管理功能）可以帮助家长防止孩子浏览不良网站。

Acrobat Reader 是一种一直很受欢迎的支撑软件，主要用来阅读可移植格式的 PDF 格式文档（这也是万维网上最为流行的主流文档格式之一）。Acrobat 对于传播使用重量级桌面出版软件所创建的文档来说极为方便。

　　对于喜欢个性化桌面环境的用户，可以使用 Windows 中的"开始"菜单打开"控制面板"中的"显示"功能，来设置屏幕上的个性化桌面及屏幕保护图片。

　　另一类常用的支撑软件是系统支撑软件，如"360 安全卫士"和"超级兔子"。这些支撑软件可以修复系统漏洞、清理系统垃圾、提供更新的硬件驱动程序，从而提高系统的性能。

　　超级兔子是一种系统维护工具，可以清理 Windows 中大多数文件、注册表里面的垃圾，专业的卸载功能可以清理某个软件在计算机内的所有记录。其中的驱动天使是一款计算机驱动下载安装便利工具，可以自动识别当前计算机硬件的驱动信息，并安装驱动程序。

　　（1）设备驱动程序

　　设备驱动程序是用于在外设与计算机之间建立通信的软件。打印机、显示器、显卡、声卡、网卡、调制解调器、存储设备、鼠标和扫描仪都需要使用这类系统软件。

图 3-18　Windows XP "设备管理器"

　　在安装完成后，设备驱动程序就会在需要它时自动启动。设备驱动程序是运行在后台的程序，通常不会在屏幕上打开窗口。

　　假设用户要将一台新打印机连接到计算机上，在安装打印机时，也需要安装打印机驱动程序。不论何时开始一项打印工作，设备驱动程序都会在后台运行以将数据传送到打印机。只有在打印机驱动程序出问题（如打印机未连接或打印纸用尽）时，打印机驱动程序才会提示用户。

　　在 PC 上，如果需要更改设备驱动程序的设置或更新设备驱动程序，通常 Windows XP 用户可以使用"开始"→"程序"或"所有程序"选项访问设备驱动程序，还可以打开"控制面板"→"系统"→"硬件"标签→"设备管理器"来查看计算机系统硬件以及相应的设备驱动程序的列表（见图 3-18）。

　　由于计算机技术发展迅速，产品门类繁多，而操作系统的更新周期则以若干年计，所以操作系统安装盘上的设备驱动程序往往难以满足外设安装的需求，所以了解自己计算机的外设的种类、型号，寻找和掌握最新的驱动程序版本，对于掌握、应用计算机技术极为重要。尤其是新版本操作系统（如 Windows 7 在 2009 年 10 月 23 日发布）面世，大批存量计算机需要更新时，这个问题尤为突出。

　　对于已经安装了驱动程序，但是运行状况不够理想的设备。例如，某台笔记本的屏幕为（1280×88，16：9）显示制式，但是操作系统自动安装时由于无法识别该机的特定显卡驱动程序（如 ATI 9700），因而安装的是标准 VGA 显示制式（1024×768，4：3）。为充分利用该机的显示功能，用户必须从笔记本安装盘或网络上下载相应的驱动程序进行安装。

　　一些驱动程序下载后往往不包含.exe 文件，或不能在直接安装，但一般包含有.inf 或.cat 后缀的文件，用户可以通过"控制面板"→"管理工具"→"计算机管理"→"设备管理器"→"选择要安装驱动程序的设备的属性"→"打开驱动程序页面"→"选择更新驱动程序"

→"选择自动安装"或"浏览计算机以查找驱动程序软件（手动安装）"方式完成安装。

（2）安全软件

由于计算机和网络最初设计的缺憾、标准开放、广泛普及、软件复杂性、商业利益与竞争和人们对计算机的依赖等的原因，造成了目前计算机系统的安防成为一个突出的问题。

恶意软件是指任何用来未经用户许可进入计算机、非法访问数据或扰乱正常处理操作的计算机程序，包括病毒、蠕虫、木马、机器人程序和流氓软件。

计算机病毒是一种程序指令集，它将自身嵌入到文件中，在宿主计算机上进行复制。病毒的一个关键特性是可以在计算机里潜伏数天甚至数月，悄无声息地进行自我复制。但用户很容易不经意地将被感染的文件传播（如通过 U 盘复制）。除了复制自身之外，病毒还会产生危害，轻则显示骚扰信息，重则破坏用户的数据（常见的一种 U 盘病毒会篡改用户文件的属性，把用户文件变成类似操作系统文件属性并隐藏起来）。

蠕虫一般不采取一般病毒插入文件的方法，而是复制自身在网络环境下进行传播，病毒的传染能力主要是针对计算机内的文件系统而言。蠕虫病毒的传染目标是互联网内的所有计算机，而局域网条件下的共享文件夹、电子邮件、网络中的恶意网页、大量存在着漏洞的服务器等都成为蠕虫传播的温床。网络的发展也使得蠕虫病毒可以在几个小时内蔓延全球，其主动攻击性和突然爆发性会使得人们手足无策。

特洛伊木马（或简称"木马"）是伪装成有用的支撑程序或应用软件的独立程序，用户在不知情的情况下，下载并安装它们，而很难察觉到它们的危险性。一般木马不会自我复制和传播，但会利用计算机系统中的漏洞侵入后窃取用户资料和文件。有一种木马称为远程访问木马（Remote Access Trojan，RAT），它具有后门功能，黑客可以通过后门向用户的计算机传输文件、搜索数据、运行程序，还可以将用户的计算机作为侵入其他计算机的跳板。

机器人程序（robot，bot）指任何能在收到命令后自动完成任务或自主执行任务的软件。善意 bot 可以完成各种有用的工作，如扫描 Web 从而为搜索引擎（如百度）收集数据和提供智能在线帮助。但恶意 bot 是由黑客控制的，来进行一些未经授权或有害的行为，它们可能通过蠕虫或木马传播。大多数的恶意 bot 都能启动与网络上服务器程序之间的连接，以接收指令。在恶意 bot 控制下的计算机有时称为僵尸主机（zombie），因为它会受人操控。连接在一起的 bot 可组成僵尸网络（botnet）。专家们已经发现了具有 100 多万台计算机的僵尸网络。控制僵尸网络的僵尸主控机（botmaster）会利用众多僵尸主机组合起来的计算能力来进行一些违法行为，如破解加密数据、对其他企业服务器进行拒绝服务（Denial of Service，DoS）攻击或发送大量的垃圾邮件。拒绝服务攻击能在网络上产生大负载访问，使服务器被无用的流量所淹没，使得所有受攻击对象的通信或服务中断。

流氓软件是一类在用户不知情的情况下秘密收集个人信息的程序，通常用作广告或其他商业目的。一旦被安装，流氓软件就会开始监视浏览 Web 和购买的行为，并将信息概要发回。流氓软件进入计算机的方式与木马相似，它能依附在貌似自由软件或共享软件上，或通过用户点击被感染的弹出广告、网页进入计算机。

一旦病毒、蠕虫、机器人程序、木马和流氓软件进入计算机，它们就能进行各种不法活动，例如：

⊙ 显示烦人的信息和弹出广告。

⊙ 删除或修改用户的数据。

- 加密用户的数据，并以加密密钥对其进行勒索。
- 未经许可上传或下载文件。
- 记录用户的按键行为，以盗取密码或信用卡号码。
- 向用户邮件地址簿或即时通信好友列表中的每个人发送恶意软件和垃圾邮件。
- 禁用杀毒软件和防火墙软件。
- 阻止用户访问特定网站，并将浏览器重定向到受感染的网站。
- 占用系统资源，使系统的响应速度变慢。
- 允许黑客远程访问用户计算机上的数据。
- 允许黑客远程控制用户的机器并将其变成僵尸主机，并用来攻击他人系统。
- 引起网络通信堵塞。

用户可通过以下症状了解计算机的受感染情况：

- 计算机发出恼人的信息或声音。
- 经常弹出广告或色情内容。
- 在浏览器上突然出现新的因特网工具栏。
- 在因特网收藏夹中出现不是用户自己添加的新链接。
- 系统启动时间延长。
- 鼠标点击或键盘敲击的响应时间变长。
- 浏览器或应用软件崩溃。
- 文件丢失（有时候是被隐藏起来）。
- 计算机上的安全软件被禁用，而且不能重新启动。
- 在用户没有上网的活动时，还有间歇性的网络活动（表现在通知栏中的网络标示忙碌）。
- 计算机反复自动重启。

为了减少和避免计算机安全问题，这里介绍避免安全威胁的方法：

- 在每台计算机上安装并激活安全软件。
- 保证软件补丁和操作系统服务包及时更新。
- 不要打开可疑的电子邮件附件。
- 只从可靠的渠道获得软件，在运行软件之前先用安全软件对其进行恶意软件扫描。
- 不要点击弹出广告，如要将其关闭，右键单击广告的任务栏图标，再选择"关闭"。
- 不要访问不良网站。
- 禁用 Windows 中"隐藏已知文件类型的扩展名"选项，这样用户就可以避免打开带有多个文件扩展名的文件，如名叫 game. zip.exe 的文件。

　　杀毒软件，也叫反病毒软件或防毒软件，是用于消除计算机病毒、特洛伊木马和恶意软件的一类软件。杀毒软件通常集成监控识别、病毒扫描和清除和自动升级等功能，有的杀毒软件还带有数据恢复等功能，是计算机防御系统（包含杀毒软件、防火墙、特洛伊木马和其他恶意软件的查杀程序、入侵预防系统等）的重要组成部分。一些杀毒软件通过在系统添加驱动程序的方式，进驻系统，并且随操作系统启动。大部分的杀毒软件还具有防火墙功能。

　　杀毒软件的任务是实时监控和扫描磁盘。杀毒软件的实时监控方式因软件而异。有的反病毒软件通过在内存里划分一部分空间，将计算机中流过内存的数据与反病毒软件自身所带的病毒库（包含病毒定义）的特征码相比较，以判断是否为病毒。有的杀毒软件则在所划分到的内存空间中，虚拟执行系统或用户提交的程序，根据其行为或结果做出判断。

而扫描磁盘的方式则与上面提到的实时监控的第一种工作方式一样，只是杀毒软件会将磁盘上所有的文件（或者用户自定义的扫描范围内的文件）做一次检查。

现在的杀毒软件相当可靠，但并非绝对可靠。快速传播的蠕虫可能在病毒定义更新前就感染计算机了，而一些流氓软件也可能是漏网之鱼，而且隐藏软件可以隐藏一些病毒的痕迹。尽管偶尔会有失误，但杀毒软件和其他安全软件模块始终能清除可能感染计算机的恶意软件。使用安全软件是很有必要的，而且采取额外的预防措施（如定期备份数据）也很重要。

值得注意的是，没有一种杀毒软件可以 100%保证计算机的安全，一般根据需要，可以安装两种来自不同企业的杀毒软件（前提当然是二者必须互补而不是打架），对计算机系统进行交叉防护，增强系统安全性。所有的杀毒软件必须按时或自动安排更新或升级，预防恶意代码样本的最新状态。

3.5　应用软件

应用软件（application software，application，app）是为了某种特定的用途而被开发的软件。它可以是一个特定的程序，如一个图像浏览器；也可以是一组功能联系紧密，可以互相协作的程序的集合，如微软的 Office 系列软件；也可以是一个由众多独立程序组成的庞大的软件系统，如数据库管理系统（Database Management System，DBMS）。数以千计的具有实用价值的应用软件中既有为个人用户设计的，也有为企业使用设计的。

大部分计算机都包含一些基本的文字处理、电子邮件和访问因特网的软件，但是计算机用户总是需要其他软件，以使自己的计算机拥有更强的工作能力，能进行更多的商业、学习和娱乐活动。本节概述了适用于多数个人计算机的应用软件。

如在第 1 章提到的"记事本"，是一个十分简单而重要文字编辑工具，因为它可以处理平面文件。平面文件是去除了所有特定应用（程序）格式的电子记录，从而使数据元素可以迁移到其他应用上进行处理。这种去除电子数据格式的模式可以避免因为硬件和专有软件的过时而导致数据丢失。正是这个特点，记事本可以处理来自不同计算机或操作系统的文件，为文件在不同系统之间的传递、转换和移植，提供了一种简便、有效的途径。

最为常用的应用软件称为办公软件。在一些工业化国家，办公软件是指各种能够帮助人们提高生产效率的应用软件（productivity software），特指那些企业为了提高日常办公活动（如打字、整理文档或数据登录）的效率所使用的软件工具。最常用的办公软件有文字处理、电子表格、日程安排和数据库管理系统。图形软件、演示软件等有时也归为办公软件类。

一般常用的桌面应用软件包括：

⊙ 网络应用：浏览器，如 IE、Firefox、Google Chrome；邮件客户端，如 Outlook、Foxmail；FTP 客户端，如 filezilla；通信客户端，如 QQ、MSN 等。

⊙ 文字处理：如 Office、Open office、WPS、永中 office 等。

⊙ 电子表格：Excel、IBM Lotus123。

⊙ 数据库：如 Access 数据库。

⊙ 辅助设计：如 AutoCAD、ProE。

⊙ 媒体播放：如暴风影音、豪杰超级解霸、Windows 媒体播放器、RealPlayer 等。

- ⊙ 系统优化：如 Windows 优化大师、超级兔子、魔方。
- ⊙ 图形图像：如光影魔术手、亿图、Adobe Photoshop、Acrobat Reader。
- ⊙ 数学软件：如 Mathematica、Matlab、MathCad。
- ⊙ 统计软件：如 SAS、SPSS。
- ⊙ 杀毒软件：如瑞星、金山毒霸、卡巴斯基、诺顿、麦克菲、江民、360 卫士等。
- ⊙ 管理效率：如 Outlook、Project 等。

常用的 Web 应用软件包括：

- ⊙ 服务器类：IIS、Apache Friends、MySQL 数据库。
- ⊙ 教育软件：如 BlackBoard、WebCT、Moodle 等。
- ⊙ 电子商务：如 oSCommce、sugarCRM。
- ⊙ 门户管理：如 Mambo、Postnuke、Xoops 等。

3.6 软件与版权管理

按照法律的观点，软件可分为两类：公共软件和版权软件。公共软件不受版权保护，这是因为版权已到期或软件作者把程序放在公开场合，使这些程序可以不受限制地使用。公共软件可以免费复制和传播，其主要限制是不可以申请版权。

版权软件在版权、专利或许可证协议中阐明了不同的使用限制。一些版权软件是以商业化形式销售，而另一些则以免费的形式传播。基于不同的权利许可，版权软件可以分为商业软件、自由软件和开源软件。

商业软件（commercial software）通常在计算机商店或网站上出售。尽管"购买"了这种软件，但用户事实上仅仅是购买了软件许可证条款规定的使用权利。商业软件的许可证一般与版权法所规定的很相近，尽管它可能会允许软件同时安装在工作用的计算机和家中的计算机上，但一次只能在一台计算机上使用。

一些商业软件会以评估版的形式发布，这种软件也称试用软件（demoware）或共享软件（shareware）。评估或试用软件以免费形式发布，通常会预装在新的计算机中，但其使用功能会受到限制，直到用户付费购买该软件为止。厂商会使用各种手段对软件加以限制，如在失效并要求用户购买之前，评估软件有 60 天的试用期。图形评估软件可能在图形输出中标有"评估版字样"（如亿图）。评估软件还可能被配置过，以使用户只能运行有限的次数，或者部分功能（如打印）被禁用。在网络协议分析器软件 Commview 中，评估版只能显示部分截获报文。部分功能被禁用的评估和试用软件还有一个相当贴切的绰号——"跛脚软件（Crippleware）"。厂商通常会采取措施，以防止用户通过卸载和重装软件绕过试用软件时间限制。通常，用户要想获得试用软件的全功能版本，就需要访问软件厂商的网站，然后用信用卡购买一个注册码。在用户输入注册码后，可以重新启用软件。

自由软件（free software）是可以免费获取和使用但具有版权保护的软件。因为软件受版权保护，使用者不可以对软件做任何版权法或作者没有许可的事情。一般，自由软件的许可证允许使用、复制、传播和修改软件，但是不允许以商业化形式直接出售。许多支撑程序、驱动程序和一些应用程序是自由软件。

开源软件（open source software）向那些想参与修订和改进软件的程序员提供了未编译的程序指令，即源代码。开源软件可以以编译过的形式出售或免费传播，但是不管在何种情况下都必须包括源代码。例如，Linux 就是开源软件，同样 FreeBSD 是为 PC 设计的一个 UNIX 版本。OpenOffice.org 是一种全功能的办公套件，它是另一个常用开源软件。尽管在传播和使用上没有限制，但是开源软件还是受版权保护的，而且不是公共软件。

自由软件和开源软件理念有些许不同，但有很多共性。开源软件和免费软件都可以被复制、修改和免费传播，许可证也十分相似。

两种最常见的开源软件和免费软件许可证是 BSD 和 GPL。BSD 许可证最初是一种类似 UNIX 的操作系统软件——伯克利软件套件（Berkeley Software Distribution）的许可证。这种许可证非常简短。

有经验的软件用户通常会在购买软件前考虑软件的许可证。按照软件的许可证的行为规范，用户可以按照国际通行的模式应用和开发软件。对于发展中国家的计算机专业人员和 IT 用户，大力推广自由软件、开源软件的研究和应用，不仅能帮用户节约开支，还可以帮助人们了解国际 IT 行业的发展前沿和开发团队，甚至参与先进计算机技术的开发、研究和应用，获得宝贵的工程和研究经验。

对信息有充分了解的用户通常能做出更明智的选择。要记住的是软件程序多种多样，一般具有相似功能但许可条款各有不同的软件也随处可见。例如，MySQL 是著名的开源软件，允许个人和非盈利客户免费使用，但对于商业性的应用，是需要收费的。

3.7 软件安装、更新与卸载

软件安装是将程序复制到计算机上以使其能运行或执行的过程。安装既可以简单到直接将文件复制到计算机或 U 盘上，也可以经过一系列正式的步骤和配置的过程。安装的过程不仅取决于计算机使用的操作系统，还与需要安装的软件的类型（本地安装、绿色安装、网络安装）有关。

大部分桌面软件需要进行本地安装，其安装包中，无论是光盘上的还是从网络上下载的，通常都包含许多文件。例如，某个软件包含了为数众多的扩展名为.exe、.cab 和.ini 的文件（见图 3-19）。

图 3-19　某个软件包的文件目录

文件扩展名是紧随文件名的字母后缀（如.doc），它表明了文件所包含的信息种类。可以直接安装软件包的众多文件中，至少包含一个能让用户打开或由操作系统自动运行的可执行文件。在 PC 中，这些程序通常会存储在扩展名为.exe 的文件（如 setup.exe）中，有时称为"EXE 文件"或"用户可执行文件"。

软件包提供的其他文件中包括了计算机运行主可执行文件时所需要使用的支持程序。支持程序可根据主程序的需要被调用或被激活。Windows 环境下运行的各种软件中，支持程序的文件扩展名通常是.dll 或.ocx。

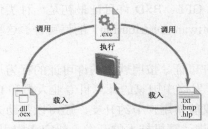

图 3-20　应用软件的多个文件互动示意

除程序文件以外，许多软件包还包含数据文件。这些文件包含完成任务所必需的但不由用户提供的各种数据（如帮助文档、在线拼写检查的单词列表、同义词词典和软件工具栏中图标所使用的图形）。软件包所提供的数据文件的扩展名通常为.txt、.bmp 或.hip。这些文件之间的互动关系如图 3-20 所示。

在许多操作系统（包括在 MS Windows）中，一些软件程序可能共享一些通用文件。而这些共享文件通常是由操作系统提供的，用来执行一些常规的任务，如显示打印对话框（打印对话框允许用户选择打印机并指定打印文件的份数）。共享文件一般不随软件发布，而是预装在用户计算机的操作系统中。而安装程序会试图找到这些文件，如有缺失的情况，会提示用户安装这些文件。

可执行的主程序文件结合支持程序和数据文件的用法，为软件开发者带来了很大的灵活性和很高的软件运行效率（那些动态链接文件（.dll）就是一个例证，这些文件只有在用到时才调入内存）。通常可以在不改动主程序文件的情况下，对支持程序和数据文件进行修改和升级。这种模块化的方法能够极大地降低创建和测试主程序所需的时间，因为主程序通常包含很长且很复杂的程序。模块化的方法还允许软件开发者在多个软件产品中复用支持程序，并用在他们自己的软件或产品中。

尽管模块化技术是计算机专业人士的工程实践方法，但这些技术还会影响到软件安装、运行和卸载等应用过程。因此，认识到计算机软件通常是由包含了可执行程序、支持程序和数据等许多文件组成是很重要的。

3.7.1　软件安装

本节以 Windows 操作系统下的软件安装为例来讨论这个问题。Windows 的软件安装过程可能有一些其他操作系统平台上所没有的复杂特性，而 Windows 是十分普及的，所以理解怎样在 PC 上安装软件是很实用的。

"本地软件"可以表示所有安装在计算机本地硬盘上的系统软件或应用软件。在安装本地软件时，它所含有的文件会存储在硬盘上适当的文件夹中，然后计算机运行一些必要的软件或硬件配置，以确保程序运行。

多数本地软件会包括安装程序，能引导用户完成软件安装的过程。在安装过程中，安装程序通常会执行如下操作：

⊙ 将介质上或下载的文件复制到硬盘里特定的文件夹中、将解开压缩文件。

⊙ 分析计算机资源，如处理器速率、RAM 容量和硬盘容量，检验它们是否符合或者超过最低系统配置要求。

- 分析硬件部件和外设，以选择适当的设备驱动程序。
- 寻找运行程序所需的介质，或下载程序中没有提供的系统文件或播放器，如 IE 浏览器和 Windows 媒体播放器。
- 将新软件的信息更新到必要的系统文件中，如 Windows 注册表和"开始"菜单。
- 删除在安装过程使用过的临时文件。

新安装软件的大多数可执行程序和数据文件都放在用户所指定的文件夹中。但是软件的某些支持程序也可能会存储在其他文件夹中，如"C:\Windows\System"。这些文件的位置由软件安装程序决定。而安装后各种文件的安装位置被写入注册表。

Windows 注册表是用来记录计算机外设、软件、优先权以及设置的操作系统数据库数据库。一旦软件安装到硬盘上，与软件有关的一些信息就被记录在注册表中了。由于注册表的这个特点，所以在 Windows 中安装的软件，必须按照一定的规则进行删除，如果直接删除所文件安装的子目录，则会在注册表中形成"垃圾"条目。日积月累，这些冗余的数据库内容会造成系统运行效率的下降。

光盘安装本地软件的过程一般非常简单。将光盘放入光驱后，安装程序就会自动运行，并且引导用户完成选择安装程序文件的硬盘路径，以及确认最终用户许可协议的过程。

安装网络上下载的 Windows 软件的过程与光盘安装软件的过程有些不同。通常，安装所需要的所有文件都被压缩过，并整合到一个压缩文件中，这样不仅可以缩小文件体积、缩短下载时间，更重要的是可以减少下载和传输过程中的差错、漏失。作为安装过程的一部分，这个下载的压缩文件必须先解压缩并还原成原始的文件集合。

对于用户来说，定期将未解压的下载软件存储到备份硬盘分区是有益的。如果计算机硬件出现故障，可以使用这些备份的文件来重装软件，这就免除了再次下载软件的困扰。

下载文件的安装一般有三种形式：自动安装的可执行文件，自动执行的压缩文件和非自动执行的压缩文件。

自动安装的可执行文件：在大多数自动安装系统中，下载新软件的过程会自动开始整个安装程序。下载的软件是一个扩展名为.exe 的文件包。这种文件可以自解压后开始安装程序。用户只需按照安装程序的提示同意许可协议、指定软件的安装路径，就可以完成安装。

自动执行的压缩文件：扩展名为.exe 的下载文件并不总是自动安装的，有些是自动执行的压缩文件，它们可以自动解压缩，但是不会自动开始安装程序。要从自动执行的压缩文件开始安装软件，先运行可执行文件来解压缩新软件文件。这些解压缩文件中有一个是 Setup.exe 程序，然后手动运行这个安装程序。

非自动执行的压缩文件：如果下载的软件是一个扩展名为.zip 或.rar 的文件，则需要把这个文件存储在硬盘中，然后用相关的支撑程序先解压缩这个文件。在解压缩之后，再运行安装程序。

产品激活是保护商业软件不受非法复制的一种措施，通常会在用户使用软件前要求用户输入产品序列号或验证码，这些信息通常会在介质、包装或网站上提供。评估软件在试用期结束时也会要求用户激活。如果没有输入有效的验证码，程序就将无法继续运行。一般商业软件需要通过因特网来激活，而用户所输入的信息可能会直接送厂家的产品数据库进行核对。商业软件产品验证码是非常重要的信息，用户应妥善保管。

产品注册和激活是不同的，注册只是软件厂家用来收集用户的基本信息的手段。但一些软件厂商会将激活和注册过程结合在一起，这种情况下，软件可以生成一个特殊的数据：散列值。散列值是对一个或多个数据组（如姓名、序列号和验证码）进行编码后所得到的唯一的数字。产品验证会根据验证码或计算机产品的序列号产生散列值，以有效地确保软件只在一台特定的计算机上使用。

绿色软件是通过可移动存储器（如 U 盘或光盘）直接运行的软件（也称为便携软件）。程序文件、配置数据等并不必装到硬盘上，不需要向 Windows 注册表写入信息。在将含有绿色软件的介质从计算机上移除后，不会在计算机上留下任何痕迹。常见的绿色软件包括 Autoguarder（杀毒软件）、Thunderbird（电子邮件）、Firefox（浏览器）以及 Filezilla（文件传输软件）等。

安装绿色软件十分简单，如果下载的是压缩文件，那么就是将压缩文件复制、解压到磁盘或其他介质上后，即可运行。例如，假设用户希望通过 U 盘运行 Autoguarder，那么可以从网站上下载 Autoguarder 的压缩文件，然后将文件解压到 U 盘上即可运行。

3.7.2 软件升级

软件厂商会定期对软件进行更新，以添加新特性、修复漏洞、完善安全性能。软件升级（也称为软件更新）包括多种类型，如新版本、补丁和服务包。

软件厂商会定期推出软件的新版本以代替旧版本。为了便于识别这些更新，通常每个版本都会带有版本号或修订号。例如，较新的 1.1 版或 2.0 版就可能会代替 1.0 版。

软件补丁是一小段程序代码，用来替代当前已经安装的软件中的部分代码。服务包是指一组修正错误和处理安全漏洞的补丁，通常应用于操作系统的更新。软件补丁和服务包通常是免费的。

软件厂商通常会通过多种方式提醒用户更新。用户可以选择收到提醒和更新的方式。如果用户通过访问厂商的网站或在安装完成后注册过软件，那么用户就可能在软件有更新时收到电子邮件通知。当然，用户也可以通过访问厂商的网站了解软件更新信息。

大部分杀毒软件、操作系统、网络应用软件等提供了自动更新的选项，这样就可以定期地访问软件厂商网站检查软件更新，并自动下载更新，然后自动将更新软件安装到计算机中。自动更新的优点是方便，但缺点是这会在用户不知情的情况下对系统做出更改。

由于网络恶意代码和黑客攻击的原因，最好是在补丁和服务包发布时就安装它们。它们所包含的修正代码都是针对安全缺陷的，用户越快修补这些漏洞越好。

版本更新通常会有一些不同。许多有经验的用户会在软件的新版本发布后数周或数月才更新软件。原因在于，他们希望看到其他用户对于新版本的评价。如果因特网上的评论显示软件有重大缺陷，那么就需要谨慎地等到厂商发布了修复补丁后再更新软件。

安装新版本的更新就如同安装原始版本那样：启动安装程序，显示许可协议，然后将更新的条目添加到开始菜单中。为了预防盗版，一些软件厂商会要求用户输入验证码，以完成更新。补丁和服务包通常是通过因特网发布的，而且在用户完成下载后会自动安装。一些软件会检查厂家的服务网站，以检查有无更新可用，并会给出下载和安装的选项。Adobe Acrobat 会定期检查厂商的网站，在有新的软件更新时，它会显示一个通知对话框（见图 3-21），以告知用户有哪些更新可以下载并安装到用户的计算机中。

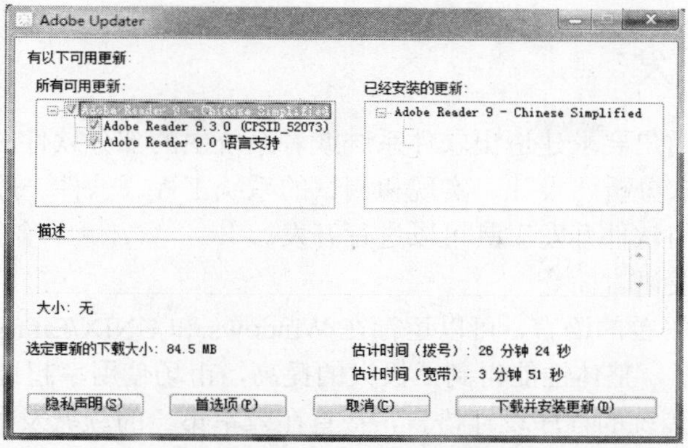

图 3-21　Adobe Acrobat 的 PDF 文件阅读器的"更新"对话框

　　更新的结果取决于多种因素。大多数补丁和服务包的安装是不可逆的。新版本安装通常会覆盖旧版本，但用户也可以选择保留旧版本，这样用户在不会使用新版本而希望恢复之前的版本时，就不再束手无策了。

3.7.3　软件卸载

　　在使用 PC 时，可以有多种手段查看计算机中安装了何种软件。"所有程序"菜单中列出了大部分安装到计算机上的应用软件。一些使用非标准方式安装的应用软件可能不会出现在这个菜单中。

　　用户可以通过"控制面板"的"系统"选项找到有关驱动程序的信息。单击"硬件"标签下的"设备管理器"选项，查看计算机的硬件列表，然后单击列表中的设备，以链接到有关设备驱动的信息，这些信息包括驱动程序提供商、驱动程序日期以及驱动程序版本。

　　在某些操作系统中（如 DOS），删除文件就可以移除软件，而在 Windows 下，用户可以使用由计算机操作系统提供的卸载程序（见图 3-22），或直接使用应用软件附带卸载程序（见图 3-23），以从计算机硬盘中的多处文件夹中删除软件文件。卸载程序还会从桌面和操作系统文件（如文件系统和 Windows 注册表）中删除与程序有关的内容。

图 3-22　Windows XP 中的卸载或更改程序界面　　　　图 3-23　运行程序的菜单中也有卸载选项

3.8 软件开发

软件开发是根据用户要求建造出软件系统或者系统中的部分软件的过程。软件开发是一项包括需求发现、需求分析、设计、实现和测试的系统工程。软件一般是用某种程序设计语言来实现的。通常采用软件开发工具可以进行开发。

（1）主流软件开发语言简介

① Java，作为跨平台的语言，可以运行在 Windows 和 UNIX/Linux 下，长期成为用户的首选。自 JDK 6.0 以来，整体性能得到了极大的提高，市场使用率超过 20%。

② C/C++，两种传统的程序设计语言，一直在效率第一的领域发挥着极大的影响力。像 Java 的核心都是用 C/C++写的，是并行计算、实时处理，工业控制等领域的首选。

③ Visual Basil，微软的优秀产品，广受好评。

④ PHP，跨平台的脚本语言，入门的门槛较低，在网站编程上成为了首选。Linux +Apache +MySQL +PHP 的组合简单有效。

⑤ Perl，脚本语言的先驱，其优秀的文本处理能力特别是正则表达式，成为了以后许多基于网站开发语言（如 PHP，Java、C#）的基础。

⑥ Python，一种面向对象的解释性的计算机程序设计语言，也是一种功能强大而完善的通用型语言，具有非常简捷而清晰的语法特点，适合完成各种高层任务，几乎可以在所有操作系统中运行。Python 具有脚本语言中最丰富和强大的类库，足以支持绝大多数日常应用。

⑦ C#，微软公司发布的一种面向对象的、运行于.NET Framework 之上的高级程序设计语言。C#看起来与 Java 有着惊人的相似：包括了诸如单一继承、界面、与 Java 几乎同样的语法和编译成中间代码再运行的过程。但是 C#与 Java 有着明显的不同，它借鉴了 Delphi 的一个特点，与组件对象模型（COM）直接集成，而且是微软公司.NET Framework 的主角。

⑧ Javascript，主要是为了解决服务器端程序语言（如 Perl）以往存在的速率问题。当时服务端需要对数据进行验证时，由于当时网络速率太慢，只有 28.8kbps，验证步骤浪费的时间太多。于是网景公司的 Navigator 浏览器加入了 Javascript，提供了数据验证的基本功能。

⑨ Ruby，一种为简单快捷面向对象编程（面向对象程序设计）而创的脚本语言，由松本行弘开发，遵守 GPL 协议和 Ruby License。Ruby 是一个语法完全面向对象、脚本执行、又有强大的文字处理功能的编程语言。

（2）选择开发工具选择和评估

以下是对开发软件有兴趣的读者的一些建议：

① 运行平台的选择，由于程序运行的环境分基于桌面和网络（如 Web 环境），不同的运行环境往往决定可选工具的范围。

② 程序运行是否有实时性要求，如果答案肯定，那么 C 和 C++就是主要的选择方向了。

③ 程序是否要跨平台或在不同的操作系统环境下运行，如果答案肯定，那么 Java 就是主要的选择方向了。因为，Java 可以编译一次，然后在任何有 Java 虚拟机的环境中运行。

④ 主要程序员对工具熟悉的程度，这直接决定了软件产品的生产效率。

⑤ 对于初学者，除了传统的 C 和 C++环境外，也可以选择 Visual Basic、C#和 Ruby 等程序设计语言作为开始。

作为一个程序设计爱好者，初次接触某种程序设计环境，需要做哪些准备？

首先，应系统地学习一门程序设计语言。目前，在国内高校中，C、C++、Java、Visual Basic 较多作为第一门程序设计语言来教学。

如果是作为爱好或工作需要，接触第二门（或者自学程序设计）程序设计语言，可以选择前面列出的任何一门程序设计语言。但需要理解和获取以下的资源：

① 程序运行的环境（桌面、网络）。如果是网络运行，必须准备与构建相关的网络环境。有时候，一些模拟的网络运行环境可以搭建在一台本地主机上，如学习编制 PHP 网页程序，需要安装 Apache Web Server。

② 程序设计的集成开发环境（Integrated Development Environment，IDE）。例如，开发 VB 程序，需要安装 MS studio。

③ 一本手册、教科书或联机文档，解决编程遇到的技术问题。

④ 一个样板程序集。可以从网络和其他渠道（包括 IDE 厂商网站）获得许多样板程序，作为入门的指导。

⑤ 当然，有一个实体或虚拟的合作、学习、咨询的团队更是重要的。

3.9 软件应用案例

在计算机系统的长期运行中，主要困扰用户的问题包括驱动程序和系统的安全防护。驱动程序的问题产生于硬件和操作系统的更新，如在 Windows 系统中，不同时期出品的操作系统，硬件驱动程序往往不同，而且不能完全兼容。而系统的安全防护问题的影响更为严重和影响深远，计算机系统的安全不但在于简单的安装病毒查杀软件，更有待用户养成良好的使用习惯和及时发现系统存在的漏洞，以及及时对系统和应用软件进行更新、升级。本节所提到的任务，尽管在操作系统和应用软件级别上，自身有一定的自我完善能力，但缺乏系统性和实时性，需要利用第三方软件进行系统管理和提供防护。以下介绍一些这方面的软件。

（1）超级兔子

超级兔子系统检测可以诊断一台计算机系统的 CPU、显卡、硬盘的速率，由此检测系统的稳定性及速率，还有磁盘修复及键盘检测功能。超级兔子进程管理器具有网络、进程、窗口查看方式，并在其网站提供大多数进程的详细信息。超级兔子安全助手可能隐藏磁盘、加密文件，系统备份能完整保存 Windows XP/2003/Vista 注册表，解决系统后备的问题。

超级兔子有 15 个软件，分别是：清理王、升级天使、驱动天使、魔法设置、修复专家、反弹天使、上网精灵、系统检测、安全助手、进程管理器、虚拟磁盘加速器、内存整理、系统备份、快速关机。

（2）360 安全卫士

360 安全卫士是受用户欢迎的计算机安全软件之一。由于目前木马威胁之大已远超病毒，360 安全卫士运用云安全技术，在杀木马、防盗号、保护网银和游戏的账号密码安全、防止机器人程序等方面表现出色；还能优化系统性能，可大大加快计算机运行速率。

本 章 小 结

计算机软件是计算机存在的灵魂，各种软件在计算机硬件的支持下，为人们提供了种种工作、生活、娱乐的便利。在所有软件中，操作系统无疑是计算机工业最为重要的基石，从

20 世纪 80 年代开始，DOS 和 Windows 的各个版本像计算机工业的催化剂，催生出一代又一代微处理器芯片和各种各样的硬件设备。对计算机软件的理解、掌握和应用，成为每个现代社会中各种人士必须具备的技能。

本章所阐述的软件内容主要在系统软件，这是计算机技术的核心内容之一，对所有行业的计算机应用都有普遍的意义，也是用好应用软件的基础。本章强调的不是简单的某个具体软件版本的设计思想和理念，而是通过软件变迁的过程来说明。对于计算机软件，我们必须适应它自然进化和不断革新的传统，甚至不断预期它的变革。只有这样，才有可能站在计算机技术发展的前沿并占据主动，并真正享受到新的变革所带来的种种优越和便利。

习 题 3

3.1 对 Windows 系统的操作，有哪几种方法，各自针对那些场合？

3.2 请对比 Windows XP 和 Windows 7 之间的主要差别。哪些操作你认为是比原来方便了，哪些反而不便了？

3.3 如何对 PDF 文件进行编辑？它同 Word 软件的文字处理有何不同？

3.4 GUI 和 CLI 各自有哪些优势和缺点？各自使用在哪些场合？

3.5 DOS 和 Linux 的命令有哪些异同？

3.6 大部分 CLI 命令都是英文缩写，请推测 cd、rm、cp、ls、cat、df、du 是哪些英文词或词组的缩写？

3.7 计算机文件的路径名为何很重要？DOS 系统环境和 Linux 系统环境下的路径有何不同？

3.8 请试运行一个 Linux 虚拟机环境，并比较 Linux 与 Windows 的主要差别。

3.9 Google 网站和 Google Earth 都有地理信息查找的功能，而使用 Google Earth 需要安装专门的软件，可以带来哪些不同？

3.10 Office Word 和 Gmail 可以编辑同样格式的办公文件，两种应用方法有何差异？

3.11 对于计算机上含有个人数据的文件，应如何进行删除处理？

3.12 在 Windows 下，软件安装有哪些主要形式？

3.13 软件的注册和激活有何不同？

3.14 软件的绿色安装和删除与一般的 Windows 软件有何不同？

3.15 一般安装的 Windows 软件如果需要删除，有哪些途径？哪种方法最好？

3.16 什么是商业软件、开源软件、共享软件、试用软件？它们之间的差别是什么？

3.17 如何对新安装的操作系统检查其驱动程序是否正确？如何获取适合用户系统各种器件的最新驱动程序，并进行更新或安装？

3.18 什么是软件升级？为何需要软件升级，如何进行软件升级？

3.19 什么是恶意软件，具体由哪些表现形式？病毒和木马有何不同？

3.20 什么是系统漏洞？如何对系统的漏洞进行扫描和修复？

3.21 如何优化计算机系统的性能?请列举具体的操作并解释这些措施的工作原理。

3.22 为何需要在计算机上安装安全防护软件？安全防护软件主要完成哪些工作？存在哪些工作模式？

第 4 章 文 档 处 理

第 3 章提到，文件是计算机信息存储的基本单位，是保存在磁盘、光盘等存储介质上的命名数据集。但是，在大部分计算机应用中，用户会更多的遇到另外一个词——文档。"文件"和"文档"究竟有没有区别或有什么区别，确实是一个十分有趣的问题。本章的任务就是围绕着这两个术语开始的。

在计算机开始之初，主要处理简单的文本文件（text file）和简单的数据文件，如逗号分隔型取值格式（Comma Separated Values，CSV）文件，也是一种纯文本格式，用来存储数据。在 CSV 文件中，数据的字段由逗号分开，程序通过读取文件中的字段内容，方法是每次遇到逗号时开始新的一个数据项。

当然，在一般操作系统中，把文件作为计算机信息访问的基本单位。但也有一些操作系统把文件的概念推广应用到极致的。例如在 UNIX/Linux 中，把计算机中的所有可管理资源全部当作文件来操作，可以管理和操作的文件包括文件目录（容器文件）、磁盘（块文件，按文件块如 1024B 作为操作单位）、键盘、网卡，都被看成字符文件（处理成串的字符或字节流），打印机是所谓的只写文件（Write Only File）。

而"文档"（document）是随着文字处理程序的流行而出现的。请看来自 webopedia 网站的一段文字：

"In the PC world, the term was originally used for a file created with a word processor. In addition to text, documents can contain graphics, charts, and other objects."

它明确告诉我们，实际上，文档是一个复合的文件（尽管操作系统还是要用文件名来访问），与计算机发展初期的文件最大的不同就是，在文档内部实际存在许多非文本的内容，包括图像、图表、各种对象和控制代码。这种复合性可以通过一个实验来说明，就是把任何一个包含图像、图表的 Microsoft Office 文档（建议使用 Word 或 PPT），用"另存为"功能，保存成一个 HTM 或 HTML 格式的网页（如 test.htm），就可以看到两类文件：文档中的文本被保存在 test.htm 中，而非文本的内容大部分会保存在生成网页时自动创建的一个目录 test.files 中，其中保存的是原先在文档中的各种图像等信息，而文件名则是有应用程序自动给出。这是由于在 Web 应用中，HTTP 要求每次通信只能发送一个文件（或对象），所以文档中的对象就展现出来。

这样，当需要了解某种应用程序的功能时，用户需要了解它的侧重领域、主要的文档控制手段、可以嵌入的对象类型，以及是否可以为其他应用来引用等。

4.1 文字处理

由上文的讨论可知，"文档"是随文字处理软件出现的，这是一种文字及图表处理软件，它是操作系统尤其是 Windows 的进化，给我们带来的便利。本节用 Office Word 2003（下称 Word）为例，说明文字处理的一般过程。

文字处理过程可分为三个阶段：文字编辑，版面编排，存储与输出。

1）文字编辑是将文字内容输入到 Word 中并进行修订的过程。这个过程可以是把一份书面文稿录入到计算机，也可以直接在 Word 中构思并写作，或从其他计算机文件中导入文字性内容然后进行修订。

2）版面编排是在输入内容的基础上，对文档进行格式化的过程。版面编排与文字编辑一起保证了输入作者意图的正确表达。

3）存储与输出是将编排后的文档以各种格式保存、发布或者打印。

鉴于大部分读者已经掌握一般文字处理软件的操作功能，本节的主要目的是兼顾归纳和总结一般文字处理的基本功能和要点。

4.1.1 Word 2003 的工作界面

Word 2003 的工作界面主要由标题栏、菜单栏、工具栏、标尺、编辑区、滚动条、状态栏等组成（见图 4-1）。

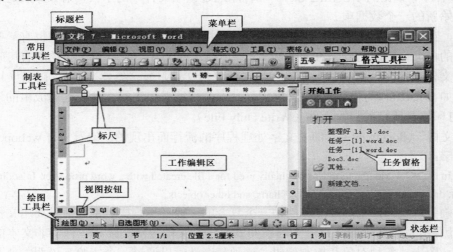

图 4-1 Word 2003 的菜单与工作界面

① 标题栏：位于窗口的最上方，默认为蓝色，包含应用程序名、文档名和控制按钮。

② 菜单栏：包括 9 个系统菜单。单击菜单项，可以弹出下拉式菜单，用户可以通过单击相应的命令来执行某项操作。不常用的命令被自动隐藏起来，并在菜单的下方出现按钮，单击此按钮，将展开所有的命令。

③ 工具栏：位于菜单栏的下方，工具栏上以图标的形式显示常用的工具按钮，用户不用通过菜单命令，直接单击工具按钮即可执行某项操作，更加方便、快捷。用鼠标拖动工具栏前面的灰色竖线，可以改变工具栏在窗口中的位置。因为工具栏占用屏幕的空间，所以不宜显示太多，通常只显示"常用"工具栏和"格式"工具栏就基本可以满足用户的需要。

④ 标尺：有水平标尺和垂直标尺两种，用来确定文档在屏幕及纸张上的位置。可以利用水平标尺上的缩进按钮进行段落缩进和边界调整；可以利用标尺上制表符来设置制表位。标尺的显示或隐藏可以通过单击"视图"菜单的"标尺"命令来实现。

⑤ 编辑区：就是窗口中间的大块空白区域，是用户输入、编辑和排版文本的位置，是工作区域。闪烁的"I"形光标即为插入点，可以接受键盘的输入。

⑥ 滚动条：分为垂直滚动条和水平滚动条。用鼠标拖动滚动条，可以快速定位文档在

窗口中的位置。除两个滚动条外，还有上翻、下翻、上翻一页、下翻一页、左移和右移等 6 个按钮，通过它们，可以移动文档在窗口中的位置。垂直滚动条上还有"选择浏览对象"按钮，单击之可以弹出相应的菜单，从中可以选择不同的浏览方式，如按域浏览、按表格浏览、按图表浏览等方式来浏览文档。

⑦ 视图切换按钮：位于编辑区的左下角，水平滚动条的左端，单击各按钮，可以切换文档的 4 种不同的视图显示方式，不同的视图方式将在本章第 4.7 节详细介绍。

⑧ 状态栏：位于窗口的底部，显示当前窗体的状态，如当前的页号、节号、当前页及总页数、光标插入点位置、改写/插入状态、当前使用的语言等信息。

⑨ 任务窗格：Word 2003 将用户要做的许多工作归纳到了不同类别的任务中，并将这些任务以一个"任务窗格"的窗口形式提供给了用户，以方便用户的操作和使用。

4.1.2 文字处理单元

在文字处理过程中，一个基本的规律是，用户首先要选定一个或一段文字，然后进行处理。我们可以把这种选择称为选择文字处理单元。了解我们可以选择哪些文字处理单元，并可以针对其进行哪些处理，显然是非常重要的。这些可分别处理的文字单元为：文字与符号、词语和词汇、行、段落、节、全文。

① 文字与符号：最小的文字处理单位，包括汉字、英文字母、标点符号、特殊符号等，一旦被选择，如果是汉字，至少可在 Word 中找到同音字，进行翻译和查阅处理。但是，需要注意全角/半角的文字编码的差别，绝对不可马虎。

② 词语和词汇：在 Word 中，把"I"形光标放在任何一段文字中，然后双击，可以选中的一般都是在字典或词典中可以查到的汉字词语或英文词汇。也就是说，Word 具有断词的本领。词语或词汇一旦选定，可以查到同音词语（如"哪里"/"那里"）或进行翻译。

③ 一行文字：可以将箭头状光标放在 Word 编辑工作区左侧空白处（被称为选择区），单击鼠标选定。

④ 段落：文本编辑中的重要单元，一般由多行文字组成，最后尾随一个所谓的"硬回车"，是用 Enter 键产生的，也称为"段落标记"。该标记记录了该段落设置的所有参数，如是否需要首行缩进的规范行文格式等。对应"硬回车"，"软回车"是用 Shift+Enter 键产生的，产生出另起一行的效果，但理论上与上一行同属一个段落，共享上一段落的属性设置。

⑤ 节：一个比较特殊的处理单元，主要用来设定分栏文字的区域界线，进行非连续的页码编排等。

⑥ 全文：在上文提到的选择区内，三击鼠标左键即可选定。对全文的操作，包括剪切、粘贴到其他文件，在联网条件下，可以对全文进行联机翻译或简繁体汉字的转换。

在文字处理软件中，也有许多非文字（或类文字）处理对象，可以把它们理解为特殊的文字处理单元，加入到文档处理中。这些处理对象包括：图片（照片、图片等）、图形（各种几何图形、几何图形的组合、图片+几何图形+文字组合）、数学公式、艺术字、文本框等。

4.1.3 文字编辑与存储过程

一份文档对内容（或文档元素）的表达可有多种形式，如文字符号、图片、表格等。文档中不同元素通过不同手段录入或输入文档。中英文字符可通过键盘直接输入；图片、照片等内容可通过扫描仪或特定设备及软件来输入；图形、插图等可通过图形处理软件来实现；特殊符号可通过各种汉字输入法中的软键盘间接输入，也可通过将其作为图形或图片进行处理等。文字处理不仅需要对各种文档元素进行处理，更需要将这些文档元素结合在一起统一处理。

文档处理一般需要完成以下工作：

- ⊙ 文字和其他文档元素的输入，并保证其正确性。
- ⊙ 内容定位，在文档中找到所需要的文本或元素的位置。
- ⊙ 文本纠错，发现和纠正文档中的错误。
- ⊙ 文档组织，解决文档元素的组织、移动、重用等。

Word 提供丰富的功能或命令来帮助文字编辑人员完成上述工作。Word 的功能或命令以键盘命令、菜单、工具栏、功能区、对话框等多种方式提供给用户使用。所以利用计算机处理文档，需要熟悉 Word 的基本界面、常用编辑术语、各种编辑命令、工具，掌握键盘和鼠标的处理技巧。

1．编辑过程

一般 Word 用户界面中都有两个以上处理区域：文本编辑区域和命令/控制区域。文本编辑区域主要用于显示输入文档的内容，命令/控制区域主要用于显示可使用的处理命令及其编辑状态。处理命令用于对编辑区域中的内容进行各种处理及控制，如编辑段落、插入图片等。

在文字编辑中，Word 一般是用"I"形光标来表示当前的处理位置。"I"形光标也称为插入点，新输入的文字被显示在"I"形光标的后面，"I"形光标随之向后移动。而鼠标在指针划过屏幕不同区域时，鼠标指针的形状会随着区域的变化而变化。当在文本编辑区域移动鼠标时，屏幕上的鼠标指针呈"I"状并随之移动，当单击鼠标左键或右键后，插入点光标便会移动到鼠标指针处。因此，利用鼠标可以快捷地将光标移到指定的位置。

一些快捷的键盘处理命令，可以帮助我们快速移动光标，如 Ctrl+Home→文档开始处，Crl+End→结尾处，Home→行首，End→行尾。

当光标在文本编辑区时，可通过键盘依次输入文本内容。当文本输入到右侧边界时，Word会自动将光标移到下一行的左边界处，这种功能称为自动换行功能，它可以随页面篇幅大小而自动调整一行文字的数量。

在进行文字编辑时，有插入和改写两种状态存在，要注意区分当前是处于插入状态还是改写状态。如果是插入状态，则会在光标后字符的前面插入输入的文字；如果是改写状态，则输入的文字会将光标后面的内容覆盖掉。Word 一般以键盘上的 Insert（或 Ins）键来完成插入状态和改写状态的切换。

在文字编辑区中，输入的文本有"选定"和"不选"两种状态。使文本处于选定状态是指选择将要用命令进行处理的文字，选定的文本在编辑区中会以不同于其他文本的方式来显示。Word 提供的许多命令，如各种字符格式编排命令等，均是对选定的文本进行处理的，因此，掌握选定文本的技巧将是非常重要的。在键盘输入时也要注意文本状态，一般任何输入内容将替换掉处于选定状态的文本。在后面以"选定文本"来表示使文本处于选定状态。

"替换"是 Word 提供的一种按用户指定文字串自动进行查找，并且将发现的文字串用另一指定的文字串进行替换的命令。Word 一般提供丰富的替换功能，如由光标处向前查询替换、由光标处向后查询替换、全文档范围查询替换、有选择替换、无条件替换等。应用替换功能，可避免重复纠正同一种文本错误的困扰。

拼写检查器是指 Word 对文档中的每个词进行拼写正确性自动检查的命令。Word 一般都提供非常强的中文词语和英文拼写检查功能。拼写检查器的工作原理是将读取文档中的每个词语或单词与它的词典中所记住的所有词语或单词进行比较，然后指出它不认识或认为用错的词语或单词，此时用户可以根据系统提示或自行可以改正；或者，该词语或单词本来便是正确的，而拼写检查器不认识，那么便可以将该其添加到拼写检查器的词典中，以便下次能认识它。当然，即使优秀的拼写检查器，也不能指出上下文中用错但书写正确的词语和单词。

2．文档的存储与打印

Word 通常是以文件的形式存储文档的。在开始输入文本之前，首先要创建一个新文件，以保存所输入的文档内容，这一过程一般称为新建文档。新建的文档可以按照某一模板来建立，开始时表现为一临时性文档，利用内存来存储所输入的内容，并不永久保存。

为永久保存所输入的内容，需要利用 Word 提供的"保存"命令，该命令将内存中的内容保存到外存中，实现永久保存。为对永久保存的以前编辑的文档进行修改，可以将该文档重新装入内存中，这一过程称为打开文档。

有时既要保留刚刚修改过的文档，又要保留修改之前的文档，有时需要将文档转换成不同的格式（如 HTM 和 PDF），则可以将正在处理文档以另外的文件名和类型进行存储，这一过程称为另存文档。

将文档输出到纸张上的过程称为打印。当需要在纸张上输出时，就需要连接打印机。计算机与打印机的连接除了电缆线的连接之外，还需要在软件上进行连接。所谓"在软件上进行连接"，就是安装适用于该打印机的驱动程序，该驱动程序将 Word 的"打印"功能产生的文档输出命令转换成该打印机所能识别的命令，从而控制打印机进行输出工作。

除此之外，Word 还具有以下功能，辅助人们打印高质量的文档：

⊙ 在纸张上输出以前，可先在屏幕上模拟纸张上的输出效果，检查无误后再在纸张上输出，可节省许多开销。这一过程被称为打印预览。

⊙ 有时所用的计算机没有连接打印机，而连接打印机的计算机又没有所使用的文字处理软件，此时利用 Word 提供的输出到文件功能，可将打印结果用文件的形式保存起来，以便在另一台机器上不需 Word 即可直接输出。

4.1.4　文档编排

一般而言，Word 有三种基本的编排命令，针对不同的文字处理单元：文字、段落及版面（节或全文），由此形成文字编排命令、段落编排命令和版面编排命令。文字编排命令是指对文字和符号进行格式化处理命令；段落编排命令通常是以段落为处理单元，对一个或多个段落进行规范化的处理；版面编排命令则是以整个文档或文档中的整节内容进行处理，用于规范文档内容在纸张中布局的版面效果。使用编排命令首先就要注意该命令适用的处理单元和作用范围。下面将简要介绍编排过程、有关术语和规则。

1．文档的编排过程

当拿到一份文档，应如何着手编排呢?一般而言，建议采取以下步骤：

1）阅读并正确理解版式要求，如：所用纸张规格、版心规格（正文宽度、高度、距左、右边界的距离）、各种类型的编排约束等。

2）利用版面编排命令，设置好版面的有关参数，如：一般文档都对所用纸张、每行字数、每页行数、文字距上、下、左、右边界的距离等有要求。首先用版面编排命令满足这些要求。

3）利用版面编排命令定义好文档所使用的标题格式，如：一级标题"黑体2号居中"，二级标题"宋体3号左对齐"等，要求文档中所有同级标题必须具有相同的格式等。为保证完全一致，可用这些要求定义好样式，以便用样式进行版面编排。

4）利用样式格式化有关的段落和文字，如：用相应的样式格式化所有的标题、正文等具有相同格式要求的文字项。

5）利用段落编排命令进行特殊段落的编排。对一些不能用统一样式进行编排的段落，用段落编排命令进行特殊的处理，如段落缩进、首行缩进、悬挂缩进等。

6）利用文字编排命令进行特殊文字的编排。对一些不能用统一样式或统一段落命令进行处理的文字进行特殊的格式化处理，如：使某些文字的风格与其他文字不同等。

7）利用有关命令，进行版面内容的调整，如：处理好上下页的关系，检查一下有无应在一页中但却分为两页的两个段落，如图说明和其所对应的图应在同一页等，需要灵活放置的一些插图（如将插图放在某一段落文字的右侧）等。

8）对书刊、学位论文等，用相应格式化命令产生符合要求的目录等。

9）检查是否所有格式化要求都已满足。

所以，要利用文字处理软件进行文档版面编排，首先要熟悉格式编排的方式和各种版面编排命令。尽管各种文字处理软件所提供的命令处理方式不同，但其提供的版面编排命令的最终效果应是相同的。只要编排术语理解正确，编排处理是比较简单的。

图 4-2 "字体"格式

2．文字编排

文字编排是以若干文字或符号为对象进行格式化。文字编排的基本术语有字体、字号、字形、字间距、基线与上、下标等（见图4-2）。

① 字体：文字有不同的字体，字体可以认为是文字的一种书写风格。操作系统提供了一些常用的中文字体，如宋体、黑体、仿宋体及楷体等，也提供了数十种英文字体，如 Times New Roman、Arial 等。

一般情况下，不同字体有不同的作用，对人的视觉效果也不同。例如在一本书中，书的正文一般要用宋体，显得整洁、规矩，而一些标题要用黑体，以起到一种强调、突出的作用。

有时为了区分，也可能在一段文字中使用不同的字体。熟悉各种字体的特点及在什么情况下用什么字体，对于制作一个美观的文档是必要的。另外，考虑到中文有竖排文档的需求，许多中文系统还提供了竖排字体可以使用。

英文字体还有比例字体和非比例（等宽）字体之分。比例字体是指不同字符的宽度是不同的，典型的如字母 m 和 n，m 约为两个 n 的宽度。而非比例字体是指不管是什么宽度的字母，书写出来都应是一个宽度。读者可在文字处理软件下熟悉各种字体。

由于 Word 中使用了可缩放字体（TrueType）技术，所以能够在任何可打印图形的打印机上打印。使用可缩放字体技术，可确保在屏幕上所见到的就是在打印纸上出现的字体。

② 字号：对于计算机处理而言，字体的大小以"磅（pt）"作为计量单位，一磅约为 1/72 英寸，磅数越大文字越大。中文文字的大小传统上是用字号表示的，字号从初号、小初号、一号、小一号等一直到八号字，对应的文字逐渐变小。例如，标准的书刊、文章的正文文字一般是五号字（约 10.5 磅），而标题则可能从一号字到五号字。当字体为可缩放字体（如 TrueType）时，可实现任意大小文字的显示与打印，如打印出一个 A4 纸幅面大小的文字等。

> TrueType 是由 Apple 公司和 Microsoft 公司联合提出的一种数学化字形描述技术。它用数学函数描述字体轮廓外形，其特点是：既可以作打印字体，又可以用做屏幕显示；由于它是由指令对字形进行描述，因此它与分辨率无关，输出时总是按照打印机的分辨率输出。无论放大或缩小，字符总是光滑的，不会有锯齿出现。

③ 字形：除字体与字号外，对每一文字还可能有各种书写形式，简称为字形，如斜体、粗体等。

④ 字间距：指两个字符之间的间隔。标准字间距是 0 磅，有时也可能需要使两个字间距变大一些或变小一些（如加宽或缩小 1.5 磅）。字间距对于处理一些需要特殊效果的文字有用，通常只有在用字号调整不了文字间距时，才需个别调整。英文字间距的另一种单位是 picas，即英文打字机的间距单位，每英寸 10 个字符；也有使用 Em 单位，即以英文字母 m 的宽度为基准。

⑤ 上标和下标、基线与文字的位置：所谓基线，是指书写每一行文字所要基于的标准水平线。一般而言，无论是什么字号的文字，书写时应位于基线以上（也就是下对齐原则）。但也有一些情况，如所谓的上标、下标，则需要使局部的字符向上或向下调整。在需要有连续下标（即下标的下标）时，如果没有其他方法可以利用，利用字号的改变与文字位置的调整来实现。

⑥ 文字的特殊效果与其他属性：文字的属性还包括文字的颜色或底纹，文字是否带下划线，是否表示为删除文字等。

3．段落编排

段落编排是以段落为处理单元进行格式化。上文介绍过，当在一行结束时按 Enter 键，将自动产生一个新的段落。段落的重要特点之一是自动换行，即段落内的文字自动随边界、字体或其他调整而自动换行。段落编排主要处理段落中文字的对齐、缩排、行距与段间距、边框与底纹、列表等（见图 4-3）。

① 段落中文字的对齐：对于段落，要求其中的文字要对齐，如：一个图表的说明要位于段落中一行的中心，文字串向左对齐，数字向右对齐，一般书籍的正文要左、右都对齐，大标题一般居中，其他标题一般左对齐等。

② 段落文字的缩排：有时为使段落之间层次清晰、明了，除了改变字体及字号外，还

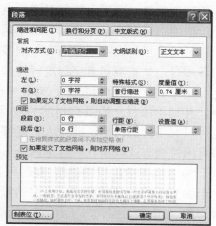

图 4-3 "段落"格式

103

可以将段落与其他段落相比缩进一些或伸出一些。中文传统在每一段的首行要缩进两个字符，以表示一个新段落的开始；而英文则可缩进也可不缩进地开始一个段落。

③ 行距与段间距：段落中一行的底部与上一行的底部之间的距离称为行距，两行之间的空白距离（行间距）可以由行距来调整（注意：有些 Word 版本称行距为行高，而行间距被称为行距，编排时要注意区分）。而上个段落的结束行与下一段落的起始行之间的空白处称为段间距。行距和段间距也是调整文档外观的一项重要内容，段间距、段落文字的大小及文字的字间距要与相应的内容协调，来适应读者的需要。而此类应用技能可以通过对印刷品的研究和文字处理软件的练习来不断进步。

行距可用单行间距的"倍"数为单位来衡量，如 1.5 倍、2 倍等。所谓单行间距，是指把每行间距设置成能容纳行内最大字体的高度。例如，对于 10 磅的文字，行距应略大于 10 磅，字符的实际大小加上一个较小的额外间距，额外间距因使用的字体而异，而 1.5 倍的行距就是约 15 磅。

④ 边框与底纹：强调与突出段落的另一种手段就是给段落加上边框及底纹。

⑤ 列表：可以将若干条信息并列起来使之具有相同的重要性，或者使之分出层次。使用列表可使文档清晰醒目，是进行段落编排不可缺少的内容。例如，人们在写文章或起草讲稿时，一般总是先列出主题内容，即这一主题包括几个问题，每个问题又会有哪些子问题，如此而形成一份提纲。又如，在一份企业文档中，经常需要列举一系列的规定和要求，或列出某个设备总成的所有组成部分等。因此，列表在文字处理的日常使用中是非常多的。

列表可认为是由若干条信息构成的，每一条信息对于列表而言称为一个"项目"，将若干项目并列起来就是列表。项目并不都是单行，也可以是一个由多行组成的段落。

列表编排包括以下一些内容：

① 列表中的项目排列方式。一般而言，如果列表中的项目是并列的，各列表项目要首行对齐（或项目所在的整个段落左对齐），而且字体、字形及字号应该一致。如果是不同层次的列表项目，可采取首行对齐，也可采取缩进。如果采取首行对齐，下一层次的项目和上一层次的项目要在某些方面有所不同，如以不同的字体、字形或字号来编排不同层次的项目。

另外，当列表中项目内容特别多时，列表中的项目也可能要求按某一种顺序排列列表中的各项目，如按项目首字母进行排序等，使人们查阅起来方便。

② 列表中的项目符号。列表中的每一项目，通常在项目开始位置有一个符号，如●、◆。并列的项目一般具有相同的项目符号（此时项目之间可认为没有先后顺序的要求），但也可以有不同的符号，此时人们能够区分出这些是同一层次的项目或不同层次的项目（依据项目的排列方式或所在位置来区分）。这些不同的项目符号可以起到提示的作用。

③ 列表中的项目编号。有时列表中的项目有先后顺序要求，在编排时要给每一个项目一个编号，如处理步骤或一本书的章节安排等。项目编号有多种样式。例如，带章节号的编号，如"1"、"1.1"、"1.1.1"等，而且可以在编号前后加入若干说明性的文字。

4. 版面编排

输出文档的质量、美观与否与文字及段落编排密切相关。但文字及段落编排处理的只是文档的局部，本节介绍如何从全局的角度对文档进行编排的内容与技巧。

（1）页面设置

文档的打印结果与页面设置密切相关，涉及的方面主要包括打印用纸的大小控制及打印的方向、页边距、页码、页眉与页脚的位置控制等。这些页面设置可在一开始创建文档时就进行，也可在建立文档的过程中，或者直到文档打印前才进行。

① 纸张大小及打印方向的控制。通常使用的纸张都有一些标准，如经常使用的有标准的 A4、B5、16 开、32 开等。纸张大小可以是英寸（或毫米）准确度量，所以在纸张上输出内容的位置也可以实现精确控制。打印方向是为控制每行文字的宽度而设定的，通常是以"纵向"来打印，即让纸张竖放，以纸张的长度控制一页的大小，而宽度控制一行的长度。但有时，一行文字的长度可能要大于纸张的宽度，此时就要以"横向"（见图 4-4）来打印，即以纸张的长度来控制行长，而以纸张的宽度控制页的大小。

② 版心的设置。所谓版心，是指一页纸除去四周的白边，剩余的正文（含注释）部分。四周的白边要考虑为装订留出位置外，还要考虑页眉、页脚（是指在每

图 4-4　"页面设置"对话框

页纸张的顶部或底部专门安排的书名、篇名、章节名、页码或其他提示性内容）。另外，页码要考虑页的自动编号问题。当编排多文件组成的文档及要控制每一文件单独打印时，需设置起始页码，以使计算机能够自动从所设置的页码开始编制。

③ 单、双页的处理。如果是编排书籍杂志，则还需考虑单、双页的不同处理问题。例如，可以为单、双页设置不同的页眉、页脚（双页排书名或杂志栏目，单页排章节或文章名，而起始页可以不设页眉、页脚等），为单、双页设置不同的页码位置等。

（2）版面布局与修饰

版面布局主要涉及文本与图形的定位，即能否使文字图形定位于任意位置或者始终将某些内容连接在一起等。

① 分栏处理。版面编排一般有"通栏"和"分栏"之说。"通栏"是指正文字行的长度与版心相等。而正文字行如按版心的宽度分成相等的两栏或多栏则称为"分栏"。通栏常见于图书，而分栏则多用于报刊杂志。

② 文字与图片定位。一般地，段落文字是以行来编排的，但有时需要将一段文字插在某个页面的角落，或安排在两行正文的中间。或者是让正文围绕某段文字进行环绕编排等。Word 一般提供这样的编排技巧，以满足此类文档版面编排的需要。

③ 文字与图片浮于另一组文字之上。一般地，文字是以自左至右、自上至下排列的，但有时需要在一组文字之上再透明地贴上另一组文字或图片等。Word 使用"文本框"来满足此类文档版面编排的需要。

4.1.5　特殊项目编排

1. 标题

在各种书籍或文章中，往往有大小不同的各种标题，来反映文档内容的层次性。各类出版物都有统一的标题序号及编排规则要遵守。为区别起见，一般把文档中的最大标题称为一级标题，以下按层次依次为二级标题、三级标题等。编排标题时要注意一些约定：

① 标题一般随级数的增加逐渐缩小标题字的大小，但最小一级标题字的大小也不得小于正文字的大小，同时应使用不同的字体突出标题。

② 标题一般有序号，如 1.1，1.1.1 等。中文书籍（如教科书）一般以"第 1 章标题"来排列书刊的章标题，而以"1.1"、"1.1.1"等排序以下层次的标题。

③ 标题有对齐要求，一般有以下几种类型：一级标题居中，如教科书的章标题，而二级以下层次的标题均左对齐，有时也可缩进一些左对齐；前两级标题居中，而自第三级以下均左对齐。

④ 同级标题要求字体、字号相同、序号及对齐关系保持一致。如果某级标题正巧排到了某一页的末尾，其下面没有正文，则此标题应排在第二页上面，或者说，标题应与其下面紧邻的正文在同一页上。在中文书刊中，一般一级标题要另起一页编排。

2．题注

对文档中的插图、表格、公式等项目需要进行说明，以帮助人们理解所表达的内容，多于一个以上的说明时还要进行编号。这种对某一项目进行的说明，称为题注。例如，"图 1 键盘布局示意图"、"表 1 键盘功能一览表"等。

题注一般包括 3 部分内容：

① 标签，如"图"、"表"、"公式"等分类编号的项目，便于为该项目建立目录。

② 编号，一般文档按顺序，如图 1、图 2 等；图书文档可按章节，如图 5-1、图 5-2 等。

③ 说明，是针对某个具体项目的说明。

题注一般有位置要求，如公式和表格的题注一般在公式和表格的上面，且左对齐；公式题注如与公式在同一行上，则右对齐；而插图的题注一般在插图的下面，且居中编排。题注和所说明的项目不能分开编排在不同的页面上。

3．脚注和尾注

脚注和尾注用于给文档中的相关文本添加备注、注释和引用说明。注释包含两个相关联的部分：注释引用标记、标记所指的注释文本。注释引用标记一般按注释出现的先后顺序进行编号，并附在被标记文本的后面，便于人们按该标记去查找有关的注释说明信息；注释文本，指被标记文本的说明及进一步解释信息，可以放在被标记文本所在页的底部，也可以放在整个文档的结束位置。放在文档结束位置的注释称为"尾注"，而放在页的底部的注释称为"脚注"。在同一文档中，可以既有脚注也有尾注。例如，使用脚注进行详细的注释，使用尾注列出引文出处。

4．页眉和页脚

排在页面上白边的文字符号与图形统称为页眉，包括页码、页眉线、章名节名等；排在页面下白边的文字符号与图形统称为页脚，也包括页码、页脚线、简短说明、时间日期等。

在一般书籍编排中，封面、封底、扉页、前言、目录不需印页眉、页脚，书中单页、双页的页眉、页脚往往是不同的。例如，单页页眉用来显示章名，双页页眉用来显示书名。

5．目录和索引

在书刊、论文、字典等中一般有目录、图表目录和索引等，用以辅助读者快捷检索书籍的内容。

① 目录：指按照在文档中出现次序列出的标题清单，能够反映书籍或者技术手册的内容与层次结构，可使读者了解文档的全貌，且便于迅速找出需要阅读的部分。

目录有三个构成元素，即目录项、目录项的次序及页码。目录项可以是标题，如一级标题、二级标题等，也可以是相当于标题的文本。目录项在目录中一般按标题级别按次序由前至后进行排列，因此，合理地定义文档的各级标题是形成好目录的前提。一般情况下，一个目录一般只包括三级标题。页码是该目录项所在文档的位置。

Word 一般依据固定的样式名称来区分哪些是标题及标题的级别。例如，在 Word 中，以"标题 1"这个名称表示一级标题，以"标题 2"表示二级标题等。如果文档用这些固定名称的样式格式化文档后，Word 便可依据文档自动产生目录（见图 4-5）。注意：只是要求样式名称相同，对样式包括哪些格式化命令仍旧允许用户进行调整。

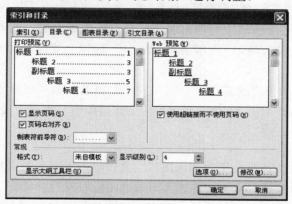

图 4-5　Word 中的目录处理

② 图表目录：指按照在文档中出现的顺序排列出带说明性标题（题注）的内容及位置。这些内容包括插图、图形、图表、幻灯片及照片等。图表目录一般按题注进行排列，也可分项目，也可不分项目进行排列。

③ 索引：指在文档中给出用户查阅项目的页码，用于使读者能够根据项目的关键词（索引词条或索引项）快捷地找到所要阅读的位置。索引表主要由两部分组成：索引项（或称为索引词条）和页码。索引表指出每个索引项在文档中出现的位置（页码）。需要做索引的有文章的主题、关键词、缩写词、人名或机构名、缩略词、专用词汇、文档中定义的或分析的问题名称等。

Word 一般都预设了若干种索引表的版式以供使用，也允许用户自己定义索引表的版式。索引表也可以分多栏排列。建立索引表的步骤如下：

1）建立索引项，是指对文档中需做索引的位置及内容做上标记，并指出列在索引表中的文字（索引项）。不同位置的相同索引项只需建立一次，文字处理软件就能对其他位置进行标记。

2）选择与建立索引表的排版格式。

3）更新索引表，即让 Word 自动生成索引表，并在用户调整了索引项后，能够更新索引表，使所有的索引项按照所要求的编排格式排列出来。

6．公式编排

科技论文离不开数学公式，掌握数学公式的编排技巧对于撰写科技论文是非常重要的。数学公式的编排有一定的规律，而且有一定的格式要求。

① 整体性。数学公式中有许多情况是以整体形式出现的，如：分式中的分子、分母及分数线三部分构成一个整体，不能分开；积分公式中的上限、下限及积分变量与积分符号应是不可分割的一个整体等。Word 为数学公式的整体性提供了若干"公式模板"（见图 4-6）。

图 4-6　公式编辑器（需从"插入"→"对象"中调出）

② 层次要分明。数学公式中可能出现下标及下标的下标等，或者分式中的繁分式等。编排时要使每个符号的位置清晰，不能混淆。Word 一般以公式模板套公式模板的形式实现此类公式的编排。

③ 常规要求。数学公式的编排有一些常规性的要求，如：变量要用斜体，排列若干公式时要对齐（一般是按左对齐），公式要居中，公式要编号且编号也要对齐等。

7．图文混排

为了美化文件，我们通常会考虑加入图片到文件里，文字和图形相辅相成必能引发读者的兴趣。Word 可以为单纯的文字文件加入图形、图像对象，并辅文字说明。这里仅讨论有关图形、图像对象在页面中的编排方法，而有关插图的分类和制作方法留在 4.1.6 节讨论。

Word 图文混排使用到基本操作对象是图片、艺术字、文本框等，基本方法是对象的环绕方式及上下层叠加的关系设置。

对象在文本中加入所使用的方法是菜单中的"插入"选项，这些对象的基本属性可以通过打开绘图工具栏来设置通过右键单击"常规"工具栏后出现的快捷菜单中的选项设置）。

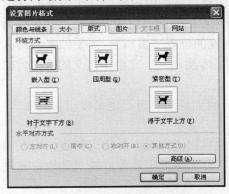

图 4-7　图文混排的版式

在对象的环绕方式设置中，通常需要右键单击对象，然后在"设置**格式"中的"版式"选项卡中选择相应的环绕方式来完成（见图 4-7）。

当然，根据对象属性不同，并非所有环绕方式都可以使用，具体情况需要通过实践才能掌握。

对于几个对象同时叠加，这时就会出现一个上下层的次序问题，可以右键单击需要调整次序的对象，然后在"叠放次序"中选择需要的调整方法就可以了。而要出现对象叠加，必定有一个以上的对象使用的环绕方式是"浮于文字上方"的。

艺术字和文本框的处理与图形插入基本相同。文本框的主要用途是可以在一个文档的局部，以图形方式插入一段格式特殊的文本，如一段竖排的文本或在图片周围安排体注等。

4.1.6　插图制作

插图是科技和工程文档中不可缺少的一项内容，由于其能够给人以直观、醒目、准确的感觉，使得许多科技工作者在文档中都力求用图来表达其主要思想。Word 中可以支持的插图方式较多，基本的插图是基于位图处理的，而大部分专业应用需要使用矢量绘图的方式。

1．基本绘图

现实生活中如果想绘图，则首先要有一张纸、一支笔、一块橡皮和一块调色板。纸是用于在其上制作插图，笔是用于画出各种线条及图形，橡皮则用来涂去画错的部分，调色板则用于选择准备绘制图形的颜色。一般基本绘图软件是基于位图的，提供了画布（绘图工作区）、画笔、橡皮、调色板、颜色罐（颜色刷）等工具，以实现上述这些功能。所制作的插图可以专门产生一个文件；鼠标便是画笔，移动鼠标便可绘制出任意图形；选择橡皮功能后，鼠标便成为橡皮，拖动鼠标便可删除图形；颜色罐功能可将选中的封闭图形填充上所选定的颜色。Windows 的画笔软件就是一个典型的基本绘图软件（见图 4-8）。基本绘图软件所绘图片文件在 Word 中可以通过"插入图片"编排到文档中。

基本绘图方法有很大的不方便之处，即一旦在文档中绘制了某个图形，以后再想修改这个图形便不太容易，因为不能有效地将它与其他图形区分开来。为此，Word 实现了一种面向对象的插图制作方法。

2．利用图元制图

可以把一幅插图理解为由若干不同的图形元素（简称图元）通过遮挡、覆盖、组合等处理后形成的。每个图形元素都被认为是一个对象。所谓对象，是指能够独立区分于其他元素的一个元素。对某一对象可独立进行移动、填充或调整大小等，而不影响其他对象。基于图元的绘图方式实际上就是矢量绘图，所有图元通过指令实现。

典型的基本图元有：直线、折线、弧线、三角形、四边形、多边形、任意形、圆、椭圆等。Word 一般提供丰富的图元可以为作图使用（见图 4-9）。

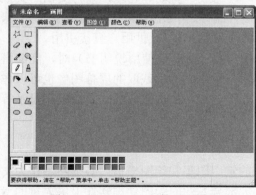

图 4-8　Windows XP 的"画图"

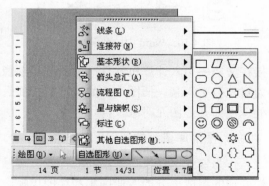

图 4-9　Word 2003 中的图元

图元有封闭图形元素与非封闭图形元素之分。封闭图形元素是指构成图形元素的边界线是首尾重合的，如多边形、任意形、椭圆及圆形等。非封闭图形元素的边界线的首尾端点不重合，如直线。封闭图元有内部颜色（灰度）填充属性、边界线颜色（灰度）属性及边界线的线型（如粗细、实线或虚线等）。非封闭图元只有边界线颜色属性及边界线的线型（如粗细、实线或虚线、各种带箭头的线型等）。

有时希望一些图元之间的相对位置（或比例）在移动过程中保持不变。例如，当某一个图元移动或改变时，其他图元能够随之相应地进行改变，这时可将这些图元组合起来构成一个组合图元。组合图元是新的对象。当一个图元变成某组合图元的一部分时，便不能单独调整该图元，必须将其从组合图元中分离出来才能单独处理。

如果若干图元处于同一位置时，一般是后画的图元能够完整地显示出来，而先画的图元被遮挡或部分遮挡住。这好比是若干人在排队一样，如果从后面看去，只能看到最后一个人的身影。不过，图元的先后顺序与人排队的顺序一样，可以进行调整。

使某一图元翻到前面而显示出来（置前），而让某些图元翻到后面去（称为置后）。图元能不能看到与图元的这种排列顺序有关系，使用时可灵活调整以创建灵活的插图。

插图中通常都包含若干文字。插图中的文字可简单地分为：一般性的文字和标注性的文字。标注性的文字通常伴随有引出线，以指向注释的位置。

利用图元制作插图前首先要理解该幅插图由哪些基本图元构成，怎样构成；然后将所需要的图元放入文档中；调整每个图元的大小、颜色等；再调整图元之间的遮挡关系。如此循环往复这一过程，便能制作出一幅插图。

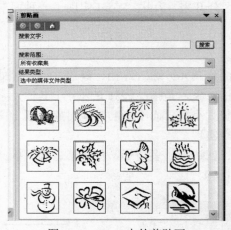

图 4-10　Word 中的剪贴画

3. 在文档中插入图片

在文档中有时希望直接使用形象逼真的位图图片，尽管直接处理图像并不是 Word 所具备的功能，但是 Word 能接收这类图像（插入图片），并将其插入到文档指定的位置，保存并输出。

Word 一般可以以"对象"形式接收其他软件制作好的图形、图片及照片。尽管 Word 本身对这些对象的内部不能做任何修改，但是可对这些对象进行整体移动、缩放、剪裁等处理，并与文档的其他内容进行混合编排。例如，Word 本身自带了一个"剪贴画"图集（见图 4-10），供用户直接引用。

在制作文档（尤其是使用说明书）时，能够直接在文档中引入计算机软件产生的屏幕图像将是非常形象生动的。截取的屏幕图像也可以作为对象被引入某一插图中。如果这样，那么该对象在该插图中的选定、移动、缩放、显示等处理便如其他图元对象一样。

4. 图形库资源的利用

作为专业工作人员，不同的行业会接触到不同的常用图集和绘图模板。必须熟悉作为文档处理的组成部分的专业图集和绘图模板。目前，大部分专业的绘图处理软件提供大量的专业或半专业的图库，为专业文档处理中的图形表达提供方便。

专业的绘图处理软件（如亿图矢量绘图软件和 Microsoft Visio）一般都是基于图形元素的，与 Word 的图形绘制功能（形状）类似，但其中提供提供的"连线"功能非常强大，被连线连接的对象，无论如何移动，其连接线会自动随动，保持原有的连接关系。这就非常有利于绘制诸如流程图、组织关系图、水电线路图等。

这些软件直接附带大量的专业图库（见图 4-11），可以直接使用。即使用户找不到现成的图库，也可以自己定制。方便后续的使用。

尽管大部分专业的绘图处理软件所处理的图形对象，可以直接复制到 Word 文档中，但考虑到基于矢量的图形由于需要一定的环境支持，所以在需要移植或嵌入到文档中时，需要考虑他人计算机的运行环境，建议输出成为位图格式以后再嵌入，以方便交流。

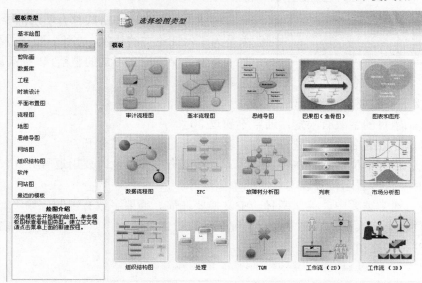

图 4-11　亿图矢量绘图软件提供的部分模板

4.1.7　表格制作

表格是文档中尤其是商业文档中经常需要的。表格有简单与复杂之分，表格的格式也是千变万化的，对其处理要求也不完全相同，下面是人们经常遇到的一些处理要求。

① 表格的设计：一般表格分为说明区域（表头）和数据区域，需要预先设计。

② 表格数据的填充：在制作表格时，有时希望能够自动将已存在文档中的数据放入表格中，并自动为规范化的数据加上表格线。

③ 表格计算与排序：有时希望在表格中实施某种运算，如将某行中的数据累计出来填入最后一列，或要求能够对表格按照一定的方式进行排序，如表格某一列的数值大小排序等。

④ 统计图：在使用表格的过程中，一项经常性的需求就是能够用图形的方式直观地表现表格中的数据。

在 Word 中，表格被认为是由若干行及若干列交叉形成的若干个单元格组成的一个整体。在单元格内部，文本也可自动换行、缩排、对齐。换句话说，在单元格中对文本的处理和在文档中对普通文本的处理基本上是一样的，所不同的是，文档中的普通文本是相对于页边界（或节边界）的，而单元格中的文本是相对于单元格边界的。

⑤ 对表格中数据的填充：Word 对规范化排列的数据（如矩阵形排列的数据）可以自动将其转换为表格。但一般要求这种规范化排列的数据必须使用统一的分隔符来分离相邻行或

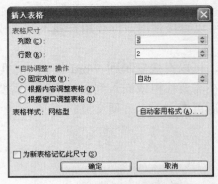

图 4-12 Word 2003 的表格处理

相邻列的数据。典型的就是用制表符分离相邻列的数据，而用硬回车符分离相邻行的数据。Word 也支持将表格数据转换为非表格显示方式。图 4-12 显示了 Word 2003 的一种表格设计对话框。

4.1.8 科技论文编排

科技论文对内容和格式都有明确的要求，内容要求是为了保证论文的质量、水平，防止抄袭等；格式要求是为了保证论文形式的整洁，以提高读者的阅读效率。

科技论文的格式要求通常有以下内容：

① 题目。题目的字数有限定，通常不超过 20 个字。

② 作者。作者署名位置在题目下方，多个作者时要用逗号分开。

③ 单位。作者单位名称写在作者署名下方，当有多个单位时要用逗号分开，并用 1、2 等排序，同时在作者署名位置表明对应的单位序号。

④ 摘要。通常需要中、英文两种，中文摘要在前。摘要字数有限制，如"200 以内"；摘要中主语使用第三人称；摘要中要有关键字，数量也有限制，如"介于 3～8 之间"；中、英文摘要要对应（见图 4-13）。

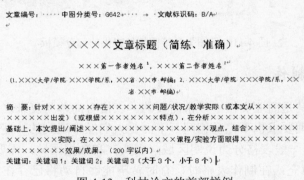

图 4-13 科技论文的首部样例

⑤ 标题。科技论文一般采用三级标题，一级标题格式为 1、2、3、…，二级标题格式为 1.1、1.2、…，三级标题格式为 1.1.1、1.1.2、…。

⑥ 图表。图表要随文出现，即文字在先图表在后；图表不宜过多；每个图表均要有图（表）题，通常还要有英文图（表）题。

⑦ 物理量和计量单位必须符合国家标准和国际标准。

⑧ 外文字母、文种、大小写、正斜体符合相关要求。

⑨ 参考文献。数量要求，如"5 篇以上"；类型要求，如"80%为期刊或会议论文，80%以上为近五年出版的文献，50%以上为外文文献"；顺序要求，如"文献序号应与其在文中出现的次序一致"；著录格式要求，如下所示：

◉ 专著："[序号]著者.书名[M]出版地：出版者，出版年.起页码～止页码"。

◉ 期刊："[序号]著者.论文题目[J/OL].期刊名，出版年，卷（期）：起页码～止页码.[yyyy-mm-dd] http://demian_name/directory/filename.htm"。

⊙ 论文集："[序号]著者.论文题目[A].论文集名[C].出版地：出版者，出版年.起页码～止页码"。

⊙ 学位论文："[序号]著者.论文题目[D].保存地：保存单位，年份"。

⊙ 专利文献："[序号].专利申请者.题名[P].国别：专利号，出版日期"。

⑩ 字体、字号要求。对题目、各级标题、正文、图（表）题等内容的字体和字号均有相应的要求，如"题目使用小2号黑体"、"正文使用宋体5号"等。

由于参考文献的规范和应用比较复杂而且随着网络的发展有所变化，这可以从一个具体案例中了解到（见图4-14）。

图4-14　科技论文的参考文献的规范举例

4.1.9　邮件合并

邮件合并功能用于创建套用信函、邮件标签、信封、目录以及大宗电子邮件和传真分发。例如，一个公司要向所有的客户分发内容相同的会议邀请函，所不同的是每位客户的姓名及地址不同，要完成这项任务，应用常规的方法实现起来非常的麻烦，工作效率太低，有没有效率更高更便捷的方法呢？

要利用邮件合并来完成这项任务，需要这样的两个文档，一是邀请函的正文文档，一个是用于记录客户基本信息的 Excel 文档，为了学习的方便，假设这两个文档已经编辑制作完成，并且存放在"资料"文件夹当中，文件名分别为"教材论证邀请函.doc"、"教师信息登记表.xls"。

Word 2003 邮件合并功能的基本使用方法如下。

第一步：打开"教材论证邀请函邀请函.doc"文件，可以看到，在文档的上部需要输入客户的基本信息。

第二步：打开邮件合并工具。方法是：选择"视图"→"工具栏"→"邮件合并"，这时看到只有【设置文档类型】、【打开数据源】（见图 4-15）两个命令按钮处于激活可用的状态。打开数据源后，其他命令按钮就会处于激活可用状态。

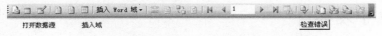

图4-15　Word 2003 中的邮件合并工具按钮

第三步：打开数据源。单击【打开数据源】按钮，在打开的对话框中确定数据源文件的位置、文件名（在此选择文件名"教师信息登记表"），单击【打开】按钮，打开数据源文件。接着出现选择"数据表"对话框，此时要选择记录有相关数据的工作表，单击【确定】按钮。这样就选定了数据所在的文档及在文档中记录数据的表格。

第四步：插入数据域。

1）将光标定位在插入域的位置（如"尊敬的"字样的后面插入"姓名"域）。

2）单击【插入域】按钮，在出现的"插入域"对话框中选择要插入的域名称，然后单击【插入】按钮确定。

3）利用同样的方法插入需要的其他"域"。

从图 4-16 中可看到，插入到文档中的"域"并不是用户的真实信息，它表示的是在这里引用的是数据表中相应的列中的数据，可以把它理解为是一个"变量"，会随着不同的客户而发生变化。

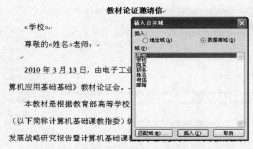

图 4-16 邮件合并中域字段的插入

第五步：检查错误并合并。插入域后，就表明我们已经把 Excel 中的数据插入到了"教材论证邀请函"文档中，然后单击邮件合并工具栏中的【检查错误】按钮，在出现的对话框中选择"完成合并，出现错误时报告并暂停"，然后单击【确定】按钮。如果没有错误，即完成邮件的合并。如果有错误就会暂停，并给出错误报告。

在完成邮件合并后，如果没有错误，合并完成的文档中就会有"教师信息登记表"中的每个老师的信息，即每个老师有一份相应的邀请函。

第六步：保存并打印文档。合并后的文档，要对合并形成的新文档进行保存。安装有打印机，可以把完成的文档打印分发，折叠后装入专用的信封中，就可以邮寄给相应的老师了。

除了上述把传统的信函打印之外，还可以把 Word 文档转换成电子邮件的批量发送。作为 Microsoft 的系列产品之一，Word 的邮件合并调用的是同系列的 Outlook 程序。因此，在使用邮件合并之前，务必安装和设置 Outlook 程序。

在邮件合并的第一步，将文档类型选择为"电子邮件"。与信函合并不同，将看到的是"合并到电子邮件"的链接。单击它，在弹出的"合并到电子邮件"对话框中，需要先指定收件人对应的字段，如"电子信箱"，然后在主题行中输入邮件的主题，将邮件格式设定为 HTML 或纯文本，最后选择合并的范围。接下来，就可以把邮件自动地一封一封发出去了。

4.2　电子表格

电子表格是一种计算机应用程序，模拟了纸质的万用表格。纸质万用表只有横向的线条，由用户自行划出各种竖线，用以定制表格。而电子表格把多个矩形"单元格"组成一个网格状的工作或编辑区域，每个单元内可以包含文本或数值。单元格也可以只包含一个公式，定义该单元格的内容如何从其他单元格（或单元格组合）获取或更新。电子表格经常用于财务信息计算，因为在做"试算表"过程中，一个单元格的数据发生改变，因为它就可以自动对整个工作表做出重新计算。

尽管有争议，VisiCalc 通常被认为是第一个电子表格软件（见图 4-17），它的出现为 Apple Ⅱ型计算机的成功奠定基础。在 DOS 时代，Lotus 1-2-3 是主要的电子表格软件。在 Windows 和 Macintosh 平台上，Excel 目前拥有最大的市场份额。

本节以微软 Office Excel 2007（下称 Excel）为例，说明电子表格的基本概念、工作方式和典型应用。

目前，Excel 的主要应用包括：

① 创建专门用途的图表。在日常工作和生活中常常需要各种类型的表格，如工资表、日程表、预算表等，Excel 可以根据实际需要快速创建大量各种专门用途的图表。

② 计算管理数据。使用 Excel 提供的公式和函数，可以解决工作和生活中的许多运算问题，如统计收支、计算贷款和科学计算等（见图 4-18）。Excel 的数据管理功能可以对数据进行各种分析和处理，如排序、筛选和分类汇总等。

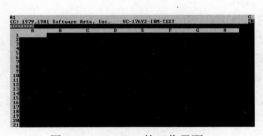

图 4-17　VisiCalc 的工作界面

图 4-18　Excel 工作案例

③ 直观分析数据。Excel 数据透视表和图表可以更清晰、更直观地反映问题和分析数据。

④ 有效保护数据。Excel 提供了多种保护工作簿和工作表的方式，可以有效防止信息的泄露和他人对数据的删改，从而提高数据的安全性。

⑤ 数据库产品间数据的转换。在 Excel 支持的文件格式中，CSV 格式被广泛地应用在数据库数据的导入和导出，可以服务于数据库产品之间的数据转换。许多电子表格内的数据就可以直接作为数据库的数据载入。

> 试算表（trial balance）：在财务工作中定期地加计分类账各账户的借贷方发生及余额的合计数，用于检查借贷方是否平衡暨账户记录有无错误的一种表式。

⑥ 支持"宏处理"和"自动功能"。宏处理是由 Microsoft VBA 支持的一种程序性功能，但是不懂程序设计的用户仍然可以通过可视化界面，把一些例行操作记录下来，对具有同质性的数据进行整理和分析。自动功能则是利用数据中隐含的规律，由系统进行攫取和推测，并帮助用户自动进行单元格数据的填充、计算或输入。

4.2.1 Excel 2003 的基本概念

Excel 2003 界面的布局和风格与 Word 2003 基本相同（见图 4-19），而所不同的是工作区（编辑窗口），包括：名称框和编辑栏、单元格、行号和列标和工作表编辑区。

1．Excel 2003 窗口组成

① 活动单元格：用于标识操作位置。

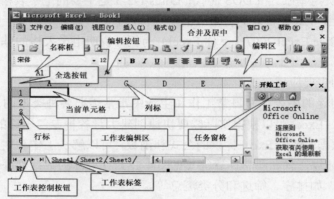

图 4-19　Excel 2003 工作界面

② 名称框：用于显示当前单元格的名称。

③ 编辑栏：用于输入、编辑数据和公式。

④ 工作表标签：用于显示工作表的名称。

⑤ 列号：用字母 A，B，C，…，Z 以及 AA，AB，…，IU，IV 来标记，共 256 列。

⑥ 行号：用数字标记，共 65536 行。

⑦ 工作区：是工作的主要区域，用于记录数据。

⑧ 其他任务窗格：将多种命令集成在一个统一的窗口中，用于进行任务选择。

2．Excel 2003 基本概念

① 工作簿（Book）：Excel 2003 中存储电子表格的基本文件，其扩展名为.xls。当启动 Excel 时，系统自动创建一个名为 Book1 的工作簿。一个工作簿由一张或多张工作表组成，每个工作簿最多可以包含 255 张工作表。当新建一个工作簿时，默认包含 3 张工作表，依次为 Sheet1、Sheet2、Sheet3。

② 工作表（Sheet）：Excel 2003 中用于存储和处理数据的主要文档，也称为电子表格。当前被选中的工作表称为当前工作表，Sheet1 为当前工作表，选择当前工作表的方法是：单击工作表标签。

③ 单元格和单元格地址。单元格是 Excel 2003 中处理信息的最小单位，在单元格中可以存放文字、数字、公式和其他媒体。单元格内的数据可以设置格式，如文字字号、数值的小数、属性等，在必要时可以添加批注。单元格可以通过行列等地址可以访问，一个工作表中可以包含 65536×256 个单元格。每个单元格都有一个地址，单元格的地址有三种表示方法。

⊙ 相对地址：直接由列号和行号组成（见图 4-20）。如果公式中引用了相对地址，在进行填充和复制操作时，地址将发生相对位移变化。

⊙ 绝对地址：在列号和行号前分别加字符"$"（见图4-21）。如果公式中引用了绝对地址，在进行填充和公式复制操作时，地址将固定不变。

⊙ 混合地址：在列号或行号前加字符"$"（见图4-22）。如果公式中引用了混合地址，在进行填充和公式复制操作时，地址的绝对部分固定不变，相对部分将发生相对位移变化。

④ 表格行：使用数字编号（1、2、3、…）。单击行号，可以对整行所有单元格进行操作，如格式设置、删除等。

⑤ 表格列：使用英文字母编号（A、B、C、…）。单击列标，可以对整个列的所有的单元格进行操作。

⑥ 工作区域：指工作表中一些相邻单元格组成的矩形区域。一般情况下，用户实际所用的工作表格只是所有单元格中的一部分。工作区域的地址表示形式是在起始地址和终止地址之间用冒号分隔（见图4-23），如B3:D7（3×5个单元格）。在Excel中，要想在工作簿中选定某块区域，只需单击想选定的区域的左上角单元格，同时按住Shift键不放，再单击想选定的区域的右下角单元格即可。另外，按住Ctrl键再用鼠标，可任意选定多个不相邻的区域。

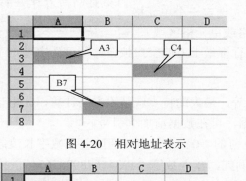

图4-20　相对地址表示　　　　　　　　　图4-21　绝对地址表示

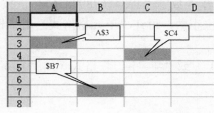

图4-22　混合地址表示

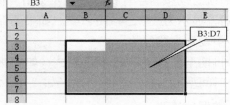

图4-23　Excel的工作区地址表达

⑦ 工作表集合：Excel默认打开3个工作表，可以增减或修改工作表的名称。由于同时可以打开多个工作表，用户可以根据需要，把相关的表格设计在一个文件中，并通过工作表名进行访问，由于Excel支持行、列、表和文件名命名和访问，Excel被称为"三维地址"可访问的电子表格。Excel可以在复杂的表格之间建立数据共享、数据分析和数据应用。

4.2.2　Excel基本操作

1. 选定活动单元格

① 鼠标操作：单击单元格即可选定该单元格，并使其成为活动单元格。

② 键盘操作：选择活动单元格的Excel键盘操作见表4.1。

表 4.1 Excel 的键盘操作

键 名	说 明	键 名	说 明
↑	向上移	Enter	向下移
↓	向下移	Shift+Enter	向上移
←	向左移	Tab	向右移
→	向右移	Shift+Tab	向左移
PageUp	向上移动一屏	PageDown	向下移动一屏

2．选定单元格区域

单元格区域地址是用这个区域起始单元格地址和结束单元格地址表示，即：

单元格区域地址=起始单元格地址:结束单元格地址

如从 D 列第 3 行单元格开始到 H 列第 10 行单元格结束的单元格区域地址为"D3:H10"。

① 选定一行或一列：单击某行标或列标。

② 选定多行或多列：单击某行标或列标按住鼠标左键拖动。

③ 选定不连续的单元格或单元格区域：先选定一个单元格或单元格区域，再按 Ctrl 键，选定其他单元格或单元格区域。

> 单元格和单元格区域地址的所有字母和符号必须是英文半角符号。

④ 选定整个工作表：单击列标最左端、行标最上方的空白按钮，即可选定整个工作表。

3．数据输入

① 文本型：如数字、符号、字母、汉字等，最大的特点就是不参与计算，如电话号码、邮政编码等数据。如果要强制输入文本型数据，可在数据前加单引号。

② 数值型：一般可以直接输入，有效位前的"0"会被自动清除。当数字长度超过 11 位时，系统自动按科学计数方式显示数值。例如，输入数字"123456789987654"，按 Enter 键确认后，显示为"1.23457E+14"。如果要保留多位小数，可在"单元格格式"对话框中的"数值"中设置小数位数。

③ 日期型：有"年/月/日"格式（如"08/06/30"）或"年-月-日"格式（如"08-6-30"）。

④ 时间型："时:分:秒"格式（如"18:24:30"）。

4．数据的修改

① 单击单元格后输入数据，则单元格中原有数据将被新输入数据替代。

② 双击单元格，可将插入光标定位在单元格中，修改单元格中的数据。

5．复制或移动单元格或单元格区域

① 利用剪贴板，可复制或移动单元格或单元格区域。

②拖动选定单元格的边框复制或移动单元格或单元格区域。

6．删除单元格或单元格区域中的内容

选定要删除内容的单元格或单元格区域，按 Delete 键，即可删除其中的内容。

7．删除行或列

单击选定行标或列标后，单击右键，在弹出菜单中选择"删除"，可删除整行或整列。

8．单元格数据的填充

在输入单元格数据时，可利用"填充柄"快速、准确地自动输入数据。当选定一个单元格或单元格区域时，其加粗显示的黑色边框右下角有一个小黑方块。当 Excel 的空心十字鼠标指针移到该点，会变为实心十字形状，这就是填充柄。可以用拖拽的方式，进行数据的快速填充。快速填充有两种形式：序列数据和复制数据。

① 序列数据的填充。对于已经定义的序列数据，如：在单元格中快速输入"星期一、星期二、……、星期日"，先在单元格中输入"星期一"，选中此单元格，然后按住鼠标左键拖拽填充柄，可快速完成数据的输入（见图 4-24）。

图 4-24　Excel 的自动填充功能示意

② 数据的复制式填充：在某行或某列的若干个单元格中填充相同的数据，可按住 Ctrl 键同时用鼠标左键拖动填充柄，完成数据的复制式填充。

4.2.3　公式与函数

创建工作表时，向单元格中输入的是最原始的数据，可以使用公式和函数对原始数据进行计算，以便产生新的数据，如计算全年的销售额、每个月平均销售额等，这些操作就是数据处理。

1．公式

Excel 中的公式是由运算对象和运算符组成的一个序列，其中包括数据、运算符、单元格引用、函数等。Excel 中的公式必须以"="或"+"开始。后面是用于计算的表达式，表达式是用运算符将常数、单元格引用和函数连接起来所构成的算式，其中可以使用括号来改变运算的顺序。

向单元格输入公式后按 Enter 键或单击【确认】按钮"√"，这时编辑栏显示的是公式，而单元格显示的是公式计算的结果。例如，如果 A1、A2 单元格的值分别是1和2，现在 A3 单元格输入"=A1+A2"。当公式输入完并且确认后，A3 单元格显示公式的结果是3。

当公式中所引用的单元格数据发生变化时，Excel 会根据新的值自动重新进行计算。例如，如果将 A1 单元格的值由1改为2，则 A3 单元格立即自动显示新的结果是4。

2．单元格引用方式

在大量表格处理中，存在使用同一公式对不同的数据集合计算，这就需要对公式进行复制。Excel 在进行公式复制时，并不是简单地将公式照原样复制下来，而是根据公式的原来位置和目标位置计算出单元格地址的变化。

例如，原来在 F2 单元格输入的公式是"=C2+D2+E2"，当复制到 F3 单元格时，由于目标单元格的行号发生了变化，这样复制的公式中行号也相应地发生变化，复制到 F3 后，公式变成了"=C3+D3+E3"，这是 Excel 中单元格的一种引用方式，称为相对引用。

相对引用是指在公式复制、移动时公式中单元格的行号、列标会根据目标单元格所在的行号、列标的变化自动进行调整。相对引用的表示方法是直接使用单元格的地址，即表示为"列标行号"的方法，如单元格 B6、区域 C5:F8 等。

绝对引用是指在公式复制、移动时，不论目标单元格在什么地址，公式中单元格的行号和列标均保持不变。绝对引用的表示方法是在列标和行号前面都加上符号"$"，即表示为"$列标$行号"的方法，如单元格$B$6、区域$C$5:$F$8。

如果在公式复制、移动时，公式中单元格的行号或列标只有一个要进行自动调整，而另一个保持不变，这种引用方式称为混合引用。混合引用的表示方法是只在要进行调整的行号或列标其中之一的前加上符号"$"，即表示为"列标$行号"或"$列标行号"的方法，如 B$6、C$5:F$8、$B6、$C5:$F8 等。

这样，一个单元格的地址在引用时就有 3 种方式 4 种表示方法。这 4 种表示方法在输入时可以互相转换。在公式中用鼠标选定引用单元格的部分，反复地按 F4 键，可在这 4 种方法之间进行转换。例如，公式中对 B2 单元格的引用，反复按 F4 键时，引用方法按下列顺序变化：B2→$B$2→B$2→$B2，最后又到 B2。

3．计算符

在公式和函数计算中需要大量的数据计算和处理。Excel 运算符与数学中的计算符号相似，表示对数据之间的运算，运算符（见表 4.2）主要包括：

◉ 算术运算符：完成基本的数学运算，如加、减、乘、除，产生数字结果等。
◉ 比较运算符：用于比较两个值，结果为逻辑值 TRUE（真）或 FALSE（假）。
◉ 文本连接运算符"&"：可连接一个或更多文本字符串以产生新文本串。
◉ 引用运算符：可以用于单元格区域合并计算。

表 4.2　运算符

文本运算符	含　义	示　例	比较运算符	含　义	示　例
+（加号）	加法运算	3+3	=（等号）	等于	A1=B1
－（减号）	减法运算	3–1	>（大于号）	大于	A1>B1
	负数	–1	<（小于号）	小于	A1<B1
*（星号）	乘法运算	3*3	>=（大于等于号）	大于或等于	A1>=B1
/（正斜线）	除法运算	3/3	<=（小于等于号）	小于或等于	A1<=B1
%（百分号）	百分比	20%	<>（不等号）	不相等	A1<>B1
^（插入符号）	乘幂运算	3^2			

文本运算符	含　义	示　例
&（和号）	将两个文本值连接后产生一个连续的文本值	"North"&"wind"

引用运算符	含　义	示　例
:（冒号）	区域运算符，产生对包括在两个引用之间的所有单元格的引用	B5:B15
,（逗号）	联合运算符，将多个引用合并为一个引用	SUM(B5:B15, D5:D15)
（空格）	交叉运算符产生对两个引用共有的单元格的引用	参见文本框的注解

了解了运算符之后，用户还需要了解运算符的优先级，以便准确地对数据进行计算。运算符的优先级表示运算符的先后次序，也是进行数据运算时的一种规则。公式是通过运算符的优先级来控制与处理计算顺序的，公式中的运算符运算优先级为："："（冒号）→ "%"（百分比）→ "^"（乘幂）→ "*、/"（除）→ "+"（加）→ "&"（连接符）→ "=、<、>、<=、>=、<>"（比较运算符），见表4.3。对于优先级相同的运算符，则从左到右进行计算。如果要修改计算须序，则应把公式中需要首先计算的部分括在圆括号内。

表 4.3 运算符的优先级

运算符	优先级	运算符	优先级
^	1	&	4
*	2	=	5
/	2	>	5
+	3	<	5
−	3	<>	5

在大多数情况下，空格运算符并没有什么用。但是如果引用的是多个不连续行和不连续列交叉构成的不连续区域，用空格运算符就方便得多了，而且也使公式更加易读。例如，对 A、C、D、F、H 列与 1、2、5、7、10 行交点处各单元格的求和的公式：

用空格运算符："=SUM((A:A,C:D,F:F,H:H) (1:2,5:5,7:7,10:10))"

不用空格运算符："=SUM(A1:A2,C1:D2,F1:F2,H1:H2,A5,C5:D5,F5,H5,A7,C7:D7,F7,H7. A10.C10:D10.F10.H10)"

4. 函数

函数是 Excel 系统中已定义好的具有特定功能的内置公式，包括财务、日期与时间、数学与三角、统计等函数。当用户使用 Excel 进行统计分析时，函数是经常需要使用的功能。通过使用函数，用户可以完成各种复杂的计算和分析。

由于 Excel 自带了大量的函数，而且每个函数具有不同的参数，为了准确地使用函数进行数据计算，需要进行插入函数的操作，即通过【插入函数】按钮选择用户需要的函数进行计算数据，具体操作步骤如下：

1）在 Book1 的工作表的 A1:A4 分别输入 2、4、6、8 四个整数，然后选定单元格 A6，在编辑栏中单击【插入函数（fx）】按钮，弹出"插入函数"对话框；选择"数学与三角函数"类别中的 PRODUCT 函数（见图 4-25）。

2）设置函数的参数。单击【确定】按钮，弹出"函数参数"对话框，将参数 Number1 设置为 A1:A4（见图 4-26）。

图 4-25 选择函数

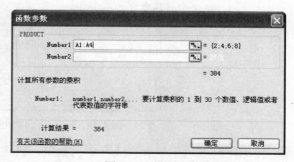

图 4-26 设置函数参数

3）单击【确定】按钮，完成插入函数的操作。选择单元格 A6，在编辑栏中将显示完整的函数 "=PRODUCT(A1:A5)"。

初学者通过使用插入函数可以很方便地进行函数运算。如果用户对函数比较熟悉，则可以通过直接输入函数名称的方法来进行函数计算。Excel 中提供了函数名称提示的功能，用户只需要输入函数名称的部分内容，Excel 就会自动显示系统中与这些名称匹配的工作表函数名称。例如，选择单元格 A1，在编辑栏中输入"=P"，Excel 就会自动显示所有以 P 开头的函数名称列表（见图 4-27）。当用户选择列表中的某一选项时，Excel 会显示该选项对应函数的主要功能和参数列表。

用户也可以使用 Ctrl+C 组合键复制函数，使用 Ctrl+V 组合键粘贴函数。注意，复制函数是相对引用，相对引用时函数会根据单元格的变化而自动更新。

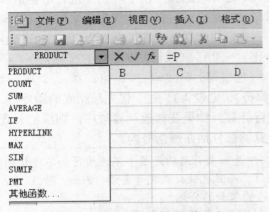

图 4-27　Excel 自动提示函数列表

4.2.4　Excel 图表

Excel 的强大功能之一是图表展示，用户可以利用图表直观地显示数据，从而便于用户观察及分析数据。Excel 2003 自带了 14 种图表，用户可根据不同的数据类型选择不同的图表类型，从而以更直观、有序的方式显示数据。本节将简要说明图表的基础知识，主要包括图表类型、创建图表和编辑图表等内容。

Excel 中提供了十几种图表类型，分别为柱形图、折线图、饼图、条形图、面积图、XY 散点图、股价图、曲面图、圆环图、气泡图及雷达图等（见图 4-28）。

图 4-28　Excel 的 14 种图表样式

- ⊙ 柱形图可展示工作表列或行中的数据，以比较数值大小、变化与比例。
- ⊙ 折线图可展示工作表列或行中的数据，用来反应数值与整体、数值自身的变化趋势。
- ⊙ 饼图可展示在工作表的一列或一行中的数据，用来显示数值局部变化情况。
- ⊙ 条形图可展示工作表列或行中的数据，用来显示数值的大小、变化与比例。

- 面积图可展示工作表列或行中的数据，用来单个数值所占百分比的变化情况。
- XY 散点图可展示工作表列或行中的数据，用来显示成对数值之间的规律、关系及波动趋势。
- 曲面图可展示工作表列或行中的数据，用来显示数据的变化范围和变化趋势。
- 圆环图可展示工作表列或行中的数据，用来显示单个数值与总数值的比例。
- 气泡图可展示工作表列中的数据，用来显示数值之间的变化趋势。
- 雷达图可展示工作表列或行中的数据，用来显示数据系列的差别与比较情况。

图表具有数据不能替代的直观性和形象性。通过图表可以发现很多仅通过数据不能发现的规律。下面用一个典型的例子介绍如何创建图表，具体操作步骤如下。

1）打开名为 Book1 的工作表，准备好必要的数据，然后选择数据区域中的任何一个单元格，并选择"插入"→"图表"→"饼图"→"分离型三维图"，如图 4-29 所示。

2）定义"数据区域"、"系列"数据的来源、图表标题等，制作完成的图表，即可以作为本工作表的数据内容，也可以形成新的工作表。在本工作表中显示所创建的"分离型三维图"图表（见图 4-30）。

图 4-29 选择图表类型

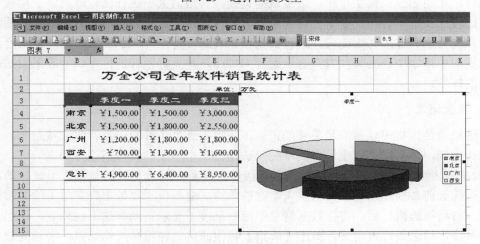

图 4-30 创建图表

3）用户实际创建图表的体验，绝大多数都是通过试验得到的。每种图表类型都有自己的特点，当某种图表类型不适合体现数据特点时，就需要改变图表类型。若要选择更多的图表类型进行试验，只需选择"插入"→"图表"→"对话框启动器"选项，即可打开"插入图表"对话框。

4）在实际创建图表的过程中，用户会发现图表的布局和样式直接影响图表的表现力。Excel 专门提供了设置图表布局和样式的选项。如果用户需要详细地更改图表布局，则需要使用"布局"选项卡中的各选项进行更改或设置。

4.2.5　排序筛选与分类汇总

数据管理的内容包括数据查询、排序、筛选、分类汇总等，管理操作的命令都在"数据"菜单中。另外，还有专门用于数据库计算的函数。

Excel 的数据管理采用数据库的方式。所谓数据库方式，是指工作表中数据的组织方式与二维表相似，即一个表由若干行若干列构成，表中第一行是每一列的标题，从第二行开始是具体的数据，这个表中的列相当于数据库中的字段，列标题相当于字段名称，每一行数据称为一条记录。例如，前面例子中的成绩记录表就可以看作是一个数据库。

1．排序

排序是指按指定的字段值重新调整记录的顺序，这个指定的字段称为排序关键字，排序时可以按从高到低的顺序，称为降序或递减，也可以按从低到高的顺序，称为升序或递增。

Excel 一次能实现三个字段排序，即主关键字、次关键字和第三关键字排序。排序方式有升序或降序。升序（递增）由小到大排列记录（行）的先后顺序，降序（递减）由大到小排列记录（行）的顺序。排序方法是：置活动单元格入数据区域内，执行"数据"菜单下的"排序"命令或者单击上的升序、降序排序按钮，进入"排序"对话框，设置排序关键字及排序方式，单击【确定】按钮即可。

排序时先根据主关键字排列记录先后顺序，主关键字下的数据已能区分记录先后，就不用次关键字和第三关键字；主关键字出现等值现象时，启用次关键字段数据排序；次关键字再等值时，才用第三关键字排序。数值数据直接按其数值大小进行比较；英语字母按 ASCII 码码值比较；汉字字符按汉字拼音首字母先后顺序比较，在先为小，在后为大；日期时间数据也按在先为小、在后为大比较；逻辑数据按 TRUE（真）大、FALSE（假）小比较。

数据清单排序中还必须注意是有标题行的排序还是无标题行的排序，一般采用的都是有标题行的排序。

2．筛选记录

筛选记录是指集中显示满足条件的记录，而将不满足条件的记录暂时隐藏起来，目的是减少查找范围，提高操作速度。最简单的筛选是按某个字段的具体值进行筛选。

Excel 数据筛选的方法有自动筛选和高级筛选两种。筛选是针对数据清单进行的，因此执行数据筛选前必须把活动单元格置入数据清单内。命令位于"数据"菜单下的"筛选"子菜单中。自动筛选执行后，将在数据清单中每个字段下显示自动筛选下拉列表，使用该下拉列表，再进行筛选条件自定义，单击【确定】按钮即可。使用高级筛选时，必须先建立高级筛选的筛选条件区，且条件区必须与数据区分隔开，否则不能进行高级筛选操作。

3．分类汇总

Excel 中执行数据分类汇总前必须先对分类字段进行排序，即排序是分类汇总的前提条件。分类汇总命令在"数据"菜单下，执行"分类汇总"命令后，将显示分类汇总设置对话框，主要包括：分类字段设置（分类字段必须是经排序的）、分类计算方式设置。

4.3　电子演示文稿

电子演示文稿也叫电子幻灯片，目前最为常用的制作工具之一是 Office PowerPoint 2003。作为电子文档，PowerPoint 与 Word 的差别如下。

① Word 是面向文字流的，所以图片和公式等内容作为对象嵌入；而 PowerPoint 以幻灯片为单位制作，实质上面向图片或文本框，所有文字嵌入在文本框中。各种 PowerPoint 的模板中都有用虚线描述的文本框，称为"占位符"，可以直接输入文字或多媒体信息，而文字的大小、字体都有一定的设置且可以重新编排。

② Word 是用来打印或印刷输出的，输出对象主要是纸张，面向个人阅读（教科书的标准字体为 5 号）；而 PowerPoint 的主要输出对象是投影仪，面向听演讲的受众（最小汉字字体一般建议为 28 磅）。

③ PowerPoint 有一般 Word 不具备的功能，如动画效果、自动演示、视频嵌入、背景音乐等。

制作演示文稿的过程是：确定方案→准备素材→初步制作→装饰处理→预演播放。其中，前两步要求作者确定演示文稿表现的主题和内容，并以此来决定表现的方式并收集必要的素材，这需要具体问题具体分析。后三步属于制作、修饰和播放处理的技巧。

启动 PowerPoint 后，打开如图 4-31 所示的工作窗口，除了包括标题栏、菜单栏、常用工具栏、格式工具栏、绘图工具栏等外，还包括幻灯片编辑窗口、大纲编辑窗口、版式窗格和视图切换按钮等。

幻灯片编辑窗口是用来进行幻灯片编辑的。大纲编辑窗口是用来编辑演示文稿的大纲。视图切换按钮可进行幻灯片的"普通视图"、"幻灯片浏览视图"、"幻灯片放映"等视图之间的切换。

"开始工作"窗格包含了打开和创建演示文稿的快捷方式，默认情况下显示的是"开始工作"任务窗格。在这个窗格中可以打开原有的演示文稿、新建空演示文稿、根据设计模板创建演示文稿等。单击"开始工作"任务窗格右上角的向下箭头，在下拉列表框中显示出十个不同的任务窗格（见图 4-32（a））。这些任务窗格包括："开始工作"、"搜索结果"、"剪贴画"、"信息检索"、"剪贴板"、"新建演示文稿"、"幻灯片版式"、"幻灯片设计"、"幻灯片设计-配色方案"、"幻灯片设计-动画方案"、"幻灯片设计-动画方案"、"自定义动画"、"幻灯片切换"等。单击任何一个，就可切换到相应的任务窗格中去。

例如，单击"幻灯片版式"，可以打开幻灯片的 4 类 30 余个不同风格的版式（见图 4-32（b））。其中，"文字版式"类负责处理封面、内容、文字分栏、文字竖排等文字内容；"内容版式"类使用不同的文本框安排各种图像信息；"文字和内容版式"可以将文字和图像信息混排；"其他版式"可以将文字信息、表格、图表及视频信息混排等。

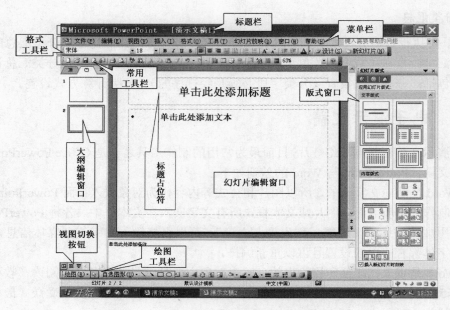

图 4-31 PowerPoint 的窗口的重要窗格和控件

单击"幻灯片设计",可以出现各种幻灯片设计的模板。不同的模板,将已经设置好的配色方案、文字格式、列标符号等预先进行了设计。对于初学者,选择与内容主体表现适应的设计模板是一个必要的学习过程,在此基础上可以修订模板,进而达到自行设计模板的境界。

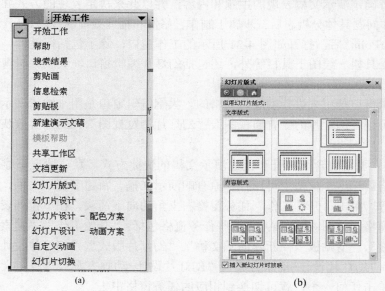

图 4-32 开始工作和版式窗格

4.3.1 PowerPoint 的视图模式

在演示文稿制作的不同阶段,PowerPoint 提供了不同的工作环境,称为视图。PowerPoint 给出了 4 种视图模式:普通视图、幻灯片浏览视图、幻灯片放映视图和备注页视图。在不同的视图中，可以使用相应的方式查看和操作演示文稿。

1. 普通视图和大纲视图

打开一个演示文稿，单击窗口左下角的视图切换按钮 中的【普通视图】按钮（注意观察光标尾部的按钮的注释），看到的就是普通视图窗口。普通视图又分为"大纲"和"幻灯片"两种视图模式。单击大纲编辑窗口上的"幻灯片"选项卡，进入普通视图的幻灯片模式（见图 4-33）。"幻灯片设计"是调整、修饰幻灯片的最好显示模式。在"幻灯片设计"窗口中显示的是幻灯片的缩略图，在每张图的前面有该幻灯片的序列号和动画播放按钮。单击缩略图，即可在右边的幻灯片编辑窗口中进行编辑修改，单击【播放】按钮，可以浏览幻灯片动画播放效果；还可拖曳缩略图，改变幻灯片的位置，调整幻灯片的播放次序。

在演示文稿窗口中，单击大纲编辑窗口上的"大纲"选项卡，进入普通视图的大纲模式。由于普通视图的大纲方式具有特殊的结构和大纲工具栏，因此在大纲视图模式中更便于文本的输入、编辑和重组。

在大纲视图模式中编辑演示文稿，需要显示大纲工具栏。可选择菜单"视图"→"工具栏"→"大纲"命令，显示大纲工具栏。利用大纲工具栏上的按钮，可以快速重组演示文稿，包括重新排列幻灯片次序、幻灯片标题和层次小标题的从属关系等。

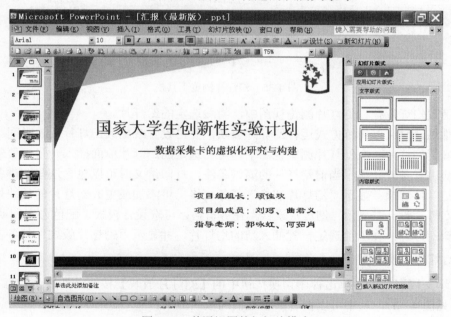

图 4-33　普通视图的幻灯片模式

2. 幻灯片浏览视图

在演示文稿窗口中，单击视图切换按钮中的【幻灯片浏览视图】按钮，可切换到幻灯片浏览视图窗口（见图 4-34）。在这种视图方式下，可以从整体上浏览所有幻灯片的效果，并可进行幻灯片的复制、移动、删除等操作。但此种视图中不能直接编辑和修改幻灯片的内容，如果要修改幻灯片的内容，则可双击某个幻灯片，切换到幻灯片编辑窗口后进行编辑。

当切换到幻灯片浏览视图时，幻灯片浏览工具栏将显示出来，或者选择菜单"视图"→"工具栏"→"幻灯片浏览"命令，显示幻灯片浏览工具栏（见图 4-35）。

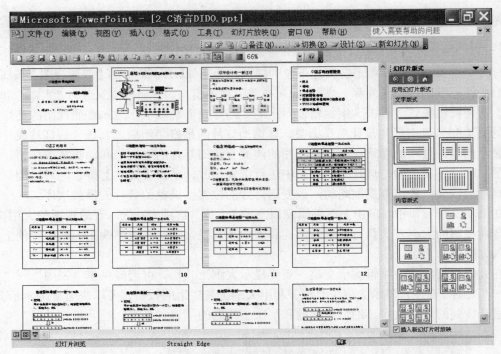

图 4-34　幻灯片浏览视图

图 4-35　幻灯片浏览工具栏

- ⊙ 隐藏幻灯片：在幻灯片浏览视图中，隐藏选定的幻灯片。
- ⊙ 排练计时：以排练方式运行幻灯片放映，并可设置或更改幻灯片放映时间。
- ⊙ 摘要幻灯片：在幻灯片浏览视图中，可在选定的幻灯片前面插入一张摘要幻灯片。
- ⊙ 演讲者备注：显示当前幻灯片的演讲备注，打印讲义时可以包含这些演讲备注。
- ⊙ 幻灯片切换：显示"幻灯片切换"任务窗格，可添加或更改幻灯片的放映效果。
- ⊙ 幻灯片设计：显示"幻灯片设计"任务窗格，可选设计模板、配色方案和动画方案。
- ⊙ 新幻灯片：在当前选定位置插入新的幻灯片，并显示"幻灯片版式"任务窗格。

3. 幻灯片放映视图

在演示文稿窗口中，单击视图切换按钮中的【幻灯片放映】按钮，切换到幻灯片放映视图窗口（见图 4-36），从中可以查看演示文稿的放映效果。

放映幻灯片时是全屏幕按顺序放映的，可以单击鼠标，一张张地放映幻灯片，也可自动放映（预先设置好放映方式）。放映完毕后，视图恢复到原来状态。

4. 备注页视图

在演示文稿窗口中，单击视图切换按钮中的【备注页视图】按钮，切换到备注页视图窗口（见图 4-37）。备注页视图是系统提供用来编辑备注页的，备注页分为两部分：上半部分是幻灯片的缩小图像，下半部分是文本预留区。可以一边观看幻灯片的缩略影像，一边在文本预留区中输入幻灯片的备注内容。备注页的备注部分可以有自己的方案，它与演示文稿的配色方案彼此独立。打印演示文稿时，可以选择只打印备注页。

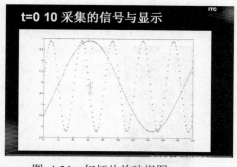

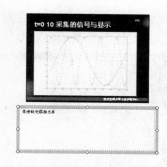

图 4-36　幻灯片放映视图　　　　　　　　图 4-37　幻灯片备注视图

4.3.2　使用内容提示向导创建演示文稿

对于各种机构的例行工作，PowerPoint 中设计了一批包含内容、提纲的幻灯片样本（包括常规、企业、项目、销售/市场、成功指南、出版物等类型），这对于初涉职场的人员会有帮助。使用内容提示向导创建演示文稿，可以在"内容提示向导"对话框中跟随向导完成操作，具体步骤如下：

1）在"文件"→"新建"选项的"新建演示文稿"任务窗格的下拉菜单中选择"根据内容提示向导"命令，出现如图 4-38 所示的"内容提示向导（1）"对话框。

2）单击【下一步】按钮，出现"演示文稿类型"对话框（见图 4-39）。PowerPoint 提供了 7 种类型演示文稿，单击左边的类型按钮，右边的列表框中就出现了该类型包含的所有文稿模板。此处选择"学期报告"模板。

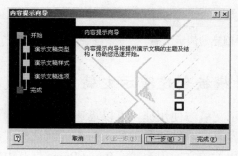

图 4-38　"内容提示向导"之一　　　　　　图 4-39　"内容提示向导"之二

3）单击【下一步】按钮，进入"输出类型"对话框（见图 4-40），从中选择演示文稿的输出类型，即演示文稿将用于什么用途。可以根据不同的要求选择合适的演示文稿格式，此处选择"屏幕演示文稿"单选框。

4）单击【下一步】按钮，进入"演示文稿标题"对话框（见图 4-41），从中可以设置演示文稿的标题，还可以设置在每张幻灯片中都希望出现的信息，将其加入到页脚位置。设置完成后，创建出符合要求的演示文稿。

5）使用"内容提示向导"创建的演示文稿如图 4-42 所示。演示文稿是以大纲视图方式显示，该视图的内容是演示文稿的一个框架，可在这个框架中补充或编辑演示文稿的内容。

6）完成演示文稿的制作，将其以指定的文件名存盘后，再参考"内容提示向导"预先设置的篇章，内容提示和用户自己展示需求对幻灯片的内容进行修改和定制。对于"内容提示向导"创建的演示文稿，用户会对其选择的模板、设置的字体等不够满意，用户可以通过应用"幻灯片设计"等菜单，对向导创建的文档进行进一步改造和细节的润色。

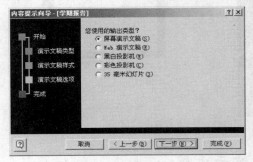
图 4-40　"内容提示向导"之三

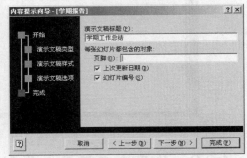
图 4-41　"内容提示向导"之四

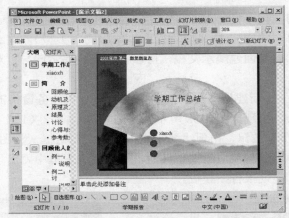
图 4-42　使用向导创建的演示文稿

图 4-43　使用设计模板

4.3.3　使用设计模板创建演示文稿

　　使用设计模板创建演示文稿方便快捷，可以迅速建立具有专业水平的演示文稿。模板的内容很广，包括各种插入对象的默认格式、幻灯片的配色方案、与主题相关的文字内容等。PowerPoint 带有内置模板，存放在 Microsoft Office 目录下的一个专门存放演示文稿模板的子目录 Templates 中，模板以*.pot 为扩展名。如果 PowerPoint 提供的模板不能满足要求，也可自己设计模板格式，保存为模板文件。利用模板建立演示文稿的步骤如下：

　　1）在"新建演示文稿"任务窗格中单击"根据设计模板"选项，弹出如图 4-43 所示的对话框，其中"应用设计模板"标签中包含的都是模板文件。

　　2）PowerPoint 提供了几十种模板，在"应用设计模板"标签中选择一个版式后，该模板就被应用到新的演示文稿中，新建只有一张幻灯片的演示文稿。幻灯片视图显示的是该模板的第一张幻灯片，默认的文字版式是"标题幻灯片"。

3）在幻灯片中输入所需的文字，完成对这张幻灯片的各种编辑或修改后，可以选择菜单"插入"→"新幻灯片"命令，创建第二张幻灯片，并在任务窗格中选择其他文字版式。

4）这些模板只是预设了格式和配色方案，用户可以根据自己的演示主题的需要，输入文本，插入各种图形、图片、多媒体对象等。使用设计模板创建演示文稿有很大的灵活性，建议使用这种方式创建合适自己要求的演示文稿。

4.3.4 幻灯片中文字的输入

确定了幻灯片版式后，就可在由版式确定的占位符中输入文字。单击占位符，在相应的占位符中输入文本文字，并设置格式和对齐方式等。

幻灯片主体文本中的段落是有层次的，PowerPoint 的每个段落可以有五层，每层有不同的项目符号，字型大小也不相同，这样使得层次感很强（见图 4-44）。

幻灯片主体文本段落层次的上升或下降可以用以下两种方法来实现：① 单击格式工具栏中的【编号】或【项目符号】按钮，再选择【减少缩进量】/【增加缩进量】按钮；② 单击大纲工具栏中的【升级】/【降级】按钮，实现层次的调节。

如果想在幻灯片没有占位符的位置输入文本，可以使用插入文本框的方式来实现。在绘图工具栏上选择横排或竖排的文本框按钮，在幻灯片的指定位置上拖动鼠标，画出一个文本框，然后在文本框中输入所需的文字。若要设置文本框的格式，可单击右键，在弹出的快捷菜单中选择"设置文本框格式"命令，在打开的"设置文本框格式"对话框中设置文本框的属性。

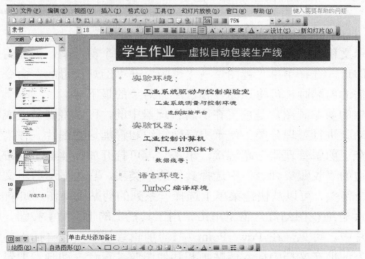

图 4-44 幻灯片分级标题

4.3.5 幻灯片中图片的插入

在 PowerPoint 幻灯片中插入图片的方式有多种，可以插入剪贴画、图片文件，可以从剪贴板中粘贴图片，还可以直接从扫描仪读取扫描的文件等。

PowerPoint 处理的图片有两种基本类型：位图和图元。这两种类型的图片可以采用多种文件格式。位图有扩展名为 .bmp、.gif、.jpg 等的图像。图元文件则是扩展名为 .wmf 的图片。

1. 插入剪贴画

常用的是利用幻灯片版式建立带有剪贴画的幻灯片。先在演示文稿当前幻灯片位置后插入一张新的幻灯片，同时"幻灯片版式"任务窗格显示出来，从幻灯片版式任务窗格中选择含有剪贴画占位符的任何版式应用到新幻灯片中；然后根据提示单击或双击剪贴画预留区，弹出"选择图片"对话框（见图4-45），双击要选择的剪贴画，它就插入到剪贴画预留区中。

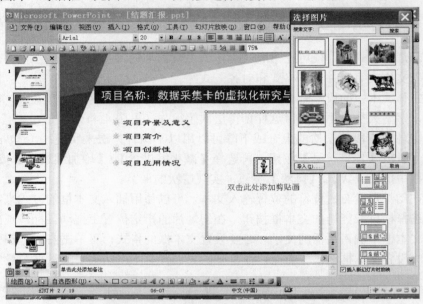

图 4-45　在幻灯片版式中插入剪贴画

如果要在演示文稿中的每个幻灯片背景上都增加同一个剪贴画，则在幻灯片母版的背景上增加该剪贴画即可。选择菜单"视图"→"母版"→"幻灯片母版"命令，在幻灯片母版的背景上加入所需的剪贴画，可将该图片置于所有对象的最下层。

Office 2003中的剪贴画图片是放置在剪辑管理器中的，可以将硬盘上或者指定文件夹中的图片、声音和动画进行整理分类，便于更好地组织和管理这些图片。在"插入剪贴画"任务窗格底端有一个"剪辑管理器"超链接，单击它，可打开如图4-46所示的"剪辑管理器"窗口。在窗口左边的"收藏集列表"中选择具体的分类项，右边显示剪辑文件的缩略图；单击缩略图右边的下箭头，可以从快捷菜单上选择一系列的剪贴画操作。如单击"复制"命令，然后在PowerPoint普通视图幻灯片窗格单击常用工具栏上的【粘贴】按钮，就把相应的剪贴画插入到了幻灯片中。可见，在PowerPoint中，"剪辑管理器"与"插入剪贴画"任务窗格配合使用，可以方便地在文档中插入剪贴画和其他图像、声音、动画等剪辑文件。

2. 插入外部图片文件

在幻灯片中，除了可以插入剪贴画外，也可以在幻灯片中添加自己的图片文件，这些文件可以是在软盘、硬盘或来自网络上的图片文件。

选择要插入图片的幻灯片，再选择菜单"插入"→"图片"→"来自文件"命令，弹出"插入图片"对话框；在"查找范围"下拉列表框中选定图片文件所在的文件夹，找到需要插入的图片，单击选中它，单击【插入】按钮。

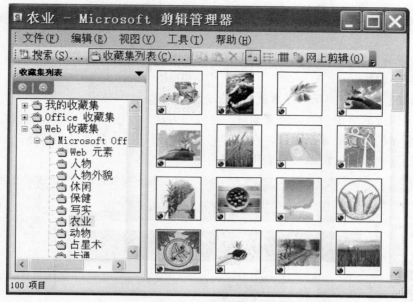

图 4-46　Microsoft 剪辑管理器

3．幻灯片中表格和图表的插入

幻灯片中，表格的插入方法有两种。一是在插入新幻灯片后，在幻灯片版式中选择含有表格占位符的版式，应用到新的幻灯片，然后单击幻灯片中表格占位符标识，就可以制作表格。二是直接在已有的幻灯片中加入表格，可以利用常用工具栏上的【插入表格】按钮，快速建立一个表格。

在幻灯片中，插入图表的方法与插入表格类似，不再赘述。

4.3.6　幻灯片中动画设置

成功的演示应强调重要部分、控制信息流，并使观众保持对自己演示文稿的兴趣。用户可以借助于文本和对象的基本动画效果来实现这些目标。PowerPoint 2003 中的"自定义动画"功能则可以实现更为生动、精致的动画效果。

"自定义动画"任务窗格可以快速查看有关幻灯片上动画效果的重要信息，包括动画效果的类型、动画之间的顺序以及动画项目的标题。图 4-47 说明了"自定义动画"任务窗格中的各个图标的作用。

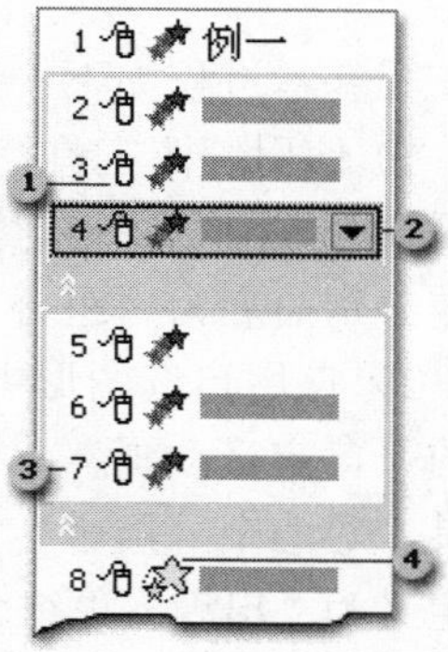

① 图标：表示幻灯片上动画事件相对于其他事件的计时。选项包括：

◉ 从单击开始（此处显示鼠标图标）：在幻灯片上单击鼠标将开始动画事件。

◉ 从上一项开始（时钟图标）：动画序列与列表中的上一项同时开始（即单击一次将执行两个动画效果）。

图 4-47　自定义动画窗格

◉ 上一项完成后开始（没有图标）：列表中的上一项播放完毕后，立即开始播放动画序列（即不需另外单击即可开始下一序列）。

② 列表项目的下拉菜单。请选择一个列表项目以查看菜单图标，然后单击图标以展开菜单。

③ 编号表示动画的播放顺序，对应于普通视图中与动画项目相关的标签，并显示"自定义动画"任务窗格。

④ 表示动画类型的图标；在本例中，显示的是"强调"效果

这里用案例来简略说明"自定义动画"的应用方法。在图 4-48 中，作者试图描述数据在网络协议体系结构中物理通信过程，在制作好基本图形之后，需要使用线条动画的形式，逐步将数据通过各个设备的流动过程表现出来。

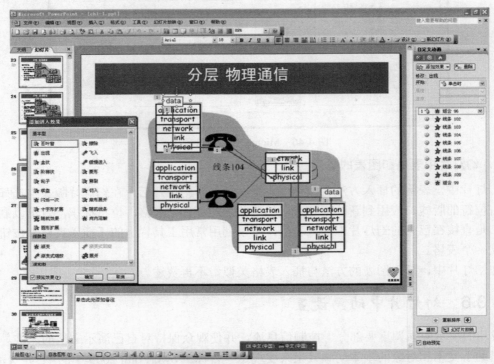

图 4-48　网络协议体系结构中物理通信过程的动画展示设计界面

其基本过程如下：

1）使用绘图工具栏中的自选图形中的矩形图元，调整大小；用文本框输入"data"字样；然后组合成一个图形对象，并复制成两个，放置到合适位置（以后在右侧的"自定义动画"上被分别命名为"组合 96"、"组合 99"）。

2）使用自选图形中的带有箭头指向的线型工具，依次绘制出 9 条有向线条（以后在右侧的"自定义动画"上被分别命名为"线条 102"～"线条 109"）。然后调用"自定义动画"工具，对两个"组合"对象和 9 条有向线条进行"添加效果"。其中两个"组合"对象的效果定义为"出现"，"组合 96"的"开始"定义为"单击时"；大部分线条的效果被定义为"伸展"，并根据各自的位置定义开始位置。例如，线条 102 的开始定义为"自顶部"，惟有"线条 104"因为是斜线，效果定义为"阶梯状"。所有线条和"组合 99"的"开始"被定为"之后"，"速度"定义为"非常快"。这样，在此幻灯片标题、底图出现后，展示者只要单击鼠标，整个数据流动过程的演示就可以自动进行。

本 章 小 结

文档处理是信息时代所有专业人士的必修课。而良好的文档处理技能不仅可以提高工作效率，也可以提升个人的思维和表达的能力。学习文档处理需要理解文档处理软件的设计理念，这样，即使没有使用过的功能，通过掌握基础理论的学习，可以自行探索。在本章介绍的文档处理中，可以把文档处理归结为文字处理、计算处理和图形处理三大类。而所有文档处理软件实际上都包括了这三方面的内容，只是侧重点不同。由此可知，随着应用的深入，读者可以比较不同文档处理软件的特点，在兼顾效率的基础上，最大限度地发挥软件的作用和特点，真正做出具有专业水平的文档。

习 题 4

4.1　Word 中有哪些基本操作单元？如何对其分别进行操作？

4.2　Excel 中有哪些基本操作单元？如何对其分别进行操作？

4.3　Excel 单元格中的数据格式如何选定（如身份证号、学号、日期、学分、成绩等）？

4.4　Word 中提到的公式与 Excel 中的有何差异？

4.5　Word 中的表格与 Excel 中的有何差别？

4.6　Excel 中的图表有哪些类型？各自适用哪些场合或表达哪些类别的数据？

4.7　Excel 中的图表是否可以在 Word 的表格中应用？

4.8　请使用 Word 和其中的图元绘图工具制作一个学习和培训计划，包括学前的入门条件、学习目标、学习计划和过程、毕业水平等。

4.9　请使用搜索引擎搜索与专业有关的学习培训规划、网络专业文献（.htm 或.pdf）格式，整理成 Word 文档，针对读者的个人情况进行改造，并归纳出理过程和要点（包括检索方法、内容的整理、文档的设计布局）。

4.10　根据专业方向，在网络上检索电子表格文档，进行 Excel 的公式、计算和函数实验。

4.11　请使用课程网站上下载的数据，进行 Excel 的排序、筛选、和分类汇总实验。

4.12　OCR 的文字处理有哪些特别的地方需要关注？

4.13　引用来自网页的内容，需要关注哪些问题？

4.14　PDF 文件有何特点？如何使用？

4.15　如何把某个 Word 文件（包含图片等）保存成为.PDF 格式，并对文件大小进行比较？

4.16　演示文稿的创建与 Word 的差别主要在哪？如何用好这种差异？

4.17　在演示文稿中，哪些插入对象可与 Word 或 Excel 共享？哪些不可以？

4.18　演示文稿如何在 Web 上发布？需要注意哪些问题？

4.19　文档中的图片会占据很大的存储空间，可能会影响到在网络上的传输速率或电子邮件的附件限制，如何才能减小文档中图片占据的空间？

4.20　在文档中使用图元绘图与使用一般简单绘图工具（如画笔）绘图有何不同？

4.21　为了避免文字输入上的重复，可以将已经撰写完成的 Word 文档中的标题文字直接输入到 PowerPoint 中，请实验这个过程。反之，PowerPoint 如何输出到 Word 文档？

4.22　PowerPoint 文档的内容可以在打印机上输出，但作为打印文档和演示文档的受众和目的不同，如何才能节约纸张？在一页纸上打印多个幻灯片？

第 5 章 网络应用基础

计算机网络的重要性对于现代社会来说，是毫无疑问的。问题在于，学习计算机网络应该从哪里开始，首先解决哪些问题，哪些理论知识具有最为普遍的意义。本章就这些问题进行探讨。

5.1 因特网概述

2000 年前后，因特网已经逐步深入到中国教育、科研以及社会生活的方方面面。从 20 世纪 80 年代发展起来的各种计算机网络技术也逐渐被因特网技术统一或取代。作为因特网的专业性用户，需要对因特网的基本组成、服务模式和通信模式进行了解和研究，以便更为清醒和主动地利用因特网为企事业单位带来更大的竞争优势，为企业的战略目标和长期发展服务。

5.1.1 发展历史

20 世纪 60 年代初，美国为了保证本土防卫和海外防御力量在受到前苏联第一次核打击以后仍然具有一定的生存和反击能力，认为有必要设计出一种分散的网络化指挥系统，它由一个个分布式的指挥机构组成，当部分指挥机构被摧毁后，其他部分仍能正常工作，并且这些幸存的指挥机构之间通信能够绕过那些已被摧毁的指挥机构而继续保持。为了对这一构思进行验证，1969 年，美国国防部高级研究规划局（DoD/DARPA）资助建立了 ARPANET 网络发展计划。这个网络采用分组交换技术，通过专门的通信交换机与专门的通信线路相互连接。最早 ARPANET 只连接了 4 台主机，分别位于加利福尼亚大学洛杉矶分校、加利福尼亚大学圣芭芭拉分校、斯坦福大学和犹它州州立大学，这就是因特网最早的雏形。

1972 年，ARPANET 上的主机已经达到 40 余个，这些主机彼此之间可以发送 E-mail、进行文件传输（即现在的 FTP），还可以把一台主机模拟成另一台远程主机的终端，从而使用远程主机上资源，这种方法被称为 Telnet。由此可看到 E-mail、FTP 和 Telnet 是因特网上较早出现的应用，它们今天仍然是因特网上最主要的应用程序。

1974 年，IP（Internet Protocol，网际协议）和 TCP（Transmission Control Protocol，传输控制协议）问世，合称 TCP/IP。这两个协议定义了一种在计算机网络间传送报文（命令或文件）的方法。随后，美国国防部决定向全世界无条件地免费提供 TCP/IP，即向全世界公布解决计算机网络之间通信的核心技术。TCP/IP 协议的核心技术的公开促进了因特网的大发展。

1980 年，世界上既有使用 TCP/IP 的 ARPANET，也有很多使用其他通信协议的各种网络。为了将这些网络连接起来，美国科学家 Vinton Cerf 提出一个建议：在每个网络内部各自使用自己的通信协议，在与其他网络通信时使用 TCP/IP。这个设想最终导致了因特网的诞生，并确立了 TCP/IP 在网络互连方面的地位。

因特网在 20 世纪 80 年代的发展不仅带来量的改变，同时带来了某些质的变化。由于多种学术团体、企业研究机构，甚至个人用户的进入，因特网的使用者不再限于纯计算机专业人员。新的使用者发觉计算机相互间的通信对他们来讲更有吸引力，于是他们逐步把因特网当作一种交流和通信的工具，而不仅仅只是共享网络上巨型计算机的运算能力。

1993 年是因特网发展过程中非常重要的一年，WWW（万维网）和浏览器的应用使因特网上有了一个全新的应用平台：人们在因特网上所看到的内容不仅只是文字，而且有了图片、声音和动画甚至电影。因特网演变成了一个文字、图像、声音、动画、影片等多种媒体交相辉映的新世界，更以前所未有的速度席卷了全世界。

5.1.2　因特网的基本组成

因特网是由成千上万的不同类型、不同规模的计算机网络和成千上万个一同工作、共享信息的计算设备组成的世界范围的巨大的计算机网络，其结构如图 5-1 所示。

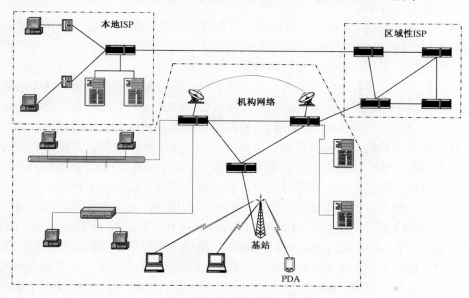

图 5-1　因特网构成示意图

组成因特网的计算机网络包括局域网、城域网以及大规模的广域网；计算设备中除传统的计算机（如 PC、工作站、小型机、中大型机或巨型机）外，许多新颖的电子智能设备（如商务通、Web TV、移动电话、智能家电）也开始接入因特网。根据因特网术语，这些设备可统称为主机（host）、端系统（end system）或端接设备（end device）。这些设备构成了因特网的资源子网。在绝大部分网络通信中需要涉及通信的双方，一般称数据的发送方为信源，称数据的接收方为信宿。

这些成千上万的网络和计算设备通过通信链路（link），如电话线、高速专用线、卫星、微波和光缆，连接在一起，在全球范围构成了一个四通八达的"万网之网（network of networks）"。通信链路由不同的物理介质构成，不同的链路以不同的速率传输数据。链路的传输速率通常用带宽（bandwidth）来描述，以每秒钟传输的位数（bit per second，bps 或 b/s）作为计量单位。

根据因特网的巨大规模，可以得出一个简单的结论：试图把所有的设备用通信链路进行直接连接是不可能的，必须像电话传输系统一样，通过交换设备将所有的端接设备接入网络。

在因特网中，这种交换设备称为路由器（router）。路由器按照网际协议（IP）所规定的方法和规则，将信源系统中的信息以接力的方式，通过一系列通信链路和路由器传送给信宿。

因特网的通信方式与打电话有很大差别，它并不为通信的两端系统间提供一条专门的路径，而是使用一种称为分组交换（packet switching）的技术，以允许需要通信的多个端系统同时共享一条链路或部分路径。通信链路和路由器构成了因特网的核心，根据计算机网络的术语定义，就是因特网的通信子网。在计算机网络中，通信链路和路由器等通信设备构成了通信子网。

类似人类社会中，人们的沟通需要基本的礼仪和习俗一样，计算机网络也需要一套基本的通信规则。在因特网中，无论是是端系统还是路由器，都必须在通信协议的协调下工作。而传输控制协议（TCP）和网际协议（IP）则是因特网中最为重要的两个协议，整个因特网协议家族的简称为 TCP/IP。

因特网是一个"万网之网"，也就是说，它是许多各不相属网络的一个互连体。除了接入因特网的任何网络必须运行 IP，并遵循特定的命名与寻址规范等约束外，网络管理员可以按自己的选择配置并运行其管辖范围内的网络。

因特网的拓扑，即其各组成部分的互连形态，是一种松散的层次结构。这个层级结构底层先通过接入网络（access network）把用户端接设备连接到本地因特网服务提供商（Internet Service Provider，ISP）的端接路由器。接入网络既可以是机构或院校的局域网，也可以是带调制解调器的拨号电话线，还可以是基于电缆或电话的宽带接入网络。本地 ISP 进而连接到区域性 ISP，区域性 ISP 则连接到国家级或国际级 ISP（也叫骨干网）。国家级和国际级 ISP 在该层次结构的顶层互连。在此框架结构下，新的网络和分支还可以不断加入。

从技术和开发角度看，如果没有各个因特网标准的建立、测试和实现，就没有因特网本身。这些标准由因特网工程任务组（Internet Engineering Task Force，IETF）开发。IETF 标准的文档称为 RFC（Request For Comment）。RFC 起源于为解决因特网前身所面临的体系结构问题而发起的一般性评注请求（其名字也由此得来）。尽管从正式意义上它并不是标准，RFC 还是演变为作为标准来引用。RFC 往往技术性很强且非常详尽，如 TCP、IP、HTTP（用于Web）以及 SMTP（用于电子邮件）就是由它定义的。现有的 RFC 已有 5800 多个。

5.1.3 体系结构

1974 年，计算机科学家，Cerf 和 Kahn 发表了他们对开放网络体系结构（open network architecture）设计的四项原则：

⊙ 最小化的自治（Minimalism autonomy）：每个网络须能自行运作，在进行网间互连操作时无须改变其内部结构。

⊙ 尽力而为的服务（Best-effort service）：互连的网络将提供尽力而为和端到端的服务。如果要求可靠的通信，它将通过重传丢失的数据来保证。

⊙ 无状态路由器（Stateless router）：互连的网络中的路由器将不保存任何已经通过的数据信息。

⊙ 非集中化的控制（Decentralized control）：在互连的网络中不存在全局性的控制。

这四项原则仍然是当今因特网的基础，充分证明了这两位科学家的远见和洞察力。而当今因特网的基本骨干则是 TCP/IP。

TCP/IP 协议族是因特网的核心，利用 TCP/IP 可以很方便地实现多个网络的无缝连接，通常所谓"某台机器在因特网上"，就是指该主机具有一个因特网地址（也叫 IP 地址），运行 TCP/IP 协议，并可向因特网上所有其他主机发送 IP 数据报。

因特网协议栈共有 5 层，分别为：物理层、链路层、网络层、传输层、应用层。我们给这 5 层中使用的 PDU 特定的名称：比特流、帧、数据报或分组、段和报文。图 5-2 中给出了因特网协议栈和相应的 PDU 名称。

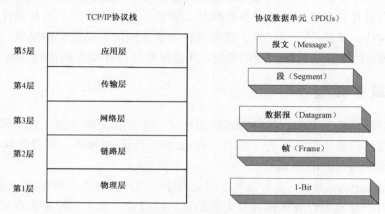

图 5-2   因特网协议栈和协议数据单元

每个协议层既可以用软件实现，也可以用硬件实现，还可以组合使用硬件和软件来实现。一般应用层协议（如 HTTP 和 SMTP）几乎总是在端系统中用软件实现。传输层协议也是如此。而物理层和链路层需要负责处理特定链路上的通信，一般就在与给定链路相关的网络接口卡上用硬件实现（如以太网接口卡或 ATM 接口卡）。网络层往往由硬件和软件组合实现。

① 应用层：包含了所有的高层协议，常见的如文件传输协议 FTP、虚拟终端协议 Telnet、电子邮件协议 SMTP、域名系统 DNS、网络管理协议 SNMP、访问万维网站点的 HTTP 等。通过学习可以看到，创建一个新的应用层协议并不困难。

② 传输层：负责为信源和信宿提供应用程序进程间的数据传输服务。这一层主要定义了两个传输协议：TCP 和 UDP（用户数据报协议 User Datagram Protocol）。TCP 为其应用程序提供面向连接的服务，该服务包括把应用层报文往信宿有保证地进行递送以及流量控制。TCP 还把过长的数据块分割成较小的段，并提供拥塞控制机制，这样当网络处于拥塞状态时，信源会抑制其发送速率。UDP 给其应用程序提供无连接的服务，是一种极为简约的传输服务方式。

③ 网络层：负责将数据报独立地从信源传送到信宿。这一层主要解决路由选择、拥塞控制和网络互连等问题。因特网的网络层有两个主要的功能部件。一个是用来对 IP 数据报中的字段域进行定义的协议，端系统和路由器都必须遵循它进行工作。这就是著名的 IP 协议，IP 协议只有一个。另一个是用来确定数据报在信源和信宿之间传送路径的路由协议。因特网有很多路由协议。网络层是 TCP/IP 体系结构的核心。

④ 链路层：负责将 IP 数据报封装成适合在物理网络上传输的帧格式并传输，或将从物理网络接收到的帧解封，取出 IP 数据报交给网络层。因特网链路层的例子包括以太网和拨号访问协议，也包括其他为因特网提供链路服务的协议，如 ATM（Asynchronous Transfer Mode，

异步传输模式）技术。注意，同一个数据报在传输过程中既有可能封装在以太网帧，又转而封装到 PPP（Point to Point Protocol，点对点协议）帧中，这取决于其所途经的链路。这个过程类似于特快专递的传输，想想一封特快件发到收信人手中，会有多少种交通工具参与呢？

⑤ 物理层：当链路层将一个数据帧在不同的网络设备间传输时，物理层的任务则是将比特流在节点间传送。该层的协议既与链路有关，也与传输介质有关。例如，同样是以太网，无屏蔽双绞线（UTP）的传送方式与同轴电缆的传输方式可能不同。

由于网络自身存在各种因素（计算机软件、硬件、通信设备等）的复杂性，网络体系结构的一个重要的特点就是它的层次性，使得各种因素之间的关联性变得简单，各个层面的技术可以独立发展，而不影响其他层面的稳定，其前提是保持各层面的接口清晰、简单和稳定。

5.1.4 服务模型

因特网中的端系统上普遍运行分布式应用程序，并彼此交换数据。这些应用包括远程登录（Telnet）、文件传输（FTP）、电子邮件（E-mail）、音频/视频流、实时音频/视频会议、分布式游戏、万维网浏览，IP 电话等。

C/S（Client/Server，客户-服务器）模型是网络应用和服务的一种形式。通常，采用 C/S 结构的系统，由一台或多台服务器以及大量的客户机组成。服务器配备大容量存储器并安装服务器软件和数据库系统，用于数据的存放和检索；客户机安装专用的软件，负责数据的输入、运算和输出。

客户机和服务器都是独立的计算机。当一台接入网络的计算机向其他计算机提供各种网络服务（如数据、文件的共享等）时，它就被当作服务器，而那些用于访问服务器资料的计算机则被称为客户机。严格说来，C/S 模型并不是从物理分布的角度来定义，它所体现的是一种网络数据访问的实现方式。目前，采用这种结构的系统在因特网上应用非常广泛。例如，Google Earth 就是一款典型的 C/S 形式的网络应用程序。

B/S（Browser/Server，浏览器和服务器）结构是随着因特网技术的兴起，迅猛发展的 C/S 结构的一种特例。在这种结构下，用户工作界面通过万维网浏览器来实现，极少部分事务逻辑在前端（browser）实现，但是主要事务逻辑在服务器端（Server）实现，形成所谓三层结构（有一个层面为数据库服务）。这样就大大简化了客户端计算机的负荷，减轻了系统维护、升级的成本和工作量，降低了用户的总体成本（TCO）。以目前的技术看，局域网建立 Bps 结构的网络应用，并通过因特网/内联网模式下的数据库应用，相对易于把握、成本也是较低的。B/S 模型是一次性到位的开发，能实现不同的人员，从不同的地点，以不同的接入方式（如 LAN、WAN 等）访问和操作共同的数据库；能有效地保护数据平台和管理访问权限，服务器数据库也很安全。本书第 7 章和第 8 章有此类结构的应用案例。

P2P（Peer To Peer，对等网络）模型是网络应用和服务的另一种形式，又称为对等网技术。在理想情况下，P2P 技术在各节点之间直接进行资源和服务的共享，而不像 C/S 模型那样需要服务器的介入。在 P2P 网络中，每个节点都是对等的，同时充当服务器和客户机的角色。当需要其他节点的资源时，两个节点直接创建连接，本地节点是客户端；而为其他节点提供资源时，本机又成为了服务器。从某种意义上讲，P2P 更好地体现了因特网的本质，使因特网的存储模型将由现在的"内容位于中心"模型改变为"内容位于边缘"模型。

5.1.5 通信模式

早期网络支持的应用大部分面向文件访问，如 FTP 或文件共享服务，尽管两者在应用上有很多细节不同，如是通过网络传送整个文件还是在给定的时间只读出或写入文件的某一部分。这种远程文件访问通信可用一对进程来表示：第一个进程（在本地主机上）请求读/写文件，第二个进程（在远程主机上）响应这个请求。在此过程中，请求访问文件的进程称为客户端（client），支持访问文件的进程称为服务器（server）。读文件时，客户端给服务器发出较小的请求报文，而服务器用较大的报文响应，其中包含文件中的数据。写操作则相反，客户端给服务器发一个大报文，其中包含将被写入的数据，而服务器用一个小报文响应，确认数据已经写到磁盘上。Telnet 作为因特网上的早期就出现的应用服务，也具有类似的行为特性，客户端进程提出请求（发出命令），服务器进程通过返回所执行命令的结果作为响应。

由于因特网自身设计的局限，目前在网络上的多媒体应用较为有限。但是音频和视频的流式播放作为因特网的一项应用正在兴起。尽管用户可以把整个视频文件下载，如同显示网页的过程一样，但必须等到视频文件传送完成最后一刻才能开始观看。而以报文流的方式播放视频意味着信源将创建一个视频流，以报文的形式在因特网上连续发送，而信宿在收到后立将其显示出来。视频点播（VoD）是视频应用的一个例子，这种方式先从服务器硬盘上读取一个视频片断，然后把它传送到网络上去。另一种应用是 IP 电话，因为它有很严格的时间约束，参与者之间的交互必须是实时的。太长的延迟会造成系统无法正常使用。

这样，可以抽象出两种通信模式：请求/应答（request/reply）模式和报文流（message stream）模式。请求/应答模式可用于面向文件传输的应用，保证由一方发送的每条报文都被另一方接收，并且每个报文只传送一份拷贝。请求/应答模式还可以保证数据传输的保密和完整性，未经授权不能读或修改客户端与服务器进程之间交换的数据。

报文流模式可用于视频点播和视频会议应用，可以设置参数支持单向和双向传输，并且支持不同的延迟特性。报文流模式一般不需要保证所有的报文都能送达，因为即使个别画面没有被接收到，视频应用仍可以运行。然而，它需要保证传送的报文必须按发送的顺序到达，这是为了避免播放画面的时打乱顺序。

5.1.6 内联网、外联网和虚拟专网

因特网不仅是一个庞大的互连网络，而且实质上也包含了更多的东西。因特网被定义为不只是在世界范围内彼此互相连接的计算机，也包括了它所提供的服务和特性。此外，因特网还定义了一种特定的做事方法，在员工与公司之间共享信息和资源。随着 20 世纪 90 年代因特网应用的急剧膨胀，许多人认识到用于因特网上的技术和工艺，如果也能应用于内部公司网络将会非常有效。术语"内联网"（intranet）就是表示功能像专用因特网的内部网络。它来源于前缀"intra"（在内），意思是内部。当然，再进一步扩展问题的范围，如果将内联网扩展为允许接入它的人或者组织不严格地来自本组织内部，还包括了总公司外部的人或者组织机构，有时被称为外联网（extranet）。当然，"extra（外部）"是一个前缀，意思是在外面或者在远处。所以，外联网是一种内部的、专用的互连网络，但不是完全是内部的。一个外联网一个扩展的内联网，才是一种真正的互连网络，像因特网一样工作。一个外联网不是公共的，不对所有人开放，即它会被一个专门的组织所控制。

对于很多需要向各地扩展的机构来说，虚拟专用网（Virtual Private Network，VPN）的使用很重要。VPN 是一种专用网络，它将因特网这样的公共网络作为传输媒介，以传递数据并连接远程站点和用户，在公司内部网络到远程用户之间建立虚拟连接，而不需要租用专门线路。安全性是企业安装 VPN 的主要理由，其他理由包括可以扩展网络的性能和地理界限，同时又能削减费用。因为 VPN 通常可以覆盖较长的距离，所以它见于广域网应用。

一个典型的 VPN 在公司的总部可能有一个主局域网，在远程分支机构或工厂也有一些局域网。另外，商业伙伴和远程办公人员或野外作业者也建有局域网。为了避免敏感数据和通信遭受外界损害，VPN 利用了它所依托的实体网络所提供的多种安全机制，如防火墙、加密系统、认证、授权和审计服务器。同时，VPN 也是无线组网安全需求的理想解决方案，因为它们提供了无线局域网上的封装、认证和完整的加密技术（见图 5-3）。

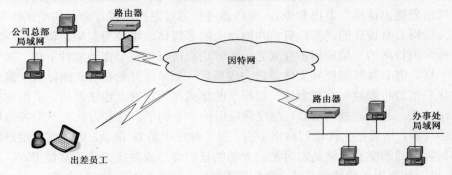

图 5-3　使用 VPN 技术实现内联网、外联网示意图

根据网络连接方式的不同，VPN 分为以下几种。

① 远程访问（Remote Access VPN）：外地用户对企业局域网进行访问。外地用户在他们的计算机中安装 VPN 客户端软件，然后通过拨号，接入由第三方建立的网络访问服务器，来同企业局域网建立连接。这种 VPN 经由因特网服务提供商（ISP），在外地用户与企业网络之间建立了安全的、经过加密的连接。

远程访问 VPN 与传统的远程访问网络（Remote Access Network）相对应。在远程访问VPN 方式下，远程用户不需要通过长途电话拨号到企业网络的远程接入端口，而是拨号接入到用户所在地的 ISP，利用 VPN 系统在公众网上建立一个从客户端到网关的安全传输通道。当然，随着 3G 接入的应用，使用无线方式和 VPN 接入企业内部网络更加方便。

远程访问 VPN 最适用于企业内部经常有流动人员远程办公的情况。在外人员拨号接入到用户所在地的 ISP，就可以与企业的 VPN 网关建立私有的隧道连接。国内部分院校的网络数字化信息资源，对访问者的位置（网络地址）有限制，在外部的员工或学生就需要利用远程访问虚拟专网才能访问学校内部提供的网络资源。

② 内联虚拟专网（Intranet VPN）：与企业内联网相对应。在内联虚拟专网方式下，企业两个异地机构的局域网互连不租用专线，而是各分支机构网络利用 VPN 特性，在 GBP 上组建跨地域的内联虚拟专网，利用因特网的线路保证网络的互连性；同时利用隧道、加密等VPN 特性，保证信息在整个内联虚拟专网上安全传输，拥有与专用网络相同的安全性、可管理性和可靠性。

③ 外联虚拟专网（Extranet VPN）：与政府网、教育网所构成的外联网（Extranet）相对

应。它与内联虚拟专网没有本质的区别，但由于是不同集团用户的网络相互通信，因此要更多地考虑设备的互连、地址的协调、安全策略的协商等问题。

利用 VPN 技术可以组建安全的外联网，既可以向公众、企业、学校等团体提供有效的信息服务，又可以保证自身的内部网络的安全。外联虚拟专网通过一个使用专用连接的共享基础设施，可将公众、上下游企业、政府等团体连接到企业内部网。外联虚拟专网拥有与专用网络的相同安全、可管理性和可靠性。

5.2 因特网的主干结构和网络接入

因特网将采用不同技术，分散在不同地域，规模大小不同的网络相互连接，使得连接在这些网络上的计算机端系统能够相互连通，彼此通信。本节将简单介绍因特网的主干结构和因特网提供的接入服务方式。

因特网实际上是多个网络互连而形成覆盖全球的逻辑网络。连接在因特网上的网络从其所实现的功能上大致可以分为两类：传输网络和资源网络。传输网络主要支持用户数据的传输和转发，由传输链路、网络设备、网络控制中心等硬件设施和软件组成。资源网络通常是指由用户计算机、服务器以及各种面向应用的外设组成的网络，其中的资源包含主机资源、数据和信息资源以及各种应用软件，主要支持用户各种网络应用和资源共享。

5.2.1 因特网的主干结构

因特网各级主干网之间的连接结构如图 5-4 所示。顶级主干网相互之间对等互连，成为因特网的核心，并向作为国家级主干的 ISP 提供连接和数据引导服务。每个二级主干与一个或多个顶级 ISP 连接，通过顶级 ISP 的数据引导，最终实现与其他地区级的主干网相互连通。

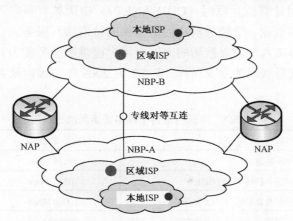

图 5-4　因特网的结构——万网之网

分布在全球各个不同地域的资源网络通过各种传输网络相互连接，最终实现更大范围的资源共享。因特网将一些覆盖范围广、处理速率快、链路带宽高的传输网络作为主要通信干线，称为主干网络。相对规模小的传输网络或资源网络连接到这些主干网络上，通过主干网络的数据引导实现不同网络之间的数据连通。主干网络通常采用高速传输网络传输数据，高速分组交换设备提供网络路由。因特网中的主干网络分为覆盖全球范围的顶级主干网（或者一级主干网），也称为国际或国家级主干提供商（National/International Backbone Provider，NBP）和覆盖国家、地区范围的二级主干网，也称为区域服务提供商（Regional Internet Service Provider），二级以下还可以根据需要再设置规模更小的主干网。

1．国际或国家级主干提供商（NBP）

一级主干网覆盖范围广，链路速率范围是 2.5 Gbps～10Gbps，路由器能够以极高的速率和可靠性转发分组。目前，因特网一级主干网运营商主要包括 AT&T、Sprint、UUNet、Qwest、C&W 和 Level3 等大型网络公司。所有一级主干网之间形成全网状网对等互连结构，构成因特网的核心和枢纽。一级主干网的主要业务是向二级主干网出售连接和引导数据流向服务。这些 NSP 本身必须彼此通过网络接入点（Network Access Point，NAP）的交换中心互连，多个 NSP 连接在一起，使得来自其中任何一个地区 ISP 的网络分组能够流动到其他任何一个地区 ISP。由于 NAP 担负着中转和交换巨大网络流量的任务，它们本身通常就是电信枢纽，其中包含复杂的高速交换网络。NAP 的核心部分使用高速 ATM 技术（电信行业的先进通信技术），因特网数据报则架构在 ATM 技术之上。

2．区域服务提供商

二级主干网通常具有区域或国家覆盖范围，为了能够通达到全球因特网的大部分地域，可以向一个或多个一级主干网购买这种连接服务，以实现与其他二级主干网的互通互连。除了向一级主干网购买连接和转发服务，二级主干网之间同样可以在达成某种共识的基础上形成对等互连结构，此类互连一般采用专线对等连接（private peering）。这样的两个二级主干网之间的数据连通便不再需要通过一级主干网，可以直接进行数据通信。这种互连可以增加网络的路网密度，减少不必要的绕行路由。二级主干网通常由国家政府授权的网络运营公司负责建立，如中国公用计算机互联网（CHINANET）、中国教育科研网络（CERNET）等二级主干网，向下一级如企业、学校等机构网络提供因特网接入服务。

由于主干网的网络接入能力直接影响向网内用户提供的服务能力和质量，所以接入网的出口带宽是衡量网络发展状况的重要指标，表 5.1 为 2009 年中国内地各个网络营运商的出口带宽统计。

表 5.1　中国内地各个网络营运商的出口带宽

中国电信	516650.2 Mbps
中国联通	298834 Mbps
中国科技网（CSTNET）	10322 Mbps
中国教育科研网（CERNET）	10000 Mbps
中国移动互联网（CMNET）	30559 Mbps

3．因特网服务提供商

因特网服务提供商（Internet Service Provider，ISP）是因特网这种主干等级连接结构的产物。ISP 可以提供低层主干网接入高层主干网的连接服务，也可以提供个人用户、小型企业网、大型企业网以及校园网等接入因特网的连接服务。例如，某个覆盖国家范围的二级主干网与一个覆盖全球范围的一级主干网连接时，这个一级主干网便称为该二级主干网的因特网服务提供商。同样，二级主干网作为企业、学校等机构网络的 ISP，为这些网络提供因特网接入服务。二级主干网除了向某些大型企业网、校园网等规模较大的网络提供因特网接入服务之外，还向一些称为本地 ISP 的小型网络运营公司提供因特网接入服务。

本地 ISP 的运营模式是购买其上一级因特网主干网的网络接入以及其他因特网业务服务，并作为 ISP 向一定地域覆盖范围内的家庭、小型办公室等小规模网络或个人计算机提供因特网接入和其他因特网服务。

5.2.2　因特网的接入技术

因特网的接入就是将各种端系统（包括计算机和其他类型的智能终端设备，如有网络接入能力的 PDA 和智能家电设备等）接到因特网的接入点，准确地说，是因特网的端接路由器即从端系统接入因特网的第一个路由器。这种接入网络也被称为访问网络（Access Network）。由于因特网的接入与物理介质技术（如光纤、同轴电缆、双绞线、无线频谱）密切相关，所以在此一并讨论。

一般因特网的接入网络可以分为三大类。

- ⊙ 住宅接入网络，将居民家中的端系统连接入网。
- ⊙ 机构接入网络，将学校、公司和政府机构的端系统连接入网。
- ⊙ 移动接入网络，将移动中的端系统连接入网。

以上分类并不严格，例如，某个企业使用了住宅接入网络的手段入网，但这并不影响一般的情况。

1. 住宅接入网络

最为普遍的住宅接入网络是使用调制解调器（Modem）通过公众交换电话网（Public Switched Telephone Network，PSTN）拨号上网。家用 Modem 将计算机的数字信号转换成模拟信号，通过语音线路将信号传送给 ISP，ISP 端的 Modem 再将模拟信号转换成数字信号，并传给路由器。在这种情况下，接入网络使用点对点的链路，将端系统与路由器直接相连。现今的调制解调器的拨号接入速率可以达到 56 Kbps，但是由于各种原因，往往用户真正上网的速率要远远低于 56 Kbps。

近年来，发展较快的接入技术包括非对称数字租用线路（Asymmetric Digital Subscriber Line，ADSL）和混合光纤同轴线缆（Hybrid Fiber Coaxial Cable，HFC）。ADSL 在概念上类似调制解调器，它是一种新的调制技术，信号也是通过普通的电话线传输，但其传输速率从 ISP 的路由器到用户端系统在理论上可达到 8 Mbps，而从川户端系统到 ISP 的路由器的速率可达 1 Mbps。就是这种不对称的传输速率导致了 ADSL 技术的名称。这种技术的设计前提是家庭用户主要是网络信息的消费者而不是生产者。

ADSL 的好处是在通电话的同时可以继续上网。但实际的下载和上传速率是客户端系统 Modem 到 ISP 路由器 Modem 之间距离、线路的规格和电磁干扰的函数。在高质量的线路中，若电磁干扰可忽略不计，端系统 Modem 到 ISP 的距离不超过 3000 m，则下载速率可以达到 8 Mbps。若距离加长到 6000 m，则下载速率会下降到 2 Mbps。上传速率可在 16 kbps～1 Mbps 范围内工作。

ADSL 和 PSTN 都使用普通电话线，但 HFC 是闭路电视技术的新发展。在传统的闭路电视网络中，一个闭路电视广播站（cable head end station）通过分布式的同轴电缆和放大器将闭路信号传到各家各户。如图 5-5 所示，光纤可以连接到各住宅小区，再用闭路电缆接到各住户。一般小区节点（neighborhood juncture）可以支持 500～5000 住户。

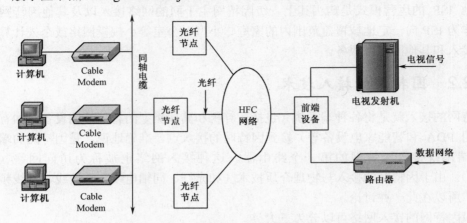

图 5-5 典型的 HFC 网络结构

与 ADSL 一样，HFC 也需要一种特殊的称为"线缆调制解调器（Cable Modem）"的设备来支持网络接入。典型的线缆调制解调器是一种外接设备，通过 10Base-T 的以太网端口接到家用的 PC 上。另外，线缆调制解调器将 HFC 网络划分成两个通道，一般下载通道为 10 Mbps，上传通道为 786 kbps。

与 ADSL 不同的是，HFC 的上下行通道都是共享的，所以在 HFC 接入方式下，过多并发的网络应用会大大降低网络实际传输速率。而 ADSL 的连接是点对点式的，每个用户独享接入带宽。所以，如果要在 HFC 上取得较好的效果，必须限制小区用户节点的接入规模。

2. 机构接入网络

在机构接入网络中，一般使用局域网（包括有线和无线局域网）把端系统接到路由器上。尽管局域网类型很多，但以太网技术无疑在机构接入网络中扮演了主要角色。在以太网中，端系统通过同轴电缆或双绞线接到路由器上同时也彼此相连。与 HFC 类似，以太网也是共享带宽的传输方式，但随着以太网交换技术的发展，在使用交换机的以太网中，网络带宽的情况可以有所改善。但机构网络的接入，受到广域网也就是电信营运网络接入带宽的限制，相比局域网技术的发展（10 Mbps～10 Gbps），广域网络的接入带宽仍然为 2 Mbps～4 Mbps。

3. 无线接入网络

无线接入网络使用无线电波连接移动式端系统（如便携式计算机和无线调制解调器的 PDA 等）和基站，再从基站接入路由器。在无线信号覆盖区域内，从固定地点到时速 100～260km/s 的各种无线移动数据终端，均可通过该移动数据通信平台，进入各种数据通信网络，实现各类数据的通信。无线接入网络有三种主要实现方式。

① 无线局域网（wireless LAN）。无线用户与几十米半径内的基站（无线接入点）之间传输/接收分组，基站与有线的因特网连接，为无线用户提供连接有线网络的服务。典型实现技术如基于 IEEE 802.11b/g 技术的无线局域网（无线以太网或 Wi-Fi）；提供 11 Mbps～56 Mbps

的共享带宽。

② 蜂窝数字式分组数据交换网络（Cellular Digital Packet Data，CDPD）是以分组数据通信技术为基础，利用蜂窝数字移动通信网的组网方式的无线移动数据通信技术，被称为真正的无线互联网。这项技术提供的传输速率为 19.2 kbps，与借助调制解调器使用模拟蜂窝频道相比，接通所需时间更短，纠错能力更强。但 CDPD 还不是全数字数据传输（如 GSM、CDMA），而是模拟传输与数字传输间的过渡。与全数字相比，其优势是可以利用现有的模拟传输的基础设施，投资较小。

CDPD 系统支持 IP，因此可以允许 IP 端系统通过无线基站交换 IP 报文。由于 CDPD 不提供任何网络层以上的协议，因此从因特网的角度，可以把 CDPD 看成 IP 在无线网络链路上的延伸。

③ 3G 网络。3G 网络目前已经成为无线广域通信网络应用广泛的上网介质。目前，我国有中国移动的 TD-SCDMA、中国电信的 CDMA2000 和中国联通的 WCDMA 三种网络制式。目前 3G 网络的理论接入速率为 2.2 Mbps～14.4 Mbps。

由于 CDPD 和 3G 网络属于广域网接入技术，提供了不受地域限制的接入，使得计算机真正成为任何时间、任何地点都可以接入到因特网，彻底改变了因特网的接入方式。资费标准是主要问题，目前来看均有限制，不是限时就是限流量，没有做到绝对意义的包月或包年（即不限时不限流量）。所以，选择适用的资费标准成为用户值得研究和探讨的任务。

5.2.3 访问问题和解决策略

要说到访问网络的因特网共同体经验，各位读者的回答恐怕都一样，那就是：慢。甚至，有人开玩笑把万维网的缩写：WWW 解释成"World Wide Waiting"。那么，为什么网络速率会慢，如何可以减缓和解决这个问题？

这个问题原因来自各方面，主要有：

① 短板原理。一次网络传输，在信源到信宿之间可以有十个左右的路由器（见图 5-6），而网络的最终传输速率是由最低的那条链路决定的。其中，目前主要的低速链路就是最后一千米的接入带宽限制（如一般家庭的接入带宽为 56 Kbps～4 Mbps）。

② 各种影响传输速率的原因。在每条网络链路的传递过程中，每个路由器和链路会产生四种延迟，分别是节点处理（路由查表、出错校验）、发射、传播和排队（见图 5-7）。而在网络系统稳定时，前三种延迟是相对固定的，只有排队延迟是随机的。

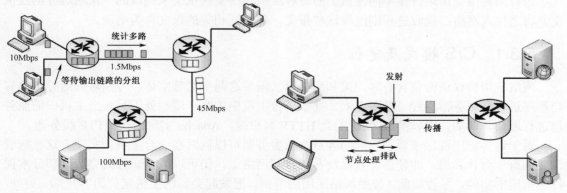

图 5-6　因特网通信的短板问题　　　　　　图 5-7　因特网通信的延迟因素

③ 网络出口带宽的影响。在互联网上，最重要的带宽是 ISP/NBP 可提供的网间互连带宽，最大的速率限制也在这里，而不同的客户所处的网络对他的访问体验有很大影响。

④ 因特网早期设计的服务模式，主要是点对点（为每个通信会话建立连接，这比广播要耗费更多的带宽资源）和突发数据的传输（这样方便大家共享闲置的带宽），一旦因特网进入视频传输时代，这两条设计原则的局限便显现出来。

解决网络速率过慢（或改善目标人群的上网体验）的方法：

① 错峰上网，对于大量资料的下载，可以在晚 23 点到早 6 点期间下载；

② 不同的接入手段（不同 ISP 服务商之间选择接入）。对于由于 ISP/NBP 出口带宽引起的访问速率问题，可以试验通过不同的 ISP 提供的接入手段来解决。例如，由于教育网内用户多、带宽紧张，对于有时间限制的信息检索，可以通过不同电信服务商的 3G 接入来解决。

网络的访问体验是网络用户和因特网内容提供商（Internet Content Provider，ICP）共同关心的问题，为了改善用户体验，作为内容提供商，也就是网站的主人，为了给目标人群提供更好的体验，一些大的网路服务商会在目标人群聚集的网络内部，设置镜像服务器来避开 NBP 之间的带宽瓶颈，提高响应速率。另外，内容服务商也可以在网络的基础技术上解决，如开通 IPv6 的服务等。

5.3　因特网的基本应用

尽管网络应用是名目繁多，但无论哪种应用，其软件却几乎总处于核心地位。网络应用软件一般分别运行于两个或两个以上的端接系统中。例如，万维网应用包括彼此通信的两部分软件：运行在用户的主机（如 PC）中的浏览器软件，以及运行在网络主机中的 Web 服务器软件。FTP 应用也同样由分别运行在本地主机和远程主机中的两部分软件构成。至于多方视频会议，参与会议的每台主机上都运行着一部分软件。

从操作系统角度来看，彼此通信的实际上不是软件程序本身，而是所谓的"进程"。可以把进程看成是在主机系统中运行着的程序实例。例如，在一台主机上可以有一个浏览器程序，却可以同时打开若干网页，这时每个打开的网页实际上是一个浏览器程序的运行实例。运行在同一主机上的若干进程彼此间可通过进程间通信手段交换数据。进程间通信的具体规则由主机操作系统决定。而这里不介绍同一主机内进程间的通信规则是如何确立的，而是需要对运行在不同主机甚至不同操作系统下的进程间的通信机理进行探讨。

因特网通信是由运行在不同主机上的进程经由网络交换报文来完成的。发送进程创建报文并将之注入网络；接收进程则汲取这些报文，并发回相关的报文作为响应。

5.3.1　C/S 模式及定位

网络应用协议通常包含有客户端和服务器（端）这两个对等实体，分别对应运行中的客户程序进程和服务器进程（见图 5-8）。处于一台主机中的客户端与处于另一台主机中的服务器进行通信。例如，微软的 IE 实现的是 HTTP 客户端，Apache 实现的是 HTTP 服务器。

对于许多应用程序来说，它们的客户端和服务器可以同时在一台主机上实现。这意味着只要拥有一台计算机，即使该计算机没有连接到网络上，仍可以以测试方式完成大部分本课程所指定的实验。尽管如此，按照网络应用的惯例，把发起会话的主机定位为客户端。另外，单台主机实际上可能同时作为某个给定应用程序的客户主机和服务器主机。例如，邮件服务

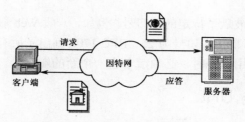

图 5-8　客户端与服务器的交互

器主机同时运行着 SMTP 客户端（用于发送邮件）和服务器端（用于接收邮件），或者某台计算机上除了常见的网络应用的客户端程序（如 IE、Foxmail、FTP、Telnet）之外，也可以安装和运行一些服务器程序（如 Apache、Xitami）。

就以主机 A 和主机 B 之间的一个 FTP 会话为例。如果这个 FTP 会话是由主机 A 发起的（即主机 A 上发出了对主机 B 上的文件传输请求），那么主机 A 运行的是该应用程序的客户端，主机 B 运行的是该应用程序的服务器。

需要说明，大多数网络用户所接触的网络应用程序往往被称为"用户代理（user agent）"，用户代理实际上扮演的是普通用户与网络的接口，而且绝大部分含有应用层协议的客户端部分，如浏览器、电子邮件软件等。

5.3.2　因特网进程通信的基本特征

因特网应用一般要涉及不同主机中两个进程跨网络进行的通信。这两个进程通过经由各自的套接字（socket）发送和接收报文彼此通信。可以把因特网套接字看作进程与网络之间的"门槛"：进程须经自身的套接字把报文发送到网络或从网络接收报文。当某个进程想给另一主机中的对等实体发送报文时，就把该报文送出自家门槛。该进程可确信在这门槛外有专门的设施会把报文传输到信宿进程的门口。

图 5-9 展示了通过因特网彼此通信的两个进程间的套接字通信。可见，套接字是主机内应用层和传输层之间的接口。或者说，套接字为主机操作系统进程与网络之间的门户。一旦选定某个可用的传输协议，就使用由该协议提供的传输层服务来构造应用程序。要让因特网上的某台主机中的进程给另一主机中的进程发送报文，发送进程必须能够识别接收进程。

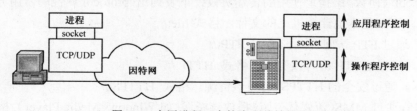

图 5-9　应用进程、套接字和传输协议

为了理解套接字，让我们先考虑主机地址。在因特网应用中，接收主机是用其 IP 地址（IP address）标识的。现在，只要知道 IP 地址是唯一地标识每个端接系统的一个 32 位二进制数值就足够了（确切地说，IP 地址唯一地标识了各主机上连接因特网的接口）。除了知道接收进程所在端接系统的地址外，发送进程还得指定可让接收端接系统把所传送报文定向到接收进程的信息。因特网中用于此目的的是接收进程的端口号。换句话说，套接字实际上就是"IP 地址+端口号"。

流行的应用层协议已被赋予特定的端口号。例如，一般 Web 服务器进程的默认端口号为 80，邮件服务器（SMTP）默认端口号为 25。RFC 1700 列出了所有因特网标准协议的公开端口号。在开发新的网络应用程序时，必须赋予它一个新的端口号。

5.3.3　主机名与 URL

就像一个人可以用姓名、身份证号码等来进行识别一样，因特网上的计算机也可以用多种方式来进行识别。因特网主机的识别方法之一是主机名（hostname），如 www.sina.com.cn、ctec.xjtu.edu.cn，www.yahoo.com 等，这种形式的主机名由于采用了字母组合，容易记忆和识别。但是，这种形式的主机名往往无法确定主机所在的位置。进一步看，由于采用可变长度的字母组合，这种主机名又很难为路由器处理。所以，在路由器上，主机必须用 IP 地址来识别。目前的 IPv4 地址由 4 字节组成，并具有固定的格式。IP 地址常常用类似 202.117.58.254 的形式表示，这里每个用 "." 分隔的十进制数为字节，表示范围为 0～255。由于可以从左到右进行扫描，就可以越来越接近主机在因特网中的位置（这个过程与我们浏览中文格式的信件地址的过程基本相同），因此 IP 地址也是一种层次性的地址。

统一资源定位器（Uniform Resource Locator，URL）是用于完整地描述因特网信息资源的地址的一种标识方法。

因特网上的每个网页都具有一个唯一的名称标识，通常称之为 URL 地址。这种地址可以指向本地磁盘，也可以是局域网上的某一台计算机，更多的是因特网上的站点。

URL 方案集包含如何访问 Internet 上的资源的明确指令。由于 URL 是统一的，它们采用相同的基本语法，无论寻址哪种特定类型的资源（网页、文件等）或描述通过哪种机制获取该资源。

URL 的一般格式为（带方括号[]的为可选项）：

protocol://hostname[:port]/path/[;parameters][?query]#fragment

例如：

http://netcourse.xjtu.edu.cn/modules.php?op=modload&name=News&file=article&sid=62

URL 方案集格式说明：

① protocol（协议）：指定使用的传输协议，下表列出 protocol 属性的常用方案名称。

- File，资源是本地计算机上的文件。格式 file://
- ftp，通过 FTP 访问资源。格式 FTP://
- http，通过 HTTP 访问该资源。格式 HTTP://
- https，通过安全的 HTTPS 访问该资源。格式 HTTPS://
- MMS，通过 MMS（流媒体）协议播放该资源（如 Windows Media Player）。格式 MMS://
- ed2k，通过 ed2k（专用下载链接）协议的 P2P 软件访问该资源。格式（如电驴）ed2k://
- Flashget，通过 Flashget:协议的 P2P 软件访问该资源。格式（如快车）Flashget://
- Thunder，通过 thunder（专用下载链接）协议的 P2P 软件访问该资源。格式（如迅雷）thunder://

② hostname（主机名）：指存放资源的服务器 DNS 主机名或 IP 地址。可在主机名前包含访问服务器所需的用户名及密码（格式：username:password@ hostname）。

③ :port（端口号）：整数，可选，省略时使用方案的默认端口，各种传输协议都有默认的端口号，如 HTTP 的默认端口为 80。如果输入时省略，则使用默认端口号。有时候出于安全或其他考虑，可以在服务器上对端口进行重定义，即采用非标准端口号，此时 URL 中就不能省略端口号。

④ path（路径）：由零或多个"/"隔开的字符串，一般用来表示主机上的一个目录或文件地址。

⑤ ;parameters（参数）：用于指定特殊参数的可选项。

⑥ ?query（查询）：可选，用于给动态网页（如使用 CGI、ISAPI、PHP/JSP/ASP/ASP.NET 等技术制作的网页）传递参数，每个参数的名和值用"="隔开。可以用"&"分隔多个参数。

⑦ fragment：信息片断，字符串，用于指定网络资源中的片断。例如，一个网页中有多个名词解释，可使用 fragment 直接定位到某一名词解释。

注意，一般运行 Windows 的主机不区分 URL 大小写，但是运行 UNIX/Linux 主机区分大小写。若访问中需要多个参数（parameters），可以用"&"对参数进行分隔。

5.3.4 域名服务系统 DNS

因特网上的主机采用层次化的命名方法的最大好处就是便于管理。这种层次化的主机名被称为域名（domain name）。域名空间分为若干层次，分别为根域（顶级域）、二级域、三级域等等，其结构就像一颗倒置的树（见图 5-10）。

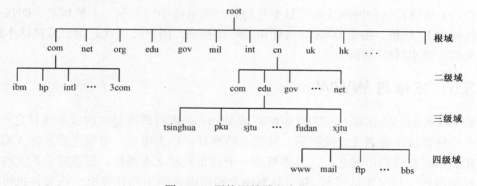

图 5-10　因特网的域名空间

用户普遍偏好使用域名，而路由器需要使用 IP 地址。为了使二者结合起来，需要一种目录服务来将域名翻译成 IP 地址。这就是因特网域名系统（Domain Name System，DNS）的主要任务。DNS 有两个特点：一，DNS 是使用层次式域名服务器实现的分布式数据库；二，DNS 本身是一个因特网应用层协议，指导主机与域名服务器相互进行通信以获得翻译服务。DNS 使用 UDP 协议，运行在 53 号端口。

DNS 同时为许多因特网的应用层协议如 HTTP、SMTP 和 FTP 提供服务，将用户提供的域名翻译成 IP 地址。这个翻译工作是通过因特网上的一系列查询过程实现的。例如，某个用户要浏览 www.xjtu.edu.cn/index.html 主页，用户主机为了能够将 HTTP 的请求报文发送到 www.xjtu.edu.cn 主机，用户主机必须获得 www.xjtu.edu.cn 主机的 IP 地址。为此，用户主机从 URL 中取出域名 www.xjtu.edu.cn 并传送给本机上的 DNS 客户端程序，该程序将 DNS 的查询请求和域名一起送本地 DNS 服务器。如果本地 DNS 服务器上有该主机的记录，就立即将其 IP 地址返回给发出请求的 DNS 客户端；否则，DNS 服务器就会向因特网上最顶层的根域名服务器发出查询请求；接下来的查询会沿着 cn→edu.cn→xjtu.edu.cn 的顺序进行，最后在 xjtu.edu.cn 域的 DNS 服务器将会查到 www.xjtu.edu.cn 主机的 IP 地址，该地址将作为对查询的响应逐级上传，沿着 DNS 请求走过的路径返回到最初发出 DNS 请求的客户端。然后，客户端把逐级传回的 DNS 响应报文中的 IP 地址取出，由浏览器启动 TCP 连接，与该 IP 指向的主机上的 HTTP 服务器进程进行通信。这个过程如图 5-11 所示。

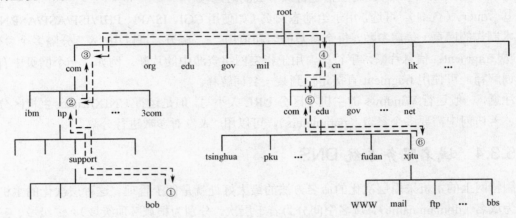

图 5-11　域名到 IP 地址的解析过程

这样，无论进行何种网络应用，只要在地址栏或链接中应用到了主机域名，DNS 都将自动将其转换成 IP 地址。由于 DNS 服务使用的频率很高，用户必须就近指定或默认本地 DNS 服务器来缩短请求/响应时间。

5.3.5　万维网 WWW

万维网（World Wide Web，简称 WWW 或 Web）是因特网所提供的服务项目之一，也就是它把因特网带进了普通大众的视野，使得因特网真正成为电话、电视之后影响人们生活和工作方式的最重要信息工具之一。万维网是一个分布式超文本系统。这意味它的文件包含与其他文件的链接（超文本链接），并且与网络上相距很远的不同计算机上的文件也可以相互链接。万维网也是个超媒体系统，可以包括声音、图像以及其他媒体如视频信息等。

万维网是因特网的组成部分，可以用浏览器（Browser）查看。万维网的网页（Web page）可以包含文本、图片、动画、声音等元素，绝大部分是用 HTML（Hypertext Markup Language）语言编写并驻留在世界各地的网站（Web site）上。网站就是指放在 Web 服务器（Web server）上的一系列网页文档（Web documents）。Web 服务器就是因特网上昼夜不停地运行某些特定程序（如服务器程序等）的计算机，使得世界各地的用户可随时对其进行访问或获取其中的网页。因此，确切地说，"Web 服务器"是指计算机和运行在它上面的服务器软件的总和。用户上网浏览一个网页，实际上是发送需求信息到一台 Web 服务器（可以在世界上任何地方）上，请求它将一些特定的文件（通常是超文本和图片）发送到用户计算机上，这些文件通过用户计算机上的浏览器显示出来。图 5-12 显示了一个万维网页，其中的超文本链接高亮度显示并且有下划线标记。

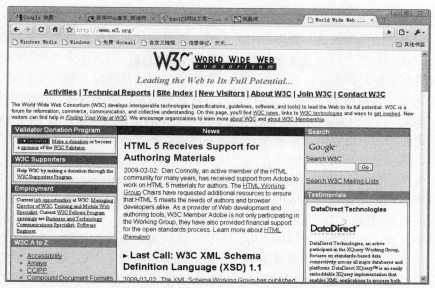

图 5-12　负责万维网发展的 World Wide Web Consortium（W3C）主页

那么，超文本（Hypertext）又是什么？超文本是一种信息管理技术，能根据需要把可能在地理上分散存储的电子文档信息相互链接，人们可以通过一个文档中的超链指针打开另一个相关的文档。只要用鼠标单击文本中通常带下划线的条目，便可获得相关的信息。网站或网页通常就是由一个或多个超文本组成的，用户进入网站首先看到的那一页称为主页或首页（Home page）。网页的出色之处在于能够把超链接（Hyperlink）嵌入网页中，这使用户能够从一个网页站点方便地转移到另一个相关的网页站点。超链接可以指向其他网页、普通文件、多媒体文件甚至图像程序。超链接是内嵌在文本或都图像中的；文本超链接在浏览器中通常带下划线；图像超链接有时不容易分辨，如果鼠标指针移到它上面，鼠标指针通常会变成手指状（文本超链接也是如此）。

万维网的使用非常简单，当浏览文件时，通过单击鼠标或按键，可以转到其他有链接的网页，此时浏览器会从 Web 服务器载入新的网页供浏览。万维网上文件之间的链接似乎是不可穷尽的。通常在这个过程中，用户唯一的困难是确定主题的起始点。不过，万维网的寻址机制——统一资源定位器、索引、目录和搜索工具等可以帮助用户解决这个问题。

无论用户通过浏览器向服务器请求网页服务，还是服务器响应请求向用户发送网页，都需要遵循一定的规程或协议。超文本传输协议（Hypertext Transfer Protocol，HTTP）就是用来在因特网上传送超文本的通信协议，是运行在 TCP/IP 协议之上的一个应用协议，可以提高浏览器效率，减少网络传输。

浏览器是大部分网络用户接触因特网和企事业单位内联网的主要途径（如果不是唯一途径），浏览器性能的好坏对工作效率的影响极大。如何选择适合自己工作任务的浏览器比选择最好的浏览器（如果存在的话）也许更更重要。但是，有的读者可能要问，浏览器还需要选择吗？操作系统里不是都安装好了浏览器的？

的确，目前的操作系统，一般把浏览器都作为默认预装的软件。但是，我们必须认识到，浏览器是网络应用软件中应用客户最多、发展最快同时也是存在问题安全性最多、对计算机性能、对用户工作效率影响最大的一款应用软件。就这个问题，我们进行一些讨论并希望读者做更多的尝试和探索。

另外，如果一个人每天通常要浏览 30 个网站获得各种所需信息，以现在浏览网页的方式，就需要登录 30 个不同站点搜寻每天可能发布的新信息，因为作为终端用户很难获知这些网站何时进行新信息的发布。在访问之时，如果某个网站暂时没有新内容，那么这个人可能就要在一天内多次访问某些网站。这种访问方式获取信息的效率较低，随机性大。如果将这 30 个网站放到一个浏览器或页面下，当某个网站有了新信息的发布，这个浏览器就能发出通知，显示更新内容，这样用户就不用登录很多网站、多次查找信息，节约了时间，也不会错过新信息，提高了信息的获取效率。

目前，流行的 RSS 阅读器有适用于 Windows 系统下的 RssReader、人民网看天下等，用于掌上电脑等移动无线设备的 Bloglines 等。图 5-13 为"人民网看天下"软件视窗上部为菜单和各种功能的快捷键；左边是各个站点或栏目的 URL 链接，这些链接一般由用户根据需要自己添加和设置；右边则是显示的内容，上栏一般只显示新闻的标题、更新时间等基本信息，下栏显示上栏选中文章的摘要或是全文，也可以显示用户正在访问的网站的页面，这些可以由用户自己选择和设定。左边选择某个站点或栏目时，右边两栏显示的内容就随之变化。

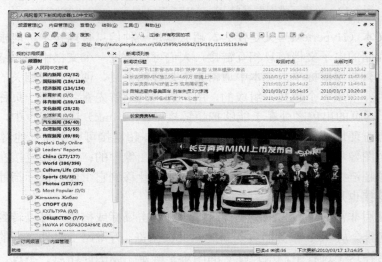

图 5-13　RSS 阅读器"人民网看天下"

RSS 阅读器将新信息带到了用户的桌面，而不需用户去各个网站一遍遍的搜索，用户只要打开设置好的 RSS 阅读器，就可以等着信息"找上门来"。

此外，随着中国在因特网世界的影响的扩大，许多网站必须考虑国际化，除了语言文字之外，网站的设计者必须考虑国际化客户所使用的浏览器类型。所以，使用不同的浏览器对网站或网页进行测试，也是一项重要工作。

> RSS 为 Really Simple Syndication 的缩写，英文原意是"真正简单的聚合"，可以把新闻标题、摘要（Feed）、内容按照用户的要求，"送"到用户的桌面。

5.3.6　文件传输服务 FTP

文件传输协议（File Transfer Protocol，FTP）是因特网上使用最广泛的文件传输协议。FTP 提供交互式的访问，允许客户指明文件的类型和格式（如指明是否使用 ASCII 码），并允许文件具有存取权限（如访问文件必须经过授权和输入有效口令）。FTP 屏蔽了各计算机系统的细节，因而适合于在异构网络、主机之间传输文件。

1. FTP 的主要工作原理

在典型的 FTP 会话过程中，用户一般坐在本地主机前操作同远程主机之间的文件传输。为了能够访问远程账户，用户必须提供用户标识和密码。在通过身份验证以后，用户就可以在本地和远程主机之间传输文件了。用户通过 FTP 的用户代理与 FTP 进行交互，需要先提供远程主机名或 IP 地址，以便本地 FTP 的客户端进程能够同远程主机上的 FTP 服务器进程建立连接。然后用户提供其标识和密码，这些内容作为 FTP 的命令参数通过 TCP 连接送到 FTP 服务器。一旦验证通过，用户即可在两个系统之间传输文件了。

HTTP 和 FTP 同样都可以传输文件并具有许多共同点，如这两个协议都需要 TCP 的支持，但也有重大区别，最为显著的是：FTP 使用两个并行的 TCP 连接来传输文件，一个称为控制连接（control connection），另一个称为数据连接（data connection）。控制连接用来在两个主机之间传输控制信息，如用户标识、密码、操作远程主机文件目录的命令，发送文件（put）和取回（get）文件的命令等。而数据连接则真正用来发送文件。由于 FTP 使用单独的控制连接，所以 FTP 的控制信息被称为"分路（out-of-band）"发送的。FTP 的控制和数据连接如图 5-14 所示。

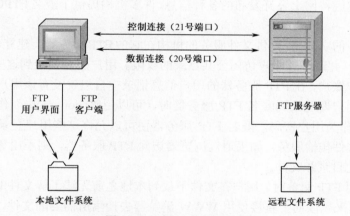

图 5-14　FTP 工作原理示意

当用户启动一次与远程主机的 FTP 会话时，FTP 首先建立一个 TCP 的连接到 FTP 服务器的 21 号端口。FTP 客户端则通过该连接发送用户标识、密码等，还可以通过该连接发送命令改变远程系统的当前工作目录。当用户要求传送文件时，FTP 服务器则在其 20 号端口上建立一个数据连接，FTP 在该连接上传送完毕一个文件后立即断开该连接。如果在一次 FTP 会话过程中需要传送另一个文件，FTP 服务器则会建立另一个连接。在整个 FTP 会话过程中，控制连接始终保持，而数据连接则随着文件的传输会不断地打开和关闭。

> FTP 支持两种模式：Standard（PORT 方式，即主动方式）和 Passive（PASV，即被动方式）。Passive 模式在建立控制通道时与 Standard 模式类似，但建立连接后发送的不是 Port 命令，而是 Pasv 命令。FTP 服务器收到 Pasv 命令后，随机打开一个高端端口（端口号大于 1024），并且通知客户端在这个端口上传送数据的请求。客户端连接 FTP 服务器此端口，FTP 服务器通过这个端口进行数据的传送。

2．FTP 的使用

使用 FTP 的条件是用户计算机和向用户提供因特网服务的计算机能够支持 FTP 命令。UNIX 系统与其他支持 TCP/IP 的软件都包含 FTP 实用程序。FTP 服务的使用方法很简单，启动 FTP 客户端程序，与远程主机建立链接，然后向远程主机发出传输命令，远程主机在接收到命令后，就会立即返回响应，并完成文件的传输。

FTP 提供的命令十分丰富，涉及文件传输、文件管理、目录管理、连接管理等方面。根据所使用的用户账户不同，FTP 服务可分为两类：普通 FTP 服务和匿名 FTP 服务。

用户在使用普通 FTP 服务时，必须建立与远程计算机之间的连接。为了实现 FTP 连接，首先要给出目的计算机的名称或地址，当连接到宿主机后，一般要进行登录，在检验用户账号和口令后，连接才得以建立。因此用户要在远程主机上建立一个账户。对于同一目录或文件，不同的用户拥有不同的权限，所以在使用 PTP 过程中，如果发现不能下载或上传某些文件时，一般是因为用户权限不够。下面介绍 FTP 的重要应用形式和要素。

（1）匿名 FTP

因特网上的许多公司和大学的主机都有大量有价值的文件，是因特网上的巨大信息资源。普通 FTP 服务要求用户在登录时提供相应的用户名和用户密码，即用户必须在远程主机上拥有自己的账户，否则无法使用 FTP 服务。这对于大量没有账户的用户来说是不方便的。为了便于用户获取因特网上公开发布的各种信息，许多机构提供了匿名 FTP（anonymous FTP）服务。

匿名 FTP 服务的实质是：提供文件服务的机构在它的 FTP 服务器上建立一个公开账户（一般为 anonymous），并赋予该账户访问公共目录的权限。用户想要登录到这些 FTP 服务器时，不需事先申请用户账户，在 FTP 服务器的用户信息记录中自然就没有该用户的合法用户名和用户密码。如果用户要登录到匿名 FTP 服务器时，可以用"anonymous"作为用户名，用自己的 E-mail 地址作为用户密码，匿名 FTP 服务器便可以允许这些用户登录到这台匿名 FTP 服务器中，提供文件传输服务。如果通过浏览器访问 FTP 服务器，则不用登录就可直接访问提供给匿名用户的目录和文件。

由于仅仅使用 FTP 服务时，用户在文件下载到本地之前无法了解文件的内容，为了克服这个缺点，人们越来越倾向于直接使用 WWW 浏览器去搜索所需要的文件，然后利用 WWW 浏览器所支持的 FTP 功能下载文件。

（2）普通 FTP

与匿名 FTP 不同的是，普通 FTP 为企事业单位内部的信息发布提供方便。使用实名 FTP，需要用户在远程主机上拥有实名账户、口令和相应的访问权限。例如，在 UNIX 系统中，如果给某个用户建立了一个实名账户，那么用户就可以使用该账户登录后，将文件上传到该用户在远程主机的个人主目录（Home Directory）下，如果该主机开放了个人网页的发布功能，那么在本地制作完成的网页就可以发布到个人网页的发布目录中。而且，使用同一套用户名和口令，可以同时使用 Telnet、SSH、FTP 进行远程登录，协同完成个人网页的上传（FTP）、发布测试（Web）、文件目录访问权限设置（Telnet/SSH）的设置。

（3）FTP 的客户端

FTP 的客户端分为专用客户端和通用客户端。专用客户端又可以分为字符界面（CUI）和图形界面的客户端。

最为简单的专用客户端往往是操作系统自带的 FTP 客户端应用程序（如 Windows 系统中的 ftp.exe），在了解了它的操作命令之后，在本地进行大型文件传递（如虚拟光盘文件）的传递，往往有很高的效率。

应用最方便的通用 FTP 客户端往往是各种浏览器（如 IE、Firefox），浏览器除了可以直接下载嵌入在网页中的文件之外，也支持普通或匿名的 FTP，条件是在浏览器的 URL 地址栏直接输入 FTP 协议名、远程主机域名等。浏览器除了支持 FTP 服务器的匿名登录外，也支持普通 FTP 的实名登录。使用实名登录远程 FTP 服务器的 URL 样例如下：

　　　　　　ftp://student:ctec@202.117.35.169

专用 FTP 客户端往往是图形界面的，如 LeapFTP 和 CuteFTP。专用 FTP 客户端的最大特色不仅仅在于它的界面友好，而且在于它们具有所谓的"断点续传"功能，便于传输大型文件。

目前，文件传输服务更有发展前景的应用模式是 P2P。P2P 的 FTP 应用虽然与 FTP 差别不大，但其实现环境和机理则与本节所述的 FTP 有较大差别。

5.3.7　电子邮件系统

电子邮件（E-mail）是因特网上使用最多和最受用户欢迎的一种应用。电子邮件将邮件发送到 ISP 的邮件服务器，并放在其中的收信人邮箱（mailbox）中，收信人可随时上网到 ISP 的邮件服务器进行读取。电子邮件不仅使用方便，还具有传递迅速和费用低廉的优点。现在的电子邮件不仅可传送文字信息，还可附上声音和图像。

一个电子邮件系统应具有如图 5-15 所示的三个主要组成部件：用户代理、邮件服务器和电子邮件使用的协议。

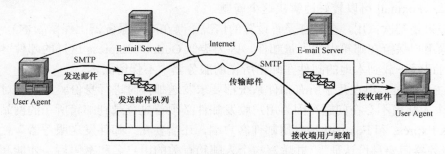

图 5-15　电子邮件系统的组成

用户代理（User Agent，UA）就是用户与电子邮件系统的接口，在大多数情况下，它就是在用户计算机中运行的程序。用户代理使用户能够通过一个很友好的接口（目前主要使用图形界面）来发送和接收邮件。现在可供选择的用户代理有很多，如 Microsoft 公司的 Outlook Express 和优秀的国产软件 Foxmail。

用户代理至少应具有以下三个功能：

① 撰写，给用户提供很方便地编辑信件的环境。例如，应让用户能创建便于使用的通讯录（有常用的人名和地址）。回信时不仅能很方便地从来信中提取出对方地址，并自动将此地址写入到邮件中合适的位置，还能方便地对来信提出的问题进行答复（系统自动将来信复制一份在用户撰写回信的窗口中，因而用户不需要再输入来信中的问题）。

② 显示，能方便地在计算机屏幕上显示出来信（包括来信附上的声音和图像）。

③ 处理，包括发送邮件和接收邮件。收信人应能根据情况按不同方式对来信进行处理。例如，阅读后删除、存盘、打印、转发等，以及自建目录对来信进行分类保存。有时可在读取信件之前先查看一下是邮件的发信人和长度等，对于不愿收的信件可直接在邮箱中删除。

收发电子邮件主要有两种方式：Web 方式、客户端程序方式。其中，Web 方式由于使用简单成为目前最常用的电子邮件收发方式。通常不使用命令行方式收发电子邮件，但这种方法用于测试电子邮件的 SMTP 和 POP 的工作过程。

目前，在 Windows 环境下常用邮件客户端程序主要有 Outlook Express 和 Foxmail。

使用邮件客户端程序进行邮件的收发有如下优点：

⊙ 可以设置开机自动接收邮件。

⊙ 可以对邮件及时进行整理。在邮件客户端中可以设置规则，把收到的邮件自动分类，为邮件的保存和检索提供方便。

⊙ 可以设置规则，清除不受欢迎的邮件。

⊙ 可以把邮件下载和保存在本地主机，不受邮件服务器维护或故障的影响。

但是，由于使用邮件客户端程序与使用 Web 访问邮箱在方式上存在重大差别，这种方式的难度、缺点和风险也是很大的，例如：

⊙ 邮件客户端需要查询和设置参数（邮箱所在网站的 SMTP 和 POP 服务器的主机名、邮箱用户名和口令等），给用户带来不便。

⊙ 可能占据大量计算机磁盘空间。

⊙ 如果邮件中携带病毒，下载后的邮件可能危害没有有效防御措施的计算机。

⊙ 在共享计算机上使用 Outlook Express 不是一个明智的选择，因为有可能泄露个人隐私；Foxmail 可以较好地解决这个问题。

⊙ 如果是初次试用，在没有妥善设置的情况下（在邮件服务器上保留副本），可能会删除用户保留在邮箱中的大量邮件，因为类似 Outlook Express 这样的邮件客户端默认对已经下载到本地的邮件在邮箱所在的服务器中不保留副本。

值得注意的是，现在几乎所有邮件系统都要求发送邮件时进行身份验证，这对使用 Web 方式访问个人邮箱不存在问题，因为用户收发邮件必须首先登录到邮箱所在的网站。但是使用 Outlook Express 和 Foxmail 等专用邮件客户端，还需要在"邮件发送服务器"栏目中选择"SMTP 服务器需要身份认证"，并填写与个人邮箱有关的用户名和密码后，才能利用自己的邮箱发送邮件。

5.3.8　远程登录

一个远程用户像本地用户一样，通过账号访问远程主机资源，这就是远程登录。为了达到这个目的，人们开发了远程终端协议，常见的为 Telnet 协议。Telnet 协议是 TCP/IP 协议的应用层协议之一，远程登录的根本目的在于访问远程主机的操作系统内的资源。这里需要说明的是，通常把 Telnet 客户端称为本地主机（local host），而把用户要连接的计算机称为远程主机（remote host），这与两台计算机之间的实际距离没有关系，无论它们是在地球的两端还是在同一房间里。传统的远程登录主要以字符界面的指令为主，随着视窗操作系统的普及应用，图形界面的远程登录也开始逐渐发展和应用。

1. 远程登录协议 Telnet

TCP/IP 协议族中最资深的应用就是远程登录协议 Telnet。Telnet 协议的主要优点是具有包容异种计算机和异种操作系统的能力，能提供许多异种计算机系统间的互操作性。所谓系统的异质性，就是指不同厂家生产的计算机在硬件或软件方面的不同。系统的异质性给计算机系统的互操作性带来了很大的困难。不同计算机系统的异质性首先表现在不同系统对终端输入命令的解释上。

由于因特网上提供网络服务的 UNIX 主机很多，当用户需要通过 Windows 类的客户端直接操作和管理某个 UNIX 主机时，Telnet 就是一个极为方便的工具。当然，用户同时需要具备操作 UNIX 的基本常识。

Telnet 也使用客户-服务器方式运行。用户在本地客户端运行 Telnet 客户进程（见图 5-16），远程主机则运行 Telnet 服务器进程。服务器中的 Telnet 主进程等待新的请求，并产生从属进程来处理每个连接。

图 5-16　运行 Telnet 终端仿真程序后登录远程主机

Telnet 的工作过程为：使用 Telnet 的条件是用户本地主机是否支持 Telnet 命令（大部分 MS Windows 中都安装了 Telnet 客户端）；用户进行远程登录时，必须在远程计算机上有自己的账户（包括用户名和用户密码），或远程主机提供公用账户，供没有专门账户的用户使用。

用户在使用 Telnet 命令进行远程登录时，首先应在 Telnet 命令中给出对方计算机的主机名或 IP 地址，然后根据对方系统的询问，正确输入自己的用户名和用户密码。有时还要根据对方的要求，配置或调整自己所使用的仿真终端的类型。

因特网上有很多信息服务机构提供开放式的 Telnet 服务（如大部分 BBS），登录到这样的计算机时，不需要事先设置用户账户，使用公开的用户名就可以进入系统。这样，用户就可以使用 Telnet 命令，使自己的计算机暂时成为远程计算机的一个仿真终端。一旦用户成功地实现了远程登录，用户就可以像远程主机的本地终端一样地进行工作，使用远程主机对外开放的全部资源，如硬件、应用程序、操作系统、信息资源。

2. 加密型远程登录 SSH

在企业管理、信息技术远程支持、计算机系统维护等方面，远程登录是一项非常重要的网络应用，而 Telnet 由于使用明码传递用户的登录名和密码，很容易为他人所截获，所以大部分 UNIX 系统拒绝用户使用 root（UNIX 的系统管理员账号）用户名直接登录。即使用户使用普通用户名登录后，再用 su 指令转为管理员身份，UNIX 系统仍对具有管理员权限的某些指令（如 adduser）进行限制。

SSH（Secure Shell Protocol）是一种在不安全网络上提供安全远程登录及其他安全网络服务的协议。SSH 最初是在 UNIX 系统上发展起来的网络应用程序，后来又迅速扩展到其他操作平台。远程主机的 SSH 服务器（sshd）默认在 22 端口进行监听。

图 5-17　支持 SSH 登录的 PuTTY

SSH 主要由如下三部分组成：

- ⊙ 传输层协议（SSH-TRANS），提供了服务器认证、保密性和完整性，有时还提供压缩功能。
- ⊙ 用户认证协议（SSH-USERAUTH），用于向服务器提供客户端用户鉴别功能。
- ⊙ 连接协议（SSH-CONNECT），将多个加密隧道分成逻辑通道。它运行在用户认证协议上，提供了交互式登录、远程命令执行、转发 TCP/IP 连接等。

不同于 Telnet，目前大部分 Windows 用户使用的 SSH 客户端必须从网络上下载，比较著名有 PuTTY（见图 5-17）等。

3. 远程桌面

传统的远程登录协议一般只支持字符界面，对操作远程视窗类的操作系统（如 Windows）则无能为力。

远程桌面实际上是因特网上远程访问的视窗或图形形式。目前，主要在 Windows XP 中有此项服务器功能，使用 Windows 98/2000/XP 的计算机用户可以使用远程桌面的客户端（本地主机）连接到不同地点的运行 Windows XP 的远程主机。例如，用户可以从家里的计算机连接到工作单位的计算机，并访问所有程序、文件和网络资源，就像坐在单位里计算机前面一样。用户可以让程序在单位的计算机上运行，回家后在家里计算机上可以看到正在运行该程序的单位的计算机的桌面。这对长期从事信息技术工作的人员有重大意义，因为可以通过访问远程主机，为客户解决软件安装、系统维护等问题，节省了出现场的时间、经费等。

利用远程桌面连接，用户可以轻松连接到运行 Windows 的远程计算机上，所需要的就是网络访问和连接到其他计算机的权限，也可以为连接指定特殊设置，并保存该设置，以便下次连接时使用。

需要特别指出的是，使用远程桌面登录的账户必须设置密码（许多 Windows XP 用户疏于为自己的账户设置口令），没有设置用户密码的用户账户是无法使用远程桌面登录的。

（1）在 Windows XP 下创建远程桌面连接

① 在"开始"→"程序"或"所有程序"→"附件"→"通信"→"远程桌面连接"，打开远程桌面连接。

② 在"计算机"框中输入计算机名或 IP 地址。

③ 单击【连接】按钮，根据使用的 Windows 版本，显示"Windows 安全性"或"登录到 Windows"对话框。

④ 在"Windows 安全性"或"登录到 Windows"对话框中，输入用户凭据（如用户名、密码和域名），然后单击【确定】或【提交】按钮。

（2）使本地资源在远程桌面会话中可用

在使用远程桌面时，用户往往希望在本地和远程主机之间交换或复制文件，或者选择是否允许远程计算机访问本地计算机上的资源，如磁盘驱动器、串行端口、打印机或智能卡。这称为"资源重定向"。除非组策略设置禁止资源重定向，否则可以将本地资源重定向到远程计算机，方法是：在远程桌面连接中，选中"本地资源"选项卡上"本地设备和资源"部分中的相应复选框。

使这些资源可用于远程计算机意味着在会话持续期内可由该远程计算机使用。例如，假定用户选择使本地磁盘驱动器可用于远程计算机，则可以与远程计算机轻松地来回复制文件，同样意味着远程计算机可以访问本地磁盘驱动器的内容。如果出现不合适宜的情况，则可以清除相应复选框，以阻止本地磁盘驱动器或其他本地资源重定向到远程计算机。

（3）在远程桌面会话期间进行剪切和粘贴操作

许多远程桌面连接和终端服务连接提供剪贴板共享功能，使用户可以将远程会话中使用的程序剪切和粘贴到本地计算机上运行的程序，反之亦然。

从某个程序剪切或复制信息时，该信息移至剪贴板并被保留，直到清除剪贴板或剪切/复制了其他信息。

由于剪贴板已在本地计算机和远程计算机之间共享，因此可从远程桌面连接窗口内的文档中复制和粘贴文本或图形，然后将其粘贴到本地计算机上的文档中。

5.4 常用网络技术

1. 局域网概述

局域网（Local Area Network，LAN）是在一个较小的范围（一个办公室、一幢楼、一家企业、一个校园等）内，利用通信链路将众多计算机及外设连接起来，达到数据通信和资源共享目的的一种网络，也是计算机网络中最为重要的链路形式之一。局域网的研究始于 20 世纪 70 年代，以太网（Ethernet）是其典型代表。

与广域网（Wide Area Network，WAN）相比，局域网具有以下特点：

① 较小的地域范围，仅用于办公室、机关、企业、学校等单位内部联网，其范围没有严格的定义，一般为 0.1～25 km 范围内。相比之下，广域网的分布是一个地区、一个国家乃至全球范围。

② 高传输速率和低误码率。局域网传输速率一般为 10 Mbps～1000 Mbps，误码率一般为 10^{-8}～10^{-11}，几乎可以忽略不计。

③ 局域网一般为由单位或部门内部进行控制管理和使用，而广域网往往面向一个行业或全社会服务；局域网一般采用同轴电缆、双绞线、光纤等传输介质建立单位内部的专用线路，而广域网则较多租用公用线路或专用线路，如公用电话网、公用数据网、卫星等。

决定局域网特征的主要技术有三种：连接各种设备的拓扑结构、数据传输形式、介质访问控制方法。这三种技术在很大程度上决定了传输介质、传输数据的类型、网络的响应时间、吞吐量、负载特性、利用率和适用场合等网络特征。

（1）拓扑结构

局域网具有几种典型的拓扑结构：星型（Star）、环型（Ring）、总线型（Bus）。图 5-18（a）是星型网。近年来，集线器（Hub）和交换机（Switch）在局域网中大量使用，使得星型以太网和多级星型结构的以太网获得了非常广泛的应用。图 5-18（b）是环型网。环形拓扑结构在局域网中曾被广泛使用过，采用分布式控制机制，具有结构对称性好、传输速率较高等特点。令牌环网（Token Ring）和 FDDI（Fiber Distributed Data Interface）均是环型拓扑结构的典型例子。图 5-18（c）为总线网，各站直接连在总线上。总线拓扑的重要特征是可采用广播式多路访问方法，其典型代表是著名的以太网。总线结构曾经是局域网中采用最多的一种拓扑形式，其优点是可靠性高、扩充方便。

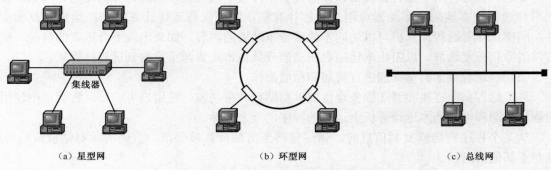

（a）星型网　　　　　　　　　（b）环型网　　　　　　　　　（c）总线网

图 5-18　局域网常用的拓扑结构

（2）传输形式

局域网的传输形式有两种：基带传输和宽带传输。基带传输是指把数字脉冲信号直接在传输介质上传输，宽带传输是指把数字脉冲信号经调制后再在传输介质上传输。基带传输使用的典型传输介质有双绞线、基带同轴电缆和光导纤维，宽带传输使用的典型传输介质有宽带同轴电缆和无线电波等。局域网中主要的传输形式为基带传输，宽带传输主要用于无线局域网。

（3）介质访问控制方法

考虑到把一批计算机连接成网络，可能考虑的方案有三个：全连接（即每台计算机与其他所有计算机进行一对一的连接）、交换式连接（如同使用电话交换的方式）、共享连接（所有计算机全部连接到一个节点）。第一种方案不可行的原因显而易见，成本太高，不易扩展。第二种方案需要引入交换节点，容易增加成本。第三种方案成本最低，所以在一开始，局域网技术就采用共享连接的模式。共享连接带来的问题是，所有局域网内的计算机应该按照什么样的方法有序地访问共享的信道。

介质访问控制方法即是这样的信道访问控制方法（简称访问方法），是指网络中的多个站点如何共享通信媒体。介质访问控制方法主要有五类：固定分配、按需分配、适应分配、探询访问和随机访问。设计一个好的介质访问控制协议有三个基本目标：协议简单，通道利用率高，对网络上各站点的用户公平合理。局域网采用的介质访问控制方法有 CSMA/CD、CSMA/CA（常用于无线局域网中）、Token Passing 等。

与这三种技术密切相关的网络特征之一是局域网中所使用的网络传输介质。局域网中使用最广泛的网络传输介质包括：同轴电缆、双绞线、光纤和无线介质。同轴电缆是一种传统的传输介质，既可用于基带系统，又可用于宽带系统，在传统局域网中应用较广泛。但随着双绞线介质的广泛应用，同轴电缆正在逐步退出市场。双绞线是一种廉价介质，重量轻、安装密度高，最高传输速率已达 1000 Mbps，在局域网上被广泛使用。光纤是局域网中最有前途的一种传输介质，传输速率可达 1000 Mbps 以上，误码率极低（小于 10^{-9}），传输延迟可忽略不计。光纤具有良好的抗干扰性和安全性，不受任何强电磁场的影响，也不会泄漏信息。此外，局域网也可采用微波、卫星、红外等无线媒体来进行数据传输，现在正在获得广泛应用的无线局域网（WLAN）是其典型例子。

2．常用局域网设备

网卡（NIC）：负责计算机与网络介质之间的电气连接、比特数据流的传输和网络地址确认。主要技术参数为带宽速度、总线方式、电气接口方式。常见的网卡有以太网、无线和蓝牙等技术规格。

集线器（Hub）：相当于一个多口的信号中继器、一条共享的总线，能实现简单信号再生和专发。主要考虑因素包括带宽速率、接口数、智能化（可网管）、扩展性（可级联和堆叠）。

交换机（Switch）：交换机的出现是为了提高原有网络的性能、保护原有线路投资，提高网路负载能力。交换机技术现在不断更新发展，功能不断加强，可以实现网络分段、虚拟局域网（VLAN）划分应用。

代理路由器：利用 NAT 技术使多台计算机用同一个公网 IP 地址实现网络访问。

不同型号的设备可提供多种不同的网络接口，以适应不同的传输介质（如光缆、双绞线）和速率（10 Mbps、100 Mbps、1000 Mbps）。

局域网具有广泛的应用。将 PC 连成局域网可以共享文件和相互协同工作，还可以共享磁盘、打印机等资源。

3．无线局域网组建

目前，无线局域网技术的基本构件是基本服务集（Basic Service Set，BSS）。BSS 是一个地理区域，与移动电话系统中的蜂窝结构很类似。在这个区域中，遵循同一或兼容标准的无线站点能够互相进行通信。BSS 的服务区域范围和形状取决于它所使用的无线介质的类型和使用介质时所处的环境。例如，使用基于射频介质的网络拥有一个大体上像球形的 BSS，而红外线网络则更多地使用直线 BSS。当信号传播路径上有障碍时，BSS 的边界会变得非常不规则。当一个站点在 BSS 的服务区内移动时，它能够与此 BSS 中的其他站点通信。当它移出这个 BSS 服务区时，通信将会中断。在实用中，为了保证安全，同一 BSS 中的站点都要预先设定统一的名称（BSSID），只有 BSSID 相同的站点才能互相通信，但这在物理上并不是必须的。

一个无线局域网可以包括多个 BSS，各 BSS 之间可以离得很远，以便提供特定区域中的无线网络连接，它们也可以重叠在一起，以便提供大范围的连续的无线连接。

BSS 中有两种类型的设备。一种是无线站点，通常是一台配置了无线网卡的计算机。目前的大部分笔记本配备了无线网卡，也有在台式机中使用 PCI、USB 接口的无线网卡。另一种设备为无线接入点（Access Point，AP），是无线局域网中的"无线基站"。在一个具有接入点的无线局域网中，无线移动站点可以直接与另一个无线移动站点通信，也可以通过无线接入点 AP 与另一个移动站点通信（此时 AP 的作用是负责站点之间的信息转发）。如果把无线接入点 AP 连接到有线局域网上，还可以作为无线局域网和有线局域网之间的桥接器，将多个无线站点接入并聚合到有线局域网上。无线接入点通常包括有无线网络接口（802.11 接口）和有线网络接口（802.3 接口），其操作符合 802.1d 桥接协议。以下用一个案例来说明无线局域网的应用。

越来越多的小型单位通过 DSL、电缆调制解调器、宽带、卫星等技术接入因特网。通常，当 PC 直接连接到电缆调制解调器或 DSL 调制解调器，ISP 就会为它分配一个 IP 地址。虽然大部分 ISP 只提供一台计算机的接入，但用户可以对其进行共享，让多台计算机使用同一个

IP 地址访问因特网。这是通过一种称为网络地址转换（Network address translation，NAT）的因特网标准来实现的。

把一个小型局域网接入到因特网，可以通过一个无线路由器或普通路由器实现，该路由器从 ISP 处获取一个 IP 地址，称为外部地址，局域网内的 PC 从路由器那里获取自己的 IP 地址，通常称为内网地址，如 10.0.0.10/8 或 192.168.1.0/24，因为这些地址的前缀不会在因特网上使用。从外界看，其 IP 地址就是路由器的外部地址。当第二台计算机接入因特网，路由器则指派给它一个不同的内网 IP 地址（见图 5-19）。

从外界看，第二台计算机的地址看上去也是路由器的 IP 地址。用同样的方法可以连接很多台计算机，每台计算机都有一个唯一的内部地址，但具有相同的外部地址。一个分组离开网络后，NAT 把本地地址转换成一个全局唯一的地址。当它进入该域时，NAT 再把那个全局特定地址转换成本地地址。对 ISP 和外界来说，用户只通过一台计算机接入因特网。NAT 不仅允许多台计算机共享一个 ISP 地址，还允许从因特网上屏蔽局域网内计算机的真实 IP 地址，从而提供一种额外的安全措施。

同时，以上网络连接方式也为单位或家庭内部计算机的对等网络互连提供了物理基础，在此基础上，可以实现局域网内的资源共享。

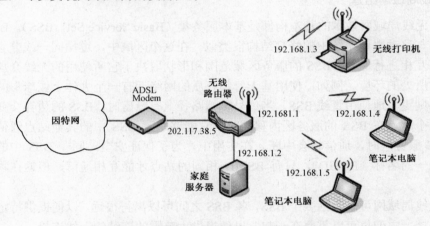

图 5-19　使用无线路由器实现 NAT 形式的局域网接入因特网

5.5　网络应用综合案例

5.5.1　搜索引擎和网络资源应用

对于搜索引擎，大家都不陌生。但是，是否系统地研究过搜索引擎，关注其最新的发展，则是一个值得探讨的问题。本节探讨两个著名的搜索引擎和高等院校网络资源的应用。

1．百度

百度是全球最大的中文搜索引擎，2000 年 1 月由李彦宏、徐勇两人创立于北京中关村，致力于提供"简单、可依赖"的信息获取方式。"百度"二字源于中国宋朝词人辛弃疾的《青玉案·元夕》诗句中："众里寻他千百度"，象征着其对中文信息检索技术的执著追求。

百度拥有全球最大的中文网页库，收录中文网页已超过 20 亿，并且每天都以千万级的速度在增长；同时，百度在中国各地分布的服务器，能直接从最近的服务器上把所搜索信息返回给当地用户，使用户享受极快的搜索传输速度。目前，百度的产品如图 5-20 所示。

百度网页搜索	百度新闻	百度贴吧	百度知道	百度百科	百度MP3
百度图片	百度视频	百度游戏大厅	百度有啊	百度Hi	百度财经
百度工具栏	百度地图	百度搜藏	百度影视	百度玩吧	百度娱乐
百度安全中心	百度币	百度公益	百度博客搜索	百度常用搜索	百度传情
百度词典	百度大学搜索	百度地区搜索	百度法律搜索	百度风云榜	百度国学
百度行业报告	hao123	百度黄页	百度游戏频道	百度空间	百度老年搜索
百度盲道	百度杀毒	百度少儿搜索	百度世界之窗	百度视频搜索	百度手机搜索
百度手机娱乐	百度统计数据	百度图书搜索	百度网站	百度WAP贴吧	百度WAP知道
百度文档搜索	百度文化	百度下吧	百度硬盘搜索	百度音乐盒	百度专利搜索
百度邮编	百度指数	百度音乐掌门人	政府网站搜索	邮件新闻订阅	教育网站搜索

图 5-20　百度产品

百度提供高级搜索（可以按照文件的类别在网络上搜索）和地图信息检索，如图 5-21 所示。

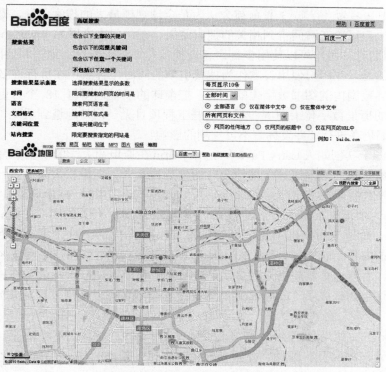

图 5-21　百度高级搜索和百度地图

属于百度旗下的百度百科是一部内容开放、自由的网络百科全书，旨在创造一个涵盖所有领域知识、服务所有互联网用户的中文知识性百科全书。

百度百科（见图 5-22）本着平等、协作、分享、自由的互联网精神，提倡网络面前人人平等，所有人共同协作编写百科全书，让知识在一定的技术规则和文化脉络下得以不断组合和拓展；充分调动互联网所有用户的力量，汇聚上亿用户的头脑智慧，积极进行交流和分享；同时实现与搜索引擎的完美结合，从不同的层次上满足用户对信息的需求。截至 2010 年 4 月，百度百科已经收录词条 2 103 235 个。百度百科提供的是用户自己想要的全面、准确、客观的定义性信息。用户可以在百度百科查找感兴趣的定义性信息，也可以创建符合规则、尚没有收录的内容，或对已有词条进行有益的补充完善。

图 5-22 百度百科上有关"平板电脑"的词条

2. Google

Google（中文名为"谷歌"）目前被公认为是全球规模最大的搜索引擎，提供了简单易用的免费服务，用户可以在瞬间得到相关的搜索结果。在访问中文网站 www.google.com.hk 或其他 Google 域名时，用户可以使用多种语言查找信息、查看股价、地图和要闻。

值得关注的是，在用户使用谷歌作为搜索引擎的同时，谷歌正在进行许多工程浩大的项目，如把全世界范围内的图书数字化的工程，把全球的卫星地图每 18 个月更新一次，把世界各主要城市的街景数字化上网等。尽管这些工程项目无一例外地遭到质疑、反对、陷入纠纷等，但是它们仍在进行，并发挥着不可预测的影响。

Google 起源于其创始人 Larry Page 和 Sergey Brin 在斯坦福大学的学生宿舍内共同开发了全新的在线搜索引擎，然后迅速传播给全球的信息搜索者。斯坦福大学学生 Sean Anderson 把谷歌搜索引擎和谷歌的名字带给谷歌创始人 Larry Page。当时 Anderson 和 Page 坐在办公室，试图想出一个很好的名字，一个能够与海量数据索引有关的名字。Anderson 说到了"googol"一词，是指 10 的 100 次幂，写出的形式为数字 1 后跟 99 个零，可用来代表在互联网上可以获得的海量信息资源。当时 Anderson 正在计算机前，就在互联网域名注册数据库里面搜索了一下，看看这个新想出来的名字是否被注册和使用。Anderson 犯了一个拼写错误，他在搜索中把这个词打成了"google.com"，发现这个域名可以使用，这就成为了 Google 的第一个域名。

目前，Google 的产品线已经发展得很长（见图 5-23），而且在不断增长。可以看到，除了各种分类搜索，如网页、图片、视频、地图、资讯（新闻）、音乐、问答之外，还有专门的学术文献、生活信息的搜索。

除了搜索业务之外，Google 还发布了在线电子邮件（Gmail）、浏览器（Google Chrome）和操作系统产品（Chrome OS）。

Gmail（见图 5-24）是 Google 公司在 2004 年 4 月 1 日发布的一个免费电子邮件服务。在最初推出时，新用户需要现有用户的电子邮件邀请，但 2007 年 2 月 7 日，谷歌宣布将 Gmail 的注册完全开放，不再需要现有用户的电子邮件邀请。Gmail 最初推出时有 1 GB 的储存空间，大大提高了免费信箱容量的标准。目前，Gmail 用户已可以享有超过 7 GB 的容量，并且以大约每月 10 MB 的速度在增加。Gmail 最令人称道的就是它的使用界面（将来往邮件"装订"在一起，方便用户追溯），不但容易使用而且速度很快。Gmail 在 2009 年 7 月 7 日正式取消了 Beta 标志。这意味着 Gmail 在推出 5 年多后终于转为正式版本。

图 5-23　Google 产品

图 5-24　Gmail 界面

Gmail 用户可以使用除了邮件收发之外的许多原来只有在桌面操作系统才可以完成的工作，如工作日程（日历）管理、文档处理、照片管理、项目协作等。

在 Chrome OS 中，绝大部分应用都将在 Web 中完成，迅速、简洁、安全是其重要特征，Chrome OS 用户不用担心病毒、恶意软件、木马、安全更新等方面的问题。

由于 Google 产品需要依赖网络来完成用户任务，所以网络带宽和服务器的响应能力成为关键，为此，谷歌公司又在高速网络方面开始了新的投入和开发。

3．院校网络信息资源的检索

大部分国内高等院校的信息资源由图书馆负责提供，而目前的院校图书馆除了将传统的图书馆馆藏书刊、论文信息上网之外，也负责各种学术、科技、工程类国内外网络数据库向院校用户开放（见图 5-25）。

由于商业化数据库的契约约束，大部分网络资料库只向本院校用户开放（即只能从本校的 IP 地址访问），这就给家住校外的本校用户（包括教职员、学生等）的访问造成困难。解决途径之一是由学校提供专门的访问通道（如虚拟专网 VPN）的形式来解决。一般需要下载专门的客户端软件、填写注册和申请表格、批准后获得专用通道的用户名和口令，在网络连通后，经过专门通信软件登陆到学校图书馆的访问服务器。这样，无论用户在哪个地域或网络中，都可以访问学校的网络资料库。

图 5-25　西安交通大学图书馆提供的馆藏（英文、中文网络资料库）

4．EI 检索

EI 即《工程索引》，创刊于 1884 年，由 Elsevier Engineering Information Inc.编辑出版，主要收录工程技术领域的论文（主要为科技期刊和会议论文），数据覆盖了核技术、生物工程、交通运输、化学和工艺工程、照明和光学技术、农业工程和食品技术、计算机和数据处理、应用物理、电子和通信、控制工程、土木工程、机械工程、材料工程、石油、宇航、汽车工程等学科领域。

EI 收录的论文分为两档：美国《工程索引》（Engineering Index）光盘版和 EI Compendex 标引文献。前者由美国工程信息公司提供，数据从 2600 余种国际工程期刊、科技报告和会议录中选取，涉及主题有：化学、建筑工程、污染、科学与技术。后者是 EI 的网络版，内容包括原来光盘版（EI Compendex）和后来扩展的部分（EI PageOne）。该数据库侧重提供应用科学和工程领域的文摘索引信息，数据来源于 5100 种工程类期刊、会议论文和技术报告，其中：化工和工艺的期刊文献最多，约占 15%，计算机和信息技术类占 12%，应用物理类占 11%，电子和通信类占 12%，土木工程类占 6%，机械工程类占 6% 等。1995 年以来，EI 公司开发了称为"Village"的一系列产品，Engineering Village 2 就是其中的主要产品之一。

EI Compendex 标引文摘收录论文的题录、摘要、主题词和分类号，并进行深加工；有没有主题词和分类号是判断论文是否被 EI 正式收录的唯一标志。EI PageOne 只标引题录，不列入文摘，没有主题词和分类号，不进行深加工，有的也带有摘要，但未进行深加工，没有主题词和分类号。所以带有文摘不一定算做正式进入 EI。EI compendex 与 EI PageOne 的区别就在于是否有分类码（LL）和主题词（MH，CV）。有这两项就是 EI compendex 收录的，反之，则是 EI PageOne 收录的。

目前,国内有数十所院校订购了 EI Engineering Village 的信息服务,能够访问 EI Engineering Village 和 EI Compendex Web 数据库在清华大学图书馆的镜像站点。美国工程信息公司网址为：http://www.ei.org/。EI 的一般收录检索方式如下。

1）进入 EI Village 检索系统主页，网址为：http://www.engineeringvillage2.org.cn/ 或 http://www.engineeringvillage2.com.cn/。

2）选择数据库：仅选 Compendex，不能选 Inspec 和 NTIS。

3）选择检索时段，如 2004-2008。

4）选择检索字段，输入检索词。例如，要检索作者"Chen Wenge"论文的收录情况，一般可按以下 4 种方式检索：

① 利用作者字段（精确匹配）和机构字段相"与（and）"：

作者（Author）：{chen, wenge} or { chen, wen-ge } or {chen, w.g} or { chen, w.-g} or {chen, w.} or {wenge, cheng}

机构（Author affiliation）：jiaotong OR 710049

注：以上作者姓名输入的是 6 种不同的标引格式，其中前 2 种较为常见，第 3、4 两种缩写格式相对少见，最后 2 种极少见。花括号{ }表示精确匹配。

② 利用作者字段（模糊匹配）和机构字段相"与（and）"：

作者：chen, w*；机构：jiaotong OR 710049

注意：*表示截词，执行模糊匹配，"chen，w*"可包含①中作者的前 5 种格式。

③ 如所有论文均包含某一特定作者（如作者的导师），则可用该作者来限定：

作者：({chen，wenge} or {chen，wen-ge }) and (huang, j*) 或 (chen, w*) and (huang, j*)

④ 如果上述方式查不全，亦可通过题名字段试查，或用其他方式检索。

图 5-26、图 5-27 显示了是通过 EI Engineering Village 网站（http://www.engineeringvillage2.org.cn/）及进行收录检索的实例。

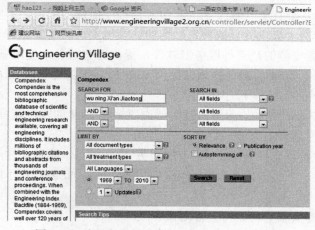

图 5-26　在 EI 网站上输入作者姓名和单位简称

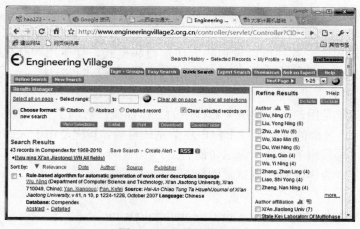

图 5-27　EI 的检索结果

5.5.2　网络服务器安装和测试

服务器（Server）在网络应用中是使用频率很高的一个词。作为计算机硬件，服务器是一种专门的计算机设备，服务器通常可以支持2～4个Xeon 5420处理器（Intel的服务器芯片），具有较高的可靠性、可用性、可扩展性和可管理性。服务器主板上一般集成了大量的监测及管理电路，具有全面的服务器管理能力，可监测如温度、电压、风扇、机箱等状态参数。此外，结合服务器管理软件，管理人员可以及时了解服务器的工作状况。大多数服务器具有优良的系统扩展性，当用户在业务量迅速增大时能够及时在线升级系统。

本节讨论的是作为网络服务模式客户–服务器（Client/Server，C/S）场景中的服务器，由于网络中的大部分应用都在C/S模式下进行，所以用户除了熟悉网络应用的客户端程序（如IE、QQ）之外，了解和掌握服务器程序的选择、安装和配置知识，在企事业单位中会有很大的应用前景。注意，一旦用户掌握了服务器安装、配置和内容发布，就会从一个网络资源的消费者变成生产者。

一般服务器软件安装，需要注意以下几点：

① 服务器软件的功能和性质，服务器属于什么性质的应用程序？

所有的网络应用都要在某种程度上依靠服务器程序提供的服务，不同的服务需要不同的应用程序，如在因特网上提供网页或网站服务的计算机上一般需要运行Web服务器程序。

② 服务器上究竟安装的是哪种服务器软件，提供哪些服务，使用哪些端口号？

例如，本节介绍Xitami的服务器软件提供Web和FTP服务，使用80和21号端口。

③ 服务器所对应的客户端程序是什么？

如果需要使用Xitami提供的服务，就需要浏览器和FTP的客户端程序。

④ 服务器是如何安装的？

一般服务器软件可以支持Windows下的服务（service），即装入注册表。也有一些服务器软件支持绿色安装，不装入注册表，这为测试提供方便。安装方式不同，删除和程序退出方式也不相同的。

⑤ 服务器如何提供服务？如何进行测试？

例如，Web和FTP服务器需要发布内容，邮件服务器需要为用户配置邮箱，各种网络服务需要使用客户端软件进行测试。

⑥ 服务器的配置程序有哪些？

不同的服务器程序有各种可以设定的工作参数和模式，便于用户优化服务器的工作性能。了解到服务器的配置文件，就可以定制服务器的运行模式和方法。

⑦ 服务器程序的常见问题。

最为常见的问题是用户不了解服务器程序的工作性质，启动了多个服务器程序的进程，并由于端口号冲突，多余的进程实际上白白耗费系统资源。其次是由于大部分Windows系统下的防火墙设置，导致服务器软件无法访问。

Xitami的安装、内容发布和测试案例如下。

（1）准备阶段

⊙ 软件下载地址：http://legacy.imatix.com/html/xitami/。

⊙ 实验环境：Windows XP/Vista/7，安装后可直接启动。

- 重要的目录：C:\xitami（服务器程序的安装目录），C:\Xitami\ftproot（FTP 服务器的文件发布和上传），C:\Xitami\webpages（网页发布）。
- 请在 C:\ftproot\pub 目录中放置若干供测试下载的文件，在 C:\Xitami\webpages 目录下存放若干供测试的网页，建议用户使用 Word 制作一个文档，保存成 HTM 格式到 Webpages 目录下，并使用不同的浏览器进行测试。

（2）Web 发布和测试

测试之一：启动浏览器，在地址栏中输入一个测试用的 IP 地址 http://127.0.0.1 或 http://Localhost。如果安装、启动正确，屏幕上会显示一个默认主页（Xitami 的欢迎页面）。

测试之二：使用 IP 地址 127.0.0.1 只能在本地主机上进行测试，如果希望从网络的其他主机上进行测试，需要知道 Web 服务器的 IP 地址。在 Windows XP 下可用 ipconfig.exe 查看 IP 地址："开始" → "运行" →输入 "Cmd"，然后在 DOS 提示符下输入 "ipconfig"。

测试之三：将网页文件（假定文件名为 index.htm）放在 Xitami 的 webpages 子目录下，启动 IE 浏览器，在地址栏中输入 "http://127.0.0.1"，屏幕上就会显示出用户定制的主页。

（3）FTP 发布和测试

Xitami 的 FTP 服务器中预设了三个用户：guest，anonymous 和 upload。用户使用不同的方式访问，则得到不同的访问结果或权限：

当以 anonymous（匿名用户）登录时，用户将登录到 C:\Xitami\ftproot\pub，可以从这里下载文件，但是没有进行上传、修改和删除文件的权限；

当使用 guest 登录（口令为 guest）时，用户将登录到 C:\Xitami\ftproot\guest，其权限与匿名用户相同。

当使用 upload 登录（口令为 upload）时，用户将登录到 C:\Xitami\ftproot\upload，可以向该目录上传文件，但是没有下载、修改和删除的权限。

请读者在所建的 Xitami FTP 服务器上分别用以上三个用户身份登录，进行上传、下载文件操作实验。

（4）Xitami 配置文件

Xitami 中有两个重要的配置文件：Xitami.cfg 和 ftpuser.aut，对这两个文件的修改可以进行服务器端口定制和 FTP 用户名的设定，请读者自行实验。

5.5.3　因特网协议栈和网络指令

因特网协议栈的另一种表达方式如图 5-28 描述。因特网主要协议的组织形式有点像一个沙漏——上下宽、中间窄，这种形状实际上反映了因特网体系结构的中心思想。也就是说，IP 作为体系结构的焦点——它是定义各种网络中交换分组的一种共同的方法。IP 之上可以有多个传输协议，每个协议为应用程序提供一种不同的信道抽象。这样，从主机到主机传送报文的问题就与进程到进程的通信服务的问题分离开，形成所谓的逻辑网络。IP 之下，这个体系结构允许很多不同的网络技术（或物理网络）的共存，从以太网、FDDI（Fiber Distributed Data Interface，光纤分布式数据接口）、ATM、无线网络到传统的点对点链路。

以图 5-28 为纲，我们可以把一些常用的网络指令按照协议栈的层次，加以整理，深化对网络体系结构的理解，同时把网络应用和维护的技能体统化。

（1）应用层：nslookup

检查 DNS 服务是否正常，查询某个域名的相关 IP 地址，查询某个网站的部署情况。从图 5-29 可以看到，西安交通大学的 DNS 服务器的 IP 地址，所查询的新浪网站在教育网有关服务器的 IP 地址等。可以得出，本地 DNS 系统工作正常，新浪在教育网内服务器的域名和部署情况等结论。

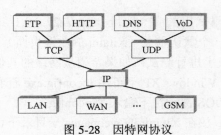

```
C:\Documents and Settings\Cheng Xiangqian>nslookup www.sina.com.cn
Server:  dec3000.xjtu.edu.cn
Address:  202.117.0.20

Non-authoritative answer:
Name:    jupiter.sina.com.cn
Addresses: 202.205.3.143, 202.205.3.130, 202.205.3.142
Aliases:  www.sina.com.cn
```

图 5-28　因特网协议　　　　　　　　　图 5-29　nslookup 的应用效果

（2）传输层：netstat

该指令检查本地主机的端口占用情况：

netstat –an　（Windows 2000/XP）

检查占用本地主机的端口的进程（程序）：

netstat –abn　（Windows XP/）

检查是否有病毒发送 UDP 包、检查是否有本地主机有木马活动（检查处于 listening、established 状态的进程 ）、确认本地主机上必要的服务器进程。

从图 5-30 可以看出，本地主机上运行的 FileZillaServer 和 Skype 分别占用了 21 和 80 端口，而 80 端口的占用可能会影响 Web 服务器的启动。

```
C:\>netstat -abn

Active Connections

  Proto  Local Address          Foreign Address        State           PID
  TCP    0.0.0.0:21             0.0.0.0:0              LISTENING       1952
  [FileZillaServer.exe]

  TCP    0.0.0.0:80             0.0.0.0:0              LISTENING       2380
  [Skype.exe]
```

图 5-30　netstat 指令的应用效果

（3）网络层：ipconfig 和 ping

ipconfig 指令的功能如下：

（1）检查当前主机 IP 地址配置：

ipconfig（Windows 2000/XP）/ Winconfig　　　（Windows 98）

（2）检查本地主机的 MAC 地址：

ipconfig /all

（3）DHCP 网络链接故障处理：

ipconfig /renew

ping 指令有助于验证 IP 级的连通性，可以向目标主机名或 IP 地址发送 ICMP（Internet Control Message Protocol，因特网控制报文协议）报文请求回应。

ping 指令的功能如下：

① ping 环回地址验证是否在本地计算机上安装 TCP/IP 以及配置是否正确：

ping 127.0.0.1

② ping 本地计算机的 IP 地址验证是否正确地添加到网络：

ping IP_address_of_local_host

③ ping 默认网关的 IP 地址验证默认网关是否运行：

ping IP_address_of_default_gateway

④ ping 远程主机的 IP 地址验证能否通过路由器通信：

ping IP_address_of_remote_host

（4）链路层：arp

arp 指令可以进行局域网上各个网络节点（包括 PC 和路由器接口）IP 地址和 MAC 地址的翻译；可以对关键地址对进行静态绑定（如默认网关的地址），防范 ARP 病毒攻击；可以用来侦查局域网内主机当前 IP 和 MAC 地址的对应关系，发现 IP 地址"盗用"。

在网络访问中断时，ARP 病毒作祟也是可能的原因之一。ARP 病毒会发一个假冒的"默认网关"的 ARP 帧，使得路由器的物理地址"出错"；处理对策之一是在 DOS 命令提示符下输入如下命令：

arp －d（清理本地主机上 ARP 表）

然后使用应用程序测试，看看网络连接是否恢复。

但是，由于在网络程序动态运行环境下获得的 ARP 表容易破坏，对网络通信的关键（包括路由器和服务器）地址建议采用"静态绑定"，如使用"arp－s IP_Addr Mac_Addr"绑定。

> 由于 ICMP 具有"双刃剑"的作用，即可以作为网络问题的诊断工具，也有可能为"黑客"用做攻击手段。所以一旦指令测试失败，不能就此确定目标运行不正常，可能对方关闭 ICMP 服务。建议采用其他网络应用程序（Telnet，FTP，IE）进行访问和测试。

本 章 小 结

本节从宏观的角度介绍了因特网的基本组成和一些重要网络应用的工作原理。对于大部分读者最为频繁的网络应用，应该是在网络信息资源的获取上，本章介绍了若干搜索引擎的状况，希望引起读者的关注。对于在高等院校就读的学生，需要关注学校可以提供的得天独厚的信息资源。尽管本章的重点仍然放在基本应用上，但我们希望这个应用不仅是作为网络资源消费者，也应该试图成为网络资源的生产者。

习 题 5

5.1 因特网的主要组成有哪些？

5.2 因特网上有哪些重要的服务模型？

5.3 因特网上有哪些重要的通信模式？

5.4 因特网、内联网、外联网有何不同？

5.5 为什么 Bps 结构可以降低企业信息系统的总体拥有成本（TCO）？

5.6 为什么在地理位置上距离很近的网站，访问起来不如距离遥远的速度快？

5.7 网络接入需要考虑哪些因素？

5.8 什么是主机域名？什么是 DNS？什么是 IP 地址？三者之间有何关联？

5.9 最常用的网络应用有哪些？请说明你所熟悉的客户端程序。

5.10 除了 IE 之外，你使用过哪些浏览器？这些浏览器与 IE 有何不同？

5.11 哪些客户端可以用来进行 FTP 文件下载？

5.12 你是否已经注册了电子邮箱？如何进行访问？

5.13 同为远程访问，Telnet、SSH 和远程桌面有何不同？

5.14 局域网有哪些常用设备？你见过哪几种，是否进行过连接？

5.15 如何在同宿舍或家庭中共享彼此的文件夹、打印机（建议以 Windows XP 为实验环境测试）？

5.16 在家庭环境中，如何使用一个因特网 IP 实现多台计算机的接入？

5.17 如何使用网络进行文件传递？如果需要让你的同伴发送一个 400MB 的文件给你，你会有哪些办法？各有哪些利弊？

5.18 如何利用你所在读学校的图书馆和网络资料库资源？

5.19 因特网中的逻辑网络与物理网络之间有何区别，有何联系？这种联系的最大优点是什么？

5.20 哪些指令可以看出网络体系结构中的某些特点？各自如何使用？具备哪些功能？

第6章　多媒体基础

随着计算机及网络技术的发展，人类获得信息的途径和形式越来越丰富，信息的获得也越来越方便、快捷。计算机网络信息表达的媒体形式逐步从文本、图像、声音进化到视频。媒体的通信方式也由点对点逐步向多播、任意播方向发展。而再说到多媒体技术、多媒体计算机、多媒体网络时，这些媒体是如何分类？各种媒体之间又有何关系呢？

6.1　多媒体基本概念

多媒体一词来自英文中的"Multi-media"，从该词的构成看，是由"多"和"媒体"两部分组合构成的。其中，"多"当然指不止一种，而"媒体"则有多种含义，在计算机领域中主要有两层含义：一是指信息的物理载体，如磁盘、U盘、光盘等；二是指信息的表现或传播形式，如视频、音频、文字、图像等。根据国际电信联盟（International Telecommunication Union，ITU）电信标准部提出的ITU-TI.374建议，可以将媒体划分为如下5类：

① 感觉媒体（Perception Medium）：指能够直接刺激人的感觉器官，使人产生直观感受的各种媒体。如人耳能听到各种声音，人眼能感觉到的各种有形、有色和变化的物体等。

② 显示媒体（Representation Medium）：指感觉媒体与电磁信号之间的变换媒体。显示媒体分为输入、输出显示媒体。输入显示媒体主要负责将感觉媒体变换成电磁信号，如话筒、键盘、光笔、照相机、摄像机等。输出显示媒体主要负责将电磁信号还原成感觉媒体，如显示器、打印机、绘图仪、音响等。

③ 表示媒体（Presentation Medium）：感觉媒体的抽象描述，如文字、声音、图像和视频信息的编码等。通过表示媒体，人类的感觉媒体转换成能够利用计算机进行处理、保存、传输的信息载体形式。

④ 存储媒体（Storage Medium）：指存储表示媒体的物理设备，如磁盘、光盘、磁带等。

⑤ 传输媒体（Transmission Medium）：指传输表示媒体的物理介质，如电缆、光缆、电磁波等。

ITU-TI.374建议将感觉媒体传播存储的各种形式都定义成媒体，人类获得和传递信息的过程就是各种媒体转换的过程。以语音通信为例，首先甲方将以声音（感觉媒体）表达自己的意图，然后通过受话器（输入显示媒体）将语音转换成电磁信号，电话端局的程控交换机通过抽样、量化、编码，将电磁信号转换成比特流（表示媒体）。比特流通过传输链路（传输媒体）传到乙方，通过听筒（输出显示媒体）还原成语音（感觉媒体）。

一般场合下，多媒体指多种感觉媒体的组合，如电视信号就组合了音频和视频信息，网站上也可以组合声音、图像、文字、动画等各种感觉媒体。网络多媒体技术就是利用计算机和网络对多种媒体进行显示、表示、存储和传输的技术。其中，显示和表示是对多媒体信息的处理和加工的过程，存储和传输主要用于企事业单位的多媒体信息服务方面。

多媒体技术是利用计算机对声音、图像、文字等多媒体合成一体进行处理加工、存储和传输的技术，具有以下主要特点。

（1）交互性

交互性是多媒体技术的关键特征。多媒体可以更有效地使用和控制信息，满足对信息的个性化需求。例如，普通电视机是声像一体化的设备，但不具备交互性，因此用户只能使用信息，而不能自由地请求和控制节目。借助网络多媒体的交互性，用户可以获得更多的个性化信息。例如，在数字电视系统中，收发两端可以相互交流，发送方可按照广播方式发送多媒体信息，另一方可以按照接收方的要求向接收端发送所需要的多媒体信息，接收方可随时要求发送方传送所需的某种形式的多媒体信息。

（2）复合性

信息媒体的复合性是相对于计算机而言的，计算机一般只能按单一方式处理信息（如输入与输出相同，称为记录和回放）。信息的复合化或多样化不仅是指输入和获取信息，还表现在信息的输出上，也就是说输入和输出并不一定相同。如果对输入进行加工、组合与变换，则称为创作（authoring）。创作可以更好地表现信息，丰富其表现力，使用户更生动、更有效地接受信息。这种形式曾被大量应用在影视制作中，现在多媒体技术中也采用这种方法。

（3）集成性

多媒体的集成性包括两方面：一是多媒体信息媒体的集成，二是处理这些媒体的设备和系统的集成。在多媒体系统中，各种信息媒体多通道同时统一采集、存储和加工处理，强调各种媒体之间的协同关系及利用它所包含的大量信息。此外，多媒体系统应该包括高速及并行的 CPU、多通道的输入/输出接口及外设、宽带通信网络接口和大容量的存储器，并将这些硬件设备集成为统一的系统。在软件方面，多媒体系统应有满足多媒体信息管理的系统软件、高效的多媒体应用软件和方便的创作软件等。在网络环境下，这些多媒体系统的硬件和软件的处理功能分别被分配在服务器、客户端和交换系统中，并集成为处理各种复合信息媒体的信息系统。

（4）实时性

由于网络多媒体系统需要处理各种复合的信息媒体，决定了它必然要支持实时处理。接收到的各种信息媒体在时间上必须是同步的，如音频和视频信号在电视会议系统中必须严格同步，因此要求传输的实时性，否则失配的声音和影像就没有意义。

6.2　数据压缩

从第 1 章所叙述的内容可知，尽管可以使用基本的编码方案来表示字符、图像和声音，但是包含这些数据的文件可能十分巨大。例如，一幅 640×480 的 265 色位图需要 307200 字节，45 分钟的乐曲 CD 可能需要 475MB 空间。这些文件需要大量的空间来存储、更长的时间来传输，并导致系统响应减缓，从而降低计算机的工作效率。如果可以缩小文件而不丢失数据，就可以避免这些问题。

数据压缩是对数据重新进行编码，以减少存储空间和传输时间需求是处理各种多媒体数据的重要措施。为了压缩文件，需要依照一定的规则或算法删除不必要的数据，以缩减小文件。数据压缩分为有损压缩和无损压缩。有损压缩会删除部分有用的信息，如将带灰度级差的黑白图片保存成为二值的（非黑即白）的，这样可以减少文件尺寸，但失去的级差数据则无法恢复。而无损压缩则可以保留所有有用的信息，在此基础上的压缩是可逆的，即可以在压缩后的数据中添加数据来恢复原状。数据压缩的逆过程有时也称为解压缩或展开。

压缩的水平称为压缩比。例如，压缩比为 20：1 表示压缩后的文件是原始文件的 1/20。数据压缩技术可以用于文字、图像、声音和视频数据。用来对文字、图像、声音和视频文件进行压缩和解压缩的硬软件过程称为 Codec（Compressor/DECompressor）。

1．一般文件压缩

文件压缩可以把一个或多个文件压缩成一个较小文件。PKZIP 和 WinZip 是压缩和解压方面两个最流行的共享软件。通常，这些程序可以产生带.zip 或.rar 扩展名的压缩文件，而且可以压缩可执行程序或者数据文件。文件压缩的优点在于可以减少上传或者发送电子邮件的时间，在文件上传过程中可以避免文件的丢失；而缺点在于必须准备解压缩软件，使用前必须手工将这些文件解压缩。

传统文件压缩模型的一种改进模型是自解压文件，包含压缩后的数据和展开它需要用到的软件。这些文件以.exe 为扩展名。当执行某自解压文件时，它会自动展开所包含的数据。这能节省启动压缩软件、定位要展开的文件，以及实施展开过程的时间。由于自解压文件包含用于展开所需的程序代码，因此这些文件要比非自解压文件稍大一点。通常，自解压文件包含的是程序文件，而不是数据文件。

使用文件压缩工具，可以将文本文件和.BMP 文件压缩 50%～70%。然而，有些类型的文件因为它们本身就是以压缩格式存储的，因而很难再进行压缩。在接下来的内容中，本章将讨论用于压缩文本、图像、视频和声音文件所需要的技术。

2．文本文件压缩

在世界上的大多数语言中，某些字符或单词经常以相同的模式一起出现。正是由于这种高冗余性，而导致文本文件的压缩率会很高。通常，大小合适的文本文件的压缩率可以达到50%或更高。大多数编程语言的冗余度也很高，因为它们的命令相对较少，并且命令经常采用一种设定的模式。对于包含大量不重复信息的文件（如图像或 MP3 文件），则不能使用这种机制来获得很高的压缩率，因为它们不包含重复多次的模式。

如果文件有大量重复模式，那么压缩率通常会随着文件大小的增加而增加。此外，文件压缩效率还取决于压缩程序使用的具体算法。有些程序能够在某些类型的文件中更好地寻找到模式，因此能更有效地压缩这些类型的文件。其他一些压缩程序在字典中又使用了字典，这使它们在压缩大文件时表现很好，但是在压缩较小的文件时效率不高。尽管这一类的所有压缩程序都基于同一个基本理念，它们的执行方式却各不相同。

大多数计算机文件类型都包含相当多的冗余内容——它们会反复列出一些相同的信息。文件压缩程序就是要消除这种冗余现象。与反复列出某一块信息不同，文件压缩程序只列出该信息一次，然后当它在原始程序中出现时再重新引用它。以下使用案例进行说明。

前美国总统肯尼迪（John F. Kennedy）在 1961 年的就职演说中曾说过下面这段著名的话：Ask not what your country can do for you——ask what you can do for your country.（不要问国家能为你做些什么，而应该问自己能为国家做些什么。）

这段话有 17 个单词，包含 61 个字母、16 个空格、1 个破折号和 1 个句点。如果每个字母、空格或标点都占用 1 个内存单元，那么文件的总大小为 79 个单元。为了减小文件的大小，我们需要找出冗余的部分。

可以发现：如果忽略大小写字母间的区别，这个句子几乎有一半是冗余的。9 个单词（ask、

not、what、your、country、can、do、for、you）几乎提供了组成整句话所需的所有东西。为了构造出另一半句子，我们只需要拿出前半段句子中的单词，然后加上空格和标点就行了。

大多数压缩程序使用基于自适应字典的 LZ 算法来缩小文件。"LZ"是指此算法的发明者 Lempel 和 Ziv，这里的"字典"是指对数据块进行归类的方法。

排列字典的机制有很多种，也可以像编号列表那样简单。在检查肯尼迪这句著名讲话时，可以挑出重复的单词，并将它们放到编号索引中，然后直接写入编号而不是写入整个单词。

因此，如果我们的字典如图 6-1 所示。上面的句子现在就应该是这样的：

1.	ask
2.	what
3.	your
4.	country
5.	can
6.	do
7.	for
8.	you

图 6-1 自适应字典

1 not 2 3 4 5 6 7 8 ── 1 2 8 5 6 7 3 4

如果了解了这种机制，那么只需使用该字典和编号模式即可轻松重新构造出原始句子。这就是在展开某个下载文件时，计算机中的解压缩程序所做的工作。用户可能还遇到过能够自行解压缩的压缩文件。若要创建这种文件，编程人员需要在被压缩的文件中设置一个简单的解压缩程序。在下载完毕后，它可以自动重新构造出原始文件。

但是使用这种机制究竟能够节省多少空间呢？"1 not 2 3 4 5 6 7 8 ── 1 2 8 5 6 7 3 4"当然短于"Ask not what your country can do for you ── ask what you can do for your country."，但应注意的是，我们需要随文件一起保存这个字典。

在实际压缩方案中，计算出各种文件需求是一个相当复杂的过程。让我们回过头考虑一下上面的例子。每个字符和空格都占用 1 个内存单元，整个原句要占用 79 个单元。压缩后的句子（包括空格）占用了 37 个单元，而字典（单词和编号）也占用了 37 个单元。也就是说，文件的大小为 74 个单元，因此我们并没有把文件大小减少很多。

但这只是一个句子的情况。可以想象，如果用该压缩程序处理完肯尼迪讲话的其余部分，我们会发现各种单词重复的情况。为了得到尽可能高的组织效率，可以对字典进行重写。

请记住，在使用压缩文件之前必须解压，如果试图使用文字处理软件打开某被压缩的文件，只会看到一堆乱码。通常，文字处理软件甚至不会打开这种文件，相反会显示一个错误信息，说明此种文件类型（含有 .zip 扩展名）不能打开。看到这种信息，就应该想到应该先把它解压缩。

3. 图形文件压缩

原始位图图像文件的计算方法我们已经了解，然而它们通常包含可以压缩的重复数据，如大块的具有同一种颜色的区域等。游程编码（run length encoding）是一种字节检索和匹配模式，并用可利用作为压缩技术。例如，假设图像中有一个 100 像素的白色区域，并且每个像素用 1 字节来表示。经过游程编码压缩后，这一串 100 字节的数据被压缩成 2 字节。BMP 文件通常包含没有压缩过的位图文件。当使用 PKZIP 或者 WinZip 对 BMP 文件进行压缩处理时，压缩后文件的大小比原来要小得多。

以 .tif、.png、.gif 和 jpg 为文件扩展名的文件包含已存储为压缩格式的位图图像，用于打开和保存这些文件的图像软件本身就包含压缩和解压缩这些文件的程序代码。压缩和解压缩过程是自动进行的。

被压缩的图像文件格式也分为有损压缩和无损压缩。有损压缩会"抛弃"图像部分原来的数据；从理论上讲，人眼感觉不到这种信息丢失。把普通彩色照片保存成为 JPEG（Joint

Photographic Experts Group，联合图像专家组）格式、GIF（图像交换格式）格式就使用有损压缩，用于普通照片和网络应用。而 TIFF （Tag Image File Format，带标志的图像文件格式）、PNG（Portable Network Graphic Format，可移植网络图形格式）就是无损压缩，用于出版、打印等高质量图片处理。

当存储图像时，大部分图像软件会让用户选择图像的存储格式。图像一旦使用压缩格式（如 TIFF、GIF、JPEG、PCX）进行存储后，压缩软件（如 PKZIP）很难再把它变小。而以未压缩格式（如 BMP 格式）存储的图像使用压缩软件压缩时可以达到很高的压缩比。

4．MP3 音乐压缩

尽管可以使用诸如 PKZIP 和 WinZip 之类的压缩软件来压缩 WAV 和 MIDI 文件，但是压缩比通常不理想。MP3 是压缩音乐数据的最流行格式，是 MPEG 压缩的变种，术语称为"MPEG Audio Layer 3"。MP3 是有损压缩技术，因为它可以过滤语音之外的声音数据。然后，其他压缩过程对其他数据应用相当复杂的压缩算法。MP3 可以保持很高质量的声音效果，同时显著减小文件大小，一般的压缩比为 12∶1。

可以根据自己喜欢的音乐 CD 来创建自己的 MP3 文件。例如，"豪杰超级解霸 3000"可以帮助用户将 CD 曲目转换为 MP3。尽管播放音质有所损失，但携带和播放可以方便许多。

5．视频文件压缩

视频由一系列帧组成，每一帧是一幅位图图像，因此未经压缩的视频需要巨大的存储空间。可以通过减少每秒钟播放的帧数、减少视频窗口的大小，或者只对每帧之间变化的内容进行编码，从而在个人计算机上播放视频。

Video for Windows、QuickTime 和 MPEG 是进行编码、压缩、存储和播放数字视频时常常采用的格式。Video for Windows 文件的扩展名为.avi，QuickTime 文件的扩展名为.mov，尽管 MPEG（Moving Picture Experts Group，运动图像专家组）文件的扩展名为.mpg，但是从技术上来说它是一种压缩方法，而不是文件格式。MPEG 可以将 2 小时的视频压缩成几 GB。

每秒钟播放的帧数直接影响到了视频的平滑性。高质量的视频每秒钟需要播放 30 帧，低质量的视频每秒钟仅仅播放 10～15 帧，这样的视频可能会有些抖动，但对于某些计算机应用来说已经足够了，如培训用的视频或动画产品的花絮。

使得计算机可以播放视频的另一种方法是减少图像的大小。显示一个只有屏幕 1/4 大小的图像所需要的数据只有全屏图像数据的 1/4，所以大部分计算机视频应用只使用计算机屏幕上的一个小窗口。

如果使用诸如 JPEG 之类的标准图像压缩技术来压缩每帧，则也可以减小视频文件的大小。根据帧中数据不同，这种名为帧内压缩的技术也可以产生 20∶1～40∶1 的压缩比。

另一种技术需要计算机计算两帧之间的差别，并且只存储改变的数据。假设有一个每帧之间变化不太大的视频片断，如正在说话的头部是一个很好的例子，只有嘴和眼睛在变化，而背景却保持相当的稳定。则一种称为运动补偿的技术可以只存储每帧之间变化的数据，而不需要存储每一帧中所有的数据。根据数据的不同，运动补偿的压缩比可以达到 200:1。

6.3　图形和图像处理

本节从所有图形、图像的共同特点——色彩——开始讨论，然后描述图形、图像文件格式、位图图片处理工具和位图到矢量图的转换等。

6.3.1　色彩的模型与处理

色彩是人眼看到的光线呈现方式。光线可以反射、传导、折射或放射。根据科学常识，我们知道，人眼只能够看到电磁波光谱的一部分，也就是可见光谱。颜色模型旨在描述我们看到的和使用的颜色。每个颜色模型代表一种描述和分类色彩的方法，而所有的颜色模型都使用数值来代表可见的色彩光谱。色域就是使用特定颜色模型（如 RGB 或 CMYK）所产生的颜色范围。其他颜色模型则包括 HSL、HSB、Lab 和 XYZ 等。颜色模型决定了数值之间的关系，而色域则定义这些颜色数值所代表的绝对意义。

有些颜色模型具有固定的色域（如 Lab 和 XYZ），因为它们与人类看见颜色的方式直接有关。这些模型可以用"与装置无关"来形容。其他颜色模型（RGB、HSL、HSB、CMYK等）则可以拥有许多不同的色域。因为这些模型会随着每个相关的色域或装置而有所不同，所以它们又可以用"与装置相关"来形容。

例如，RGB 颜色模型有许多 RGB 色域：Color Match、Adobe RGB、sRGB 和 Pro Photo RGB。尽管采用了相同的 RGB 值（R=220、B=230 和 G=5），这个色彩在每个色域中看起来可能都不一样。

（1）RGB 模型

大部分的可见光谱都可透过以不同比例和强度混合的红色、绿色和蓝色光来表示，而在颜色重叠的部分，则会建立间色（青色、洋红色、黄色）和白色。

RGB 模型也被称为加色模型，可以透过在不同组合中混合光谱的光源建立加色。将所有颜色加起来时会建立白色，也就是说，所有可见的波长都会传回眼睛。加色法颜色可用在照明、视频及屏幕上，以屏幕为例，它的颜色是透过红色、绿色和蓝色的荧光光线而形成的（见图 6-2）。

（2）HSB 模型

HSB（Hue, Saturation and Brightness）色彩模式是根据日常生活中人眼的视觉特征而制定的一套色彩模式，比较接近于人类对色彩辨认的思考方式。HSB 色彩模式以色相（H）、饱和度（S）和亮度（B）描述颜色的基本特征，可以用一个圆柱体的模型来表示（见图 6-3）。

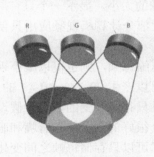

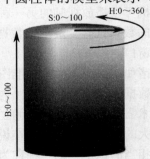

图 6-2　RGB 加色模型　　　　　　图 6-3　HSB 色彩模式

色相指从物体反射或透过物体传播的颜色。在 0°～360°的标准色轮上，色相是按位置计量的。在通常的使用中，色相由颜色名称标识，如红（0°或 360°）、黄（60°）、绿（120°）、青（180°）、蓝（240°）、洋红（300°）。

饱和度是指颜色的强度或纯度，用色相中灰色成分所占的比例来表示，0%为纯灰色，100%为完全饱和。在标准色轮上，沿着半径方向，从中心位置到边缘位置的饱和度递增。

亮度是指颜色的相对明暗程度，沿着圆柱的高度方向，通常将 0%定义为黑色，100%定义为白色。

HSB 色彩模式比 RGB、CMYK 色彩模式更容易理解。但由于设备的限制，在计算机屏幕上显示时，要转换为 RGB 模式，作为打印输出时，要转换为 CMYK 模式。

（3）CMYK 模型

CMYK 模型是依据列印在纸张上的油墨吸光性为准，当白光打到半透明的油墨上时，一部分可见波长会被吸收（减去），其他的则会反射到人们眼睛，因此称为减色法颜色（见图 6-4）。

理论上来说，纯青色（C）、洋红色（M）和黄色（Y）颜料会互相结合而吸收所有光线，然后产生黑色。由于所有的印刷油墨都会含有一些杂质，所以这三种油墨的结合实际上会产生棕色。因此，在四色印刷中，除了青色、洋红色和黄色油墨之外，还会使用黑色油墨（K）。用 K 而非 B 代表黑色（Black），是为了避免与蓝色（Blue）混淆。

（4）Lab 模型

Lab 模式是根据国际照明协会（Commission Internationale Eclairage，CIE）在 1931 年所制定的一种测定颜色的国际标准建立的，于 1976 年被改进并命名的一种色彩模式。

Lab 模式既不依赖光线，也不依赖于颜料，它是 CIE 组织确定的一个理论上包括了人眼可以看见的所有色彩（因此被称为与装置无关）的色彩模式。Lab 模式弥补了 RGB 和 CMYK 两种色彩模式的不足。

Lab 模式由三个通道组成，但不是 R、G、B 通道。它的一个通道是亮度，即 L，另外两个是色彩通道，用 a 和 b 来表示。a 通道包括的颜色是从深绿色（低亮度值）到灰色（中亮度值）再到亮粉红色（高亮度值）；b 通道则是从亮蓝色（低亮度值）到灰色（中亮度值）再到黄色（高亮度值）。因此，这些色彩混合后将产生明亮的色彩（见图 6-5）。

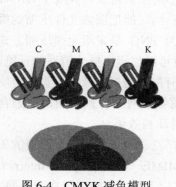

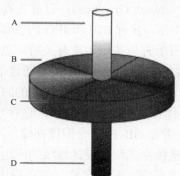

A. 亮度=100（白色）
B. 绿色到红色通道
C. 蓝色到黄色通道
D. 亮度=0（黑色）

图 6-4　CMYK 减色模型　　　　　图 6-5　Lab 模型

Lab 模式所定义的色彩最多，与光线及设备无关，并且处理速度与 RGB 模式同样快，比 CMYK 模式快很多。在图像编辑中使用 Lab 模式再转换成 CMYK 模式时，色彩没有丢失或被替换。因此，最佳避免色彩损失的方法是：应用 Lab 模式编辑图像，再转换为 CMYK 模式打印输出。

当用户将 RGB 模式转换成 CMYK 模式时，一些高级的图像处理软件（如 Photoshop）

将自动将 RGB 模式转换为 Lab 模式，再转换为 CMYK 模式。在表达色彩范围上，处于第一位的是 Lab 模式，第二位是 RGB 模式，第三位是 CMYK 模式。

6.3.2　重要的图形、图像文件格式与应用

图像格式与应用的场合关系密切，在桌面环境中，本地主机的内部总线传输速率高，可以使用标准位图文件，因为没有压缩，处理速度较快。而 Web 应用为了节省传输时间，则必须使用压缩格式。为了说明计算机常用图像格式与 Web 图像格式的不同，我们可以仔细比较计算机和网络中常用的位图图像格式：

① BMP（Bit Mapped Picture）：Windows 系统下的标准位图映射格式，除图像深度可选以外，不采用其他任何压缩，因此 BMP 文件所占用的空间很大。BMP 文件的图像深度可选 1、4、8 及 24 位。BMP 文件为大多数 Microsoft 桌面软件应用。

② JPEG（Joint Photographic Expert Group）：应用最广的 Web 图像格式之一，采用有损压缩算法，将不易被人眼察觉的图像色彩删除，从而达到较大的压缩比（2∶1～40∶1）。

③ GIF（Graphic Interchange Format）：常用 Web 图像格式。彩色分辨率仅为 256 色，分为静态 GIF 和动画 GIF 两种，支持透明背景图像。GIF 动画是将多幅图像保存在一个图像文件中，在依次播放过程中形成动画。

④ TIFF（Tag Image File Format）：由 Aldus 和 Microsoft 公司为桌面出版系统开发的非常灵活的图像文件格式。例如，TIFF 支持黑白二值和灰度图像、256 色、24、32、48 位真彩色图像，同时支持 RGB 和 YUV（这两种为电子显示设备格式）、CMYK（电子印刷业格式）等多种色彩模式。TIFF 文件可以是不压缩的，也可以是压缩的。

⑤ PSD：图像处理软件 Photoshop 专用图像格式。PSD 文件可以存储成 RGB 或 CMYK 模式，还可以保存 Photoshop 的层、通道、路径等信息。PSD 文件体积庞大，在大多桌面软件内部可以通用，但一般浏览器类的软件不支持。

⑥ PNG（Portable Network Graphics）：目前失真度最小的图像格式，吸取了 GIF 和 JPG 二者的优点，存储形式丰富，兼有 GIF 和 JPG 的色彩模式；同时能把图像文件压缩到极限以利于网络传输，又能保留所有与图像品质有关的信息，因为 PNG 是采用无损压缩方式来减少文件的大小；显示速度很快，只需下载 1/64 的图像信息就可以显示出低分辨率的预览图像；支持透明图像的制作。透明图像在制作网页图像的时候很有用，若把图像背景设为透明，用网页本身的颜色信息来代替设为透明的色彩，这样可让图像和网页背景很和谐地融合在一起。但 PNG 不直接支持类似 GIF 的多个图像存储，不支持动画效果。

除了位图图像，矢量图在工程和设计领域的应用非常广泛。表 6.1 列出了重要的矢量图形文件格式，包括文件名后缀、正式名称、简单描述和 MIME（Multipurpose Internet Mail Extensions）类型。看起来，MIME 是电子邮件的扩展，实际上最大的应用仍在万维网上。

矢量图像的特点是图形文件的大小与图形的大小无关，却与图形的复杂度相关。一般矢量图比同等尺寸的位图文件要小，可以节省存储和传输的时间，但在显示时需要较多的系统处理资源。矢量图不仅可以用在桌面设计领域，同样可以用在万维网上进行实时信息的描述和表达等。

表 6.1　矢量图格式

后缀	正式名称	描述	MIME 类型
.ps	PostScript	基于矢量页面描述语言，由 Adobe 研制和拥有	application/postscript
.pdf	可携式文件格式	一个简化的 PostScript 版本，允许包含有多页和链接的文件	application/pdf
.ai	Adobe Illustrator Document	Adobe Illustrator 使用的矢量格式	application/illustrator
.swf	Flash	Flash 既是是用来播放包含在 SWF 文件中的矢量动画的浏览器插件，也是一款以创建 SWF 文件的软件	application/x-shockwave-flash。
.svg	Scalable Vector Graphics	基于 XML 的矢量图格式，由 World Wide Web Consortium 为浏览器定义的标准	image/svg+xml
.wmf	Windows Mate File	作为 Microsoft 操作系统存储矢量图和光栅图的格式	image/x-wmf
.dxf	ASCII Drawing Interchange	为 CAD 程序存储矢量图的标准 ASCII 文本文件	image/vnd.dxf

6.3.3　图片处理工具

光影魔术手（nEO iMAGING）是一个对数码照片画质进行改善及效果处理的软件，简单、易用，可制作精美相框，艺术照，专业胶片效果。即使是初学者，也可以制作出专业胶片摄影的色彩效果，是摄影作品后期处理、图片快速美容、数码照片冲印整理时必备的图像处理软件。

光影魔术手的基本功能和特点包括：

① 基本处理——反转片效果：模拟反转片的效果，令照片反差更鲜明，色彩更亮丽；黑白效果：模拟多类黑白胶片的效果，在反差、对比方面效果明显；数码补光：对曝光不足的部位进行后期补光，易用、智能，过渡自然。

② 人像处理——人像褪黄：校正某些肤色偏黄的人像数码照片；柔光镜：模拟柔光镜片，给人像带来朦胧美；人像美容：人像皮肤白晰化，不影响头发、眼睛的锐度。

③ 特技制作——反转片负冲：模拟反转负冲的效果，色彩诡异而新奇；组合图制作：可以把多张照片组合排列在一张照片中，适合网络卖家陈列商品；冲印排版：证件照片排版，一张 6 寸照片上最多排 16 张 1 寸身份证照片。

④ 摄影专业处理——高 ISO 去噪：可以去除数码相机高 ISO 设置时照片中的红绿噪点，并且不影响照片锐度；自动白平衡：智能校正白平衡不准确的照片的色调；褪色旧相：模仿老照片的效果，色彩黯淡，怀旧情调；色阶、曲线、通道混合器：多通道调整；其他调整包括：锐化、模糊、噪点、亮度、对比度、gamma 调整、反色、去色、RGB 色调调整等。

⑤ 其他功能——批量处理：支持批量缩放、批量正片等，适合大量冲印前处理；文字签名：用户可设定 5 个签名及背景，文字背景还可以任意设定颜色和透明度；图片签名：在照片的任意位置印上自己设计的水印，支持 PNG、PSD 等半透明格式的文件；轻松边框：轻松制作多种相片边框，如胶卷式、白边式等。

在网页发布、照片整理方面，该软件可以给用户带来不少方便。在一次考试报名活动中，由于数码相机设置问题，上千张照片发生白平衡上的问题，蓝色背景变成棕色，如果使用人工方式校正，需要几天时间，而使用该软件的"批量处理"，十几分钟就可以解决。对于照片存在的问题，该软件有诊断中心帮助会诊（见图 6-6）。

图 6-6　光影魔术手诊断中心

6.3.4 位图与矢量图之间的转换

对于很多创意设计人员而言，矢量图是一种优秀的图形格式，因为它便于编辑和修改。如果在日常生活或旅游考察中拍摄的照片中发现一个很好的图形，想把它转换为矢量格式，该怎么办？

让我们来比较一下位图和矢量图的不同。首先要了解，什么是矢量图的本质？实际上，矢量图是由矢量轮廓线和矢量色块组成，文件的大小由图像的复杂程度决定，与图形的大小无关，并且矢量图可以无限放大而不会模糊。

而数码照片被称为像素图（也叫点阵图、光栅图、位图），它们是由许多像马赛克瓷砖一样的像素点（Pixel）组成的，位图中的像素由其位置值和颜色值表示。

很多图形设计软件都支持将像素图转换成矢量图性，这样就可以在矢量图形的基础上再做编辑，达到自己所要的效果。Flash 是常用的动画处理软件，用它的绘图工具绘画的图形都是矢量图。那么，它对于像素图又怎么处理呢？

尽管在图形转换的操作过程中可能会占用大量的系统资源，但为了取得较好的转换效果，还是要尽可能采用分辨率较高的照片。下面以美国芝加哥千禧公园中的著名雕塑"Gate of Cloud"为例（见图 6-7）说明从普通照片中取出矢量图形的过程。

为简化处理，首先需要把该雕塑从繁杂的背景中"取出"，这个过程可以采用一般图像处理软件（如光影魔术手）中的"抠图"功能来处理（见图 6-8）。

图 6-7　美国芝加哥的城市雕塑——云之门

图 6-8　利用"抠图"取出图片中的雕塑

用 Flash 把像素图转换为矢量图的方法和应用基本过程如下：

1）在 Flash 中导入这张 JPG 图片，然后选择"修改"菜单的"位图"→"转换位图为矢量图"命令。在转换之前根据所需要的效果来设置"颜色阈值"、"最小区域"、"曲线拟合"、"角阈值"（见图 6-9）。

图 6-9　Flash 位图转换矢量图的调整参数

2）颜色阈值：参数范围为 1～500。它的作用是在两个像素相比时，颜色差低于设定的颜色阈值，则两个像素被认为是相同的。阈值越大，转换后的矢量图的颜色减少。

3）最小区域：参数范围为 1～1000。它的作用是在指定的像素颜色时需要考虑周围的像素数量，最小区域是的跟踪位图平均不同的颜色值。

4）曲线拟合：参数选择为像素-紧密，决定生成的矢量图的轮廓和区域的黏合程度。

5）角阈值：参数选择为较多转角，决定生成的矢量图中保留锐利边缘还是平滑处理。角阈值控制在轮廓线上凸的趋势。转角越多，上凸的趋势越大。

由位图转换生成的矢量图文件大小一般要缩小，如果原始的位图形状复杂、颜色较多，则可能生成的矢量图的大小要增加。如果要使生成后的矢量图不失真，要把"颜色阀值"和"最小区域"的值设低，"曲线拟合"和"角阈值"两项设置为"非常紧密"和"较多转角"，这样得到的图形文件会增大。但转换出的画面越精细，矢量图的体积也越大。

现在将该图片转换成矢量图，颜色阀值为 50、最小区域为 4 像素、曲线拟合为紧密、角阈值为较多转角。

由于可以通过位图转换成矢量图之后降低图片的体积，因此这个功能对用户处理日常的图片压缩非常有用，但是经过转换后的图片可能达不到原来的效果，这需要对图片再加工。矢量图的处理文件格式较多，经常使用的有.dxf 和.svg 格式，因此可以根据各自熟悉的矢量图处理软件对转换后的矢量进行处理。例如，本例将矢量图导出成为.dxf 格式后，放在 Microsoft Visio 中进行处理（见图 6-10）。

如果要对它进行修改，选择工具箱的箭头工具，此时图片的各个节点很多，我们将图片的显示比例放大，可以看清楚每个节点的细节（注意图 6-11 右上角）。

 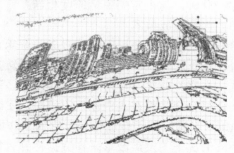

图 6-10 在 Microsoft Visio 工作区中看到的雕塑矢量图　　图 6-11 转换后矢量图像的细节

将图像放大后，看到边缘的节点太多，凹凸不平，修改的方法是把相同颜色中间的节点去掉，通过减少节点减少边缘的棱角。如果色块颜色不同，则不能随意删除相邻的节点。

不管在哪个矢量绘图软件里，将矢量图转换成位图的操作方法是："文件"→"导出"→"位图格式"。如果应用在印刷方面，位图格式一般是 TIFF；如果只是打印或浏览，可转成 JPEG 格式；如果在网络上应用，可转成 Web 适用格式。转换的时候注意分辨率，印刷为 300dpi，网络为 72dpi。

6.4　数字音频技术

多媒体技术中的数字音频技术包括三方面的内容：声音采集及回放技术，声音识别技术，声音合成技术。上述三方面的技术在计算机硬件上都是通过"声效系统"实现的。计算机声效系统具有将模拟的声音信号数字化的功能；数字化后的信号可作为计算机文件进行存储或处理。同时，该系统还具有将数字化音频信号转换成模拟音频信号回放出来的功能。而数字声音处理、声音识别、声音合成则是通过计算机软件来实现的。

1．数字音频技术分类

（1）声音采集及回放技术

无论是语音还是音乐，在运行计算机录音程序并通过声卡录制后，可以以扩展名为.wav的文件放到磁盘上。再运行相应的程序，便对它们进行数字化音频处理，也可将它们通过声卡回放。这些文件的大小取决于录制它们时所选取的参数。

（2）声音识别技术

声音识别技术的主要研究和应用是语音识别。PC 正在朝着微型化的方向飞速发展，PC微型化到一定程度，如仅有手表或戒指大小时，键盘、鼠标之类的输入设备将被新的输入方式代替，语言输入设备将成为一种趋势。当语言操作系统出现时，用语言命令代替键盘和图标命令成为非常自然的事情。

人类使用的文字大致可分为两类：拼音文字和象形文字。拼音文字在学习、拼写、阅读、自动化控制（如计算机）等方面有着绝对的优势。现代计算机技术发展中，拼音文字起着关键性的作用。汉字作为一种象形文字，伴随着计算机技术的发展，其发音方式在计算机的语音识别中却有着突出的优点。同英语相比，汉语语音有着明显的音节，这就使汉语在计算机语音命令处理中有可能成为优秀的操作语言。

目前，汉语语音识别的听写系统的平均最高识别率可达 95%以上，而汉字录入速度可达150 汉字/分钟，与正常的说话速度相当。

（3）声音合成技术

声音合成技术主要用于语音合成和音乐合成（如 MIDI 音乐）。语音合成技术的作用刚好与语音识别作用相反。语音识别是将语音转换成为文本（文字）或代码，而语音合成则是将是文本（文字）或代码转换成相应的发音。语音识别可以在某人讲演的同时自动形成讲话记录稿。而语音合成将在人们输入讲稿时，实时地播出演讲发音。

MIDI 音乐应属于合成音乐，它的工作原理是：在计算机系统和应用软件中固化了各种乐器不同情况下的发声波形采样数据，并且每组数据都对应有一定的代码。这称为"波表"（Wave Table，WT）。当使用 MIDI 音乐编辑软件作曲时，便形成了 MIDI 音乐文件（扩展名为.mid），该文件实际上是上述代码组成的序列。播放该文件，计算机将根据其中代码取出各种波形数据合成为音乐。

2．常见的声音文件格式

以下介绍 5 种在声音处理软件中常见多媒体声音文件格式。

① WAVE（扩展名为.wav）：Microsoft 公司的音频文件格式，来源于对声音模拟波形的采样。用不同的采样频率对声音的模拟波形进行采样可以得到一系列离散的采样点，以不同的量化位数（8 位或 16 位）把这些采样点的值转换成二进制数，并保存成波形文件。

② MPEG-3（扩展名 .mp3）：现在最流行的声音文件格式，因其压缩率大，在网络可视电话通信方面应用广泛，但与 CD 唱片相比，音质不能令人非常满意。

③ Real Audio（扩展名 .ra）：常见于网络应用，强大的压缩量和极小的失真使其在众多

格式中脱颖而出。与 MP3 相同，它也是为了解决因特网网络传输带宽不稳定而设计的，因此主要目标是压缩比和容错性，其次才是音质。

④ CD Audio（音乐 CD，扩展名 .cda）：唱片采用的格式，又叫"红皮书"格式，记录的是波形流，音色纯正、高保真。但缺点是无法直接编辑，文件长度太大。

⑤ MIDI（扩展名 .mid）：MIDI 是 Musical Instrument Digital Interface（乐器数字接口）的缩写。它是由世界上主要电子乐器制造厂商建立起来的一个通信标准，以规定计算机音乐程序电子合成器与其他电子设备之间交换信息和控制信号的方法。MIDI 文件中包含音符定时和多达 16 个通道的乐器定义，每个音符包括键通道号持续时间音量和力度等信息。所以，MIDI 文件记录的不是乐曲本身，而是一些描述乐曲演奏过程中的指令。

3. 录音带转制 MP3

录音带是常见的模拟声音信号的来源，而 MP3 是流行的数字化声音格式。在日常生活和工作中，可以发现很多应用的场景。下面用录音带转制 MP3 为例，说明声音信号数字化的一般过程。

（1）准备工作

先准备好一台收录机（用来播放录音带）、一条用于连接收录机和计算机的一对一音频连接线、计算机和乐曲制作软件（如 GoldWave、MusicMatch、JukeBox 等）。本节将以 GoldWave 为例来详细说明。可以将装有录音带的收录机用音频连接线将计算机的麦克风（MIC）输入与收录机的耳机插孔串接起来。若使用的是收录机上的 Line Out 插孔，就必须连接到计算机的 Line In 信号端，来进行录制。

（2）如何实现软件录音

GoldWave 是典型的绿色安装软件，解压后可以直接使用。在启动 GoldWave 后，会出现一大一小的窗口，一个是 GoldWave 的主界面，另一个则是"控制器"窗口，它主要用做播放、录音等控制和信号频谱、强度展示。

一般的录音带以 60 分钟居多，即一面 30 分钟。作为示例或实验，这里则以 5 分钟长度的录音带为例。在知道录音的时间后，打开新文件（操作方式为："文件"→"新建"），出现"新建声音"对话框，用来设置录音质量。若不知道如何设定，可以在"预置音质设置"的"电话质量、AM、FM、CD、数码录音质量、DVD"等七种设定类型中选择一种即可（见图 6-12）。在此，选择"数码录音质量"。另外，还得设定录音的时间长度（Length），本例选择 5 分钟的长度。

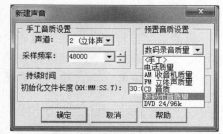

图 6-12　GoldWave 的"新建声音"对话框

接着会出现"无标题 n"的窗口，主要是用来建立一个新的声音文件。在将这个新文件最大化后，可以清楚地看到中间有一条灰色的分隔线，上下各有一条绿色和红色的细线，上方为左声道，下方为右声道声波的表示区域。在"控制器"窗口中，会看到一个红色的按钮即录音钮。在此之前，先在录放机上按 Play，再单击 GoldWave 录音钮，就会看到左右声道两边的声波会上下起伏（见图 6-13），其间的高低会因为录音带内容和声音而有不同的呈现方式。若觉得声音太大或太小，可以在录放机中调整音量，或在"音量"控制中将 MIC 的声音调高。

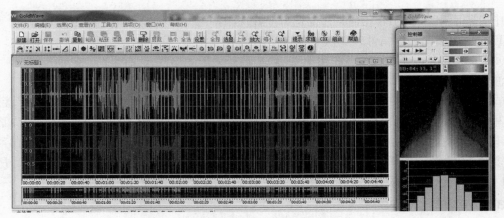

图 6-13　转录音过程的波形图

转录后，接着是转存为数字文件。选择"文件"→"另存为"，出现"另存新文件"窗口，选择适当的文件夹后，再输入文件名，就可将刚转录好的文件存为 WAV 文件。在另存新文件时，窗口下方有一个"属性"，可以用来设定文件的声音质量，如 16bit 立体声和"文件类型"（如 MP3）等。

（3）如何转录录音带中的一段声音

例如，从第 60 秒录到第 300 秒该如何操作？

1）在将录音带的内容转成数字文件后，会看到一个声音波形，此时可以先选到要截取的开始点（如第 60 秒处），再按下鼠标左键，其左方的颜色会变暗。

2）接着选择第 300 秒处，此时单击右键，会发现只有在第 60～300 秒间是较亮的区域。

3）选择好要复制的区域后，再选择"编辑"→"复制"即可，或直接按 Ctrl+C 组合键。

4）选择"编辑"→"粘贴到"，或按 Ctrl+P 组合键，就可以将刚复制的区域粘贴到新的文件中，然后保存即可。

（4）声音降噪处理

一般的录制过程难免会混入噪声，去掉噪声是一件存在技术难度的事情，因为各种各样的波形混合在一起，要把某些波形完全去掉是不可能的。GoldWave 却能将噪声大大减少。

要知道怎么降低噪声，我们先看噪声是怎么产生的。噪声的来源一般有环境、设备和电气噪声。环境噪声一般指在录音时外界环境中的声音，设备噪声指麦克风、声卡等硬件产生的噪声，电气噪声有直流电中包含的交流声、电子线路产生的白噪声、滤波不良产生的噪声等。这些噪声虽然音量不大（因为在设备设计中已经尽可能减少噪声），但参杂在语音中却很不悦耳，尤其中在我们语音的间断期间噪声尤为明显。从图 6-13 波形可看出，在某个时间内没有语音，却有很多不规则的小幅度波形存在。

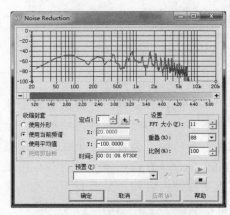

图 6-14　GoldWave 的降噪对话框

GoldWave 的降噪面板如图 6-14 所示。初学者可以先不设置这些选项，保持面板的默认值。只需单击【确定】按钮，等软件处理完成后，再观察无声音处的波形幅度是不是明显减小了。一般情况下，无声处波形应该接近为一条直线，再播放试听一下，噪声已几乎没有了，但语音好像没什么改变。这是因为软件设计过程中研究了很多噪声频谱并设计了噪声样本，然后与实际的声音波形对照，从声音文件中消除了这些噪声。

GlodWave 的"滤波器"菜单中还有"爆破音"、"平滑滤波"等选项。在人们对着麦克风讲话时，有些字的声母发音时有突发式冲击波，造成急促的"爆破音"，选择"爆破音"→"滴答声"，弹出面板中保持默认设置，单击【确定】按钮，即可使爆破音大大压缩。"平滑滤波"选项可使录制的声音更加柔和圆滑。GoldWave 的功能非常丰富，要多实践才能掌握，如果实验结果听着不理想，还可以放弃本次操作。

6.5　数字化视频处理

数字视频技术与数字音频技术相似。只是视频所需的传输带宽更高，大于 6 MHz（Pal制式）。而音频带宽最高也只有 20 kHz（CD 音质）。数字视频技术一般应包括：

① 视频采集回放：与音频采集及回放类似，需要有图像采集卡和相应软件的支持，不同的是，在视频采集时要考虑制式（NTSC 制、PAL 制、数字化格式等）问题和每秒帧数（NTSC制：30 帧/秒、PAL 制：25 帧/秒等）问题。视频采集数据在磁盘上存放时的文件格式多为 AVI和 MPG。其中，MPG 文件的存储量大约为 AVI 文件的 1/5～1/10。

② 视频编辑：对磁盘上的视频文件进行剪辑、逐帧修编、加入特技等处理。

③ 三维动画视频制作：运用相应软件，将静止图像转换成为动画视频图像。

1. 数字化视频的一般处理过程

早期的计算机视频处理系统使用专门的硬件技术，如视频捕获卡（也叫视频转换卡），将模拟视频信号连续地转换成计算机可存储的数字视频信号，并保存在计算机中或在显示器上显示。随着技术发展，相当部分的磁带摄像机都支持普通 PC 通过 USB 接口直接输入模拟电视信号。新一代的数码产品直接将视频信号以数字化格式保存在存储介质上，可以直接进行编辑和后期制作。

视频文件的获取途径可以是摄像机、数码摄像机、手机、数码相机等，视频信息的基本步骤包括：

1）使用摄像机录制课程过程：可以使用磁带摄像机或硬盘、闪盘摄像机。

2）将摄像机内容转入到计算机：使用磁带摄像机需要在摄制完成后，再连接计算机，并用专门的软件，将录制内容进行模拟制式到数字制式的转换和压缩。硬盘、闪盘摄像机则无需此过程，此类摄像机直接将影像使用数字格式记录，并可以直接转存到计算机上。

3）利用视频编辑软件对录相内容进行编辑：一般视频资料发布时需要进行剪辑、加上字幕、音乐等。

4）将视频文件进行适当的转换：为满足用户的不同的要求，有时需要把已经编辑完成的视频文件进行不同的数字制式转换，如将 MPEG 格式的视频转换成 RM 格式的。

5）配置必要的客户端和服务器软件，方便视频资料的发布。由于流媒体的播放器对文件制式有限制，所以，不同的流媒体文件需要配置不同的客户端播放。

假设使用的是磁带摄像机，在摄制完成后，通过 Windows Movie Maker 软件（"开始"→"所有程序"→"附件"→"娱乐"→"Windows Movie Maker"），将录制的内容转换成数字制式的。Windows Move Maker 除了可以将摄像机的图像转换成数字制式外，也可以对视频文件进行剪辑、加字幕和背景音乐等（见图 6-15）。

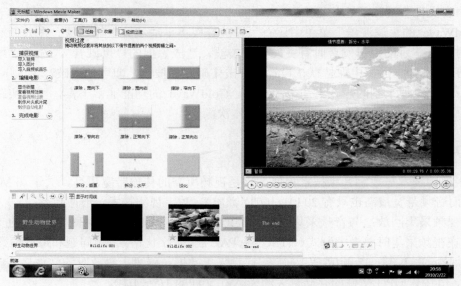

图 6-15　Windows Movie Maker 操作界面

> ① 无论使用哪种类型的摄像机，在使用 Windows Move Maker 之前，必须安装与摄像机对应的驱动程序，否则系统将无法识别摄像机。
> ② 摄像机转换图像到计算机上，与计算机的连接一般会用到 IEEE 1394（但某些 PC 上没有安装，需要配扩展卡）和 USB 接口。如果摄像机支持 USB 连接，由于供电设计上的不同，一般建议使用机箱后部的 USB 连接摄像机。

Windows Movie Maker 简单的制作过程如下：

1）导入视频：可以直接利用计算机中的示例视频（30 秒的"Wildlife.wmv"），导入后，会自动分割成 2 个较小的视频。

2）将视频片断拖入编辑位置。

3）加上片头和片尾。

4）在片头、视频片断和片尾之间加入 3 个视频过渡片断。

5）完成视频作品制作，并选择适当的播放格式（见图 6-16）。

数字视频的挑战来自网络，由于大部分国际或行业标准针对的数字视频技术解决的是桌面视频应用，而桌面环境一般可以保证稳定的传输带宽或播放环境的一致性。但是，在因特网环境中，用户的接入带宽为 36 kbps～4 Mbps，很难保证用户有同样的带宽接入条件。如果视频一定需要下载完毕后播放，不会有太多的用户有这样的耐心。所以，如何保证不同网络条件下在线观看视频，并尽量得到较好的应用体验，是需要解决的一个难题。目前，为解决这个难题，一些厂家推出了网络流媒体的文件格式，见下面的讨论。

2．流媒体技术简介

随着网络宽带化的发展趋势，人们不再满足于因特网中仅有文本、图像等简单信息，越来越希望看到更直观、更丰富的影视节目，流媒体技术由此应运而生。

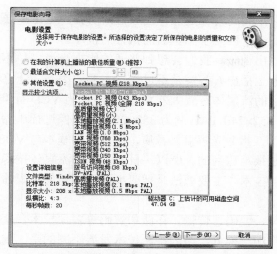

图 6-16 Windows Movie Maker 制作的输出格式

在网络上，传输多媒体信息的方式有下载和流式传输两种。如果将文件传输看作一次接水的过程，下载传输方式就像是对用户做了一个规定，必须等到一桶水接满后才能使用，这个等待的时间自然要受到水流量大小和桶大小的影响。流式传输方式则是打开水头龙，等待一小会儿，水就会源源不断地流出来，不管水流量的大小，也不管桶的大小，用户都可以随时用上水。从这个意义上看，流媒体这个词是非常形象的。

流媒体技术使网络用户不必等待漫长的下载时间，就可以实现在网络上收看、收听影音文件，这一模式与传统的广播、电视播放极为相似，意味着网络媒体对传统广电媒体的冲击真正开始了。

在存储式音频和视频数据流应用中（即所谓的 VoD 和 AoD），客户端请求存放在服务器上的压缩音频和视频文件。这个服务器可以是通常的 Web 服务器，也可以是专门用来为音视频流提供服务的服务器。

用户通常通过 Web 客户（浏览器）提出音频和视频流请求。但是由于音频和视频播放现在并没有集成到客户端中，需要一个辅助应用程序来播放文件。这种辅助应用程序通常叫作媒体播放器，最流行的有 Real Network 的 Real Player 和 Microsoft 的 Windows Media Player。

媒体播放器具有以下功能。

① 解压：为节省存储空间和网络带宽，音频和视频通常都是压缩的。媒体播放器必须在播放时解压。

② 消除抖动：分组的抖动是数据流中分组从源到目的的延迟的差异。由于音频和视频必须同步播放，接收者必须对接收的分组做短期的缓存来消除抖动。

③ 纠错：由于不可预知因特网拥塞，分组数据流中的一段可能丢失。如果此片段非常大，用户就无法接受音频和视频的质量了。许多流式系统尝试恢复丢失的数据，或者通过冗余分组的传送重建丢失的分组，或者直接要求重发这些分组，又或者从收到的数据推断并插入丢失的数据。

④ 带控制部件的图形用户界面：这是用户可操作的部分，包括音量控制、暂停/继续按钮、时间跳跃滑动条等。

媒体播放器的用户界面可以以插件的形式嵌入到 Web 浏览器的窗口中。浏览器已经为此类嵌入预留了空间，而对空间的管理是媒体播放器的责任。无论是嵌入浏览器窗口还是单独的界面，媒体播放器都是一个独立于浏览器而执行的程序。

谈到网络上的在线播出视频，我们会想到普通的影视光盘，是不是可以把影视光盘中存储的文件直接放在服务器上播出？答案是不可以。主要原因是，计算机"桌面"应用的多媒体文件格式与网络上应用的流媒体有较大差别。例如，作为 VCD 标准的 MPEG-1 可针对 SIF 标准分辨率（NTSC 制为 352×240，PAL 制为 352×288）的图像进行压缩，传输速率为 1.5MBps，每秒播放 30 帧，具有 CD（指激光唱盘）音质，质量级别基本与 VHS 相当。但这样的速率，对于大部分因特网用户是很难达到的。所以，目前流行的流媒体技术是针对因特网带宽和传输质量较为低下而发明的技术，主要做法是把"桌面"应用的多媒体文件格式进行"二次"处理后，发布到因特网上。

流媒体技术包括采集、编码、传输、存储和解码等多项技术，流媒体应用系统一般分为编码端、服务器端和客户端三部分。与因特网技术发展不同的是，到目前为止，流媒体系统的发展仍处于厂家标准阶段，三大主流厂商分别是：Real Networks 公司的 Real System、Microsoft 公司的 Windows Media 和 Apple 公司的 QuickTime。表 6.2 是这三家公司使用的流媒体文件格式和相关信息。

表 6.2　三家厂家标准流媒体文件格式及其他相关信息

产品	文件后缀	编码器	服务器	客户端
Real System	rm，ra，rp，rt	Helix Producer	Helix Server	RealPlayer
MS Windows Media	asf，wmv，wma	Windows Media Encoder	Windows Media Server	Windows Media Player
Apple QuickTime	mov，qt	QuickTime Broadcaster	QuickTime（Darwin）Streaming Server	QuickTime Player

Real System 使用 RTSP（Real-Time Streaming Protocol）的 Real Server 替代使用 HTTP 的 Web Server，取得了比 Web Server 既快又稳定的效果。

Real Media 主要包括 RealAudio 和 RealVideo。Real Audio 用来传输 CD 音质的音频数据，Real Video 用来传输连续视频数据。作为最早的因特网流式技术，Real Media 已成为网络音频、视频播放事实上的标准。

Real Player 作为客户端用于播放 RM、RA 等格式的流媒体文件，在 Real One Player 及以上的版本中，通过 SMIL（Synchronized Multimedia Integration Language，同步多媒体综合语言）加强了流媒体在 HTML 中的应用，结合 Real Pix 和 Real Text 技术，达到了一定的交互能力和媒体控制能力。

从 Real System G2 系统开始，使用了 Sure Stream 技术；安装有 Sure Stream 的视频服务器自动检测客户端 Real Player 的连接速率，根据客户端不同的速率和带宽，传输不同压缩比的信息，使其始终以流畅的方式和较高的质量播放。

Microsoft 的 Windows Media 平台的产品线，在制作端有 Windows Media Author、Windows Media ASF Indexer，编码用的 Windows Media Encoder，传送内容用的 Windows Media Server，还有保护知识产权的 Windows Media Rights Manager。

Windows Media 的核心是 ASF（Advanced Stream Format）。ASF 是一种包含音频、视频、图像以及控制命令、脚本等多媒体信息在内的数据格式，通过分解成一个个的网络数据包，在因特网上传输，实现流式多媒体内容发布。

Apple 公司的 QuickTime 是能在计算机上播放高品质视频图像的技术，是面向专业视频编辑、Web 网站创建和 CD-ROM 内容制作开发的多媒体技术平台，是数字媒体领域事实上的工业标准.它也可以通过因特网提供实时的数字化信息流、工作流与文件回放功能。

QuickTime（Darwin）Streaming Server 基于标准的 RTP/RTSP（实时传输协议/实时流协议），可以制作在线传送的专业质量的直播节目，在因特网上进行网络直播。

3．媒体播放器的应用

由于桌面、网络多媒体数字视频格式来自不同的厂家，由于各种原因，这些厂家的播放软件可以很好的发挥各自的媒体格式优点（见表 6.2），但对其他厂家的格式支持则不够理想。因此，许多第三方媒体播放器因运而生。

来自韩国的 KMPlayer 是一套将网络上所有能见得到的解码程式（Codec）全部收集于一身的影音全能播放器。几乎可以播放目前计算机系统上所有的影音文件。通过各种插件扩展，KMPlayer 可以支持层出不穷的新格式；直接从 Winamp 继承的插件功能，能够直接使用 Winamp 的音频、输入、视觉效果插件；通过独有的扩展能力，可以选择使用不同解码器对各种格式进行解码。

暴风影音是暴风网际公司推出的一款视频播放器，兼容大多数的视频和音频格式。暴风影音每天为互联网用户播放超过 1.5 亿个/次视频文件；2009 年 1 月，每天有 2200 万人点击蓝色的胶片图标，打开暴风影音这款软件；每天，通过暴风影音播放的视频文件占中国所有互联网视频播放量的 50%。暴风影音已经成为中国最大的互联网视频播放平台。它支持常见的绝大多数影音文件和流媒体，包括：RealMedia、QuickTime、MPEG-2、MPEG-4（ASP/AVC）、VP3/6/7、Indeo、FLV 等流行视频格式；AC3/DTS/LPCM/AAC/OGG/MPC/ APE/FLAC/TTA/WV 等流行音频格式；3GP/Matroska/MP4/OGM/PMP/XVD 等媒体封装及字幕支持等。

6.6 Web 多媒体技术的应用

万维网是多媒体技术应用的重要领域。由于网络带宽的限制和因特网自身设计上的缺陷，使得桌面多媒体技术不能直接在网络上应用，从而形成了因特网专用的某些多媒体技术。作为 Web 多媒技术的主要应用载体，在其中扮演了重要的角色，本节首先介绍 HTML 的重要基础概念，然后介绍 Web 多媒体技术的具体应用。

6.6.1 HTML 概述

在浏览器浏览网页时，我们通过浏览器的查看源文件，可以看到网页是以 HTML 为基础的。那么，以 HTML 为代表的网页文档与 Word 类的桌面文档有何不同？首先，一个 HTML 文档是普通的 ASCII 文本文件，它包含两类内容：普通文本和代码或标记。

标记（Tag）是用一对 "<>" 括起来的文本串，如第一行的<html>。标记通常具有如下结构：

        <tagneme attribute1=value1   attribute2=value2...>

在标记定义中，"tagname" 是标记名，定义标记的类型；"attributes" 为属性，一般标记既可以不定义属性，也可以定义若干个属性，属性给出了这个元素的附加信息。

例如，在 Google 主页文档第二行的<head>标记中，"head" 是标记名，没有相关属性。

而在文档主体定义中，定义了若干属性，属性值为"bgcolor=#ffffff text=#000000 link=#0000cc vlink=551a8b alink=#ff0000 onLoad=sf()"。

注意，虽然标记和属性名称与字母大小写无关，但属性值却往往对大小写敏感。

标记和文本结合起来形成元素（Element）。每个元素代表文档中的一个对象，如文件头、段落或图片。一个元素可具有一个或一对标记，通常具有一些相关的属性。

元素有两种类型：容器（container）元素和单个元素。容器元素包含文本内容，代表一个文本段，由文本主体（或其他元素）组成。文本主体在开头和结尾处用一对标记来确定边界（结尾的标记用标记名前加"/"来表示，并不带任何属性）。例如，在文件标题的定义中，<title>和</title>标记把这两个标记之间的文本定义成一个文档标题。

单个元素是由不影响任何文本的单个标记组成的，会在文档中插入一些对象。例如，<img src=...>标记就是一个可以在文档中插入图像的单个元素。

容器元素与单个元素一起完整地定义了文档的格式或显示形式。其他一些普通文本格式符号（如 Tab、连续的空格、回车等）在 HTML 中都被当做单一的空格。例如，在输入 HTML 文件时，可以在每个标记后有若干个空行，或在每个单词之间有 10 个空格，但浏览器对此"熟视无睹"，结果显示可能会出乎预料。尽管这可能使简单的格式变得更复杂，但它允许作者通过使用编程风格的技巧，如额外的空白空间和制表符等，而使 HTML 文件具有可读性而不影响最终的文档显示。

1．HTML 文档结构和常用元素

首先，每个 HTML 文件中都应该出现三个容器元素：

<HTML>text</HTML>：包括整个文件（即第一个标识出现在文件头，第二个标识出现在文件尾），把括起来的文本定义成 HTML 文档，并且该元素将按顺序包含下面两个容器元素。

<HEAD>text</HEAD>：HTML 文档的头部，包含与文档有关的信息，这些信息并不是文本的一部分。它与书籍的页眉一样，给出了文本的上下文和位置信息，但不包含正文内容。

<BODY>text</BODY>：包含表示文档中文本主体的其他元素，通常占满几乎整个文件。

这三个元素一起构成一个完整的 HTML 文档结构模板，所有的 HTML 文档都应该遵循这个模板（见例 6-1）。

【例 6-1】 HTML 文档基本结构。

```
<HTML>
<HEAD>
    Header element
</HEAD>
<BODY>
    body of Document
</BODY>
</HTML>
```

<HEAD>容器元素中包含的最常用的元素如下。

<TITLE>text</TITLE>：文档的标题，类似书籍的页眉。在浏览器中，标题通常与文本页分开显示（如在窗口的标题栏中）。

<BODY>容器元素中包含以下几个常用元素：

① <H#>text</H#>：把括起来的文本作为标题。从标记<H1>、<H2>直到<H6>，可以有

6 个层次的标题（较小的数字标记较重要的标题）。标题通常用较大的字型编排，并且在该标题的上下各有一个空行。

② <P>：标识文本主体中两个段落之间的间隔。

③ <IMG SRC="URL">：把图像插入到文档中，图像可以在 SRC 属性中给出的 URL 处找到。

④ <UL><LI>text<LI>text<UL>：提供了一个无序的条目列表，每个条目以<L1>标记开始。通常，在显示出的各条目项前置一个实心的圆点。

⑤ <A HREF=URL>text</A>：标记超文本锚，也称为超链接。文本在屏幕上用某种特殊方式来显示（用颜色、下划线或其他类似方法）；当选择屏幕上的超文本链接（用鼠标指向它）时，Web 服务器将检索"HREF"（Hypertext Reference，超文本检索）属性中的"URL"给出的文档，并将结果返回给用户浏览器。

⑥ <HR>：放置一个横穿浏览器窗口的水平线。通常，水平线的上下各有一个空行。

⑦ <ADDRESS>text</ADDRESS>：标记一个作为邮递地址或电子邮件地址的文本块。

⑧
：在文本中强制换行，以便后继文本都放在下一行。

2．HTML 标准单位

在编辑 HTML 文件时，会涉及到对各种对象属性的赋值。例如，定义标题的内容、定义文本的格式、定义图像的位置、定义水平线和表格的长宽、定义文字和背景的颜色、定义链接的指向位置等。通常，用各种数据来为这些属性赋值。

但有一些数据，不仅在网页设计时经常要用到，而且它们的表示方法、代表的含义都有一套比较严格的规则。下面介绍几种通用性强、应用范围广、又具有严格定义的 HTML 标准单位。

（1）长度单位

长度单位可以用来定义水平线、表格边框、图像等对象的长、宽、高等一系列属性，也能用来定义这些对象在网页上的位置等属性。

长度的表示有两种方式：绝对长度和相对长度。绝对长度单位分别为表示像素的 px、表示英寸的 in、表示厘米的 cm、表示毫米的 mm、表示点数的 pt 等。相对长度则用百分比（%）表示。例如，表示绝对长度像素可以代表屏幕上的各个显像点，而相对长度则描述了对象在浏览器窗口的所占的比例。

长度单位的选择必须考虑某些重要的设计要素。例如，网页设计者非常注重网页风格的一致性，不希望不同分辨率的屏幕或不同大小的浏览器窗口对网页的显示效果造成变形，则最好采用绝对长度单位。如果考虑到网页的显示效果可以随浏览器窗口大小随时调整，如水平线如果设置为绝对长度很容易造成显示效果不协调，则可以使用相对长度来描述相应的网页元素。

这里以水平线的宽度定义为例，具体说明长度这个数据类型的两种表示方法在定义对象时的表达方式和效果。

```
<HR WIDTH="400">        <!--绝对长度，默认单位为像素-->
<HR WIDTH="50%">         <!--相对长度-->
```

（2）颜色单位

颜色单位也是描述网页表现形式中应用很频繁的一种数据类型。在设计网页的过程中，需要能定义字体、页面背景、表格背景甚至超链接的颜色，通过利用颜色数据来定义这些对象的颜色属性。颜色单位有三种表达方式，下面用定义文本的字体颜色属性来说明颜色数据在定义对象时的各种表达方式和效果。

① 十六进制颜色码。十六进制的颜色代码之前一定要有一个"#"，这种颜色代码表现形式由三部分组成，其中前两位数字代表红色，中间两位数字代表绿色，最后两位数字代表蓝色。不同的取值决定了不同颜色的表现。它们各自的取值范围为00～FF，如：

　　　　<font color="#FF0000">Red Characters</font>

② 十进制颜色码。在这个表达式的格式中，RGB 表示后面括号里的 3 个数字分别是 RGB 三种颜色的代码，取值为 0～255，依次代表红色（RED）、绿色（GREEN）和蓝色（BLUE）。不同的取值决定了不同颜色的表现。其实，这里的每个数字都分别对应着十六进制表示法的两位数，如：

　　　　<font color="RGB(0,0,255)"> Blue Characters </font>

③ 颜色名码。在这种形式的颜色代码中，可以直接使用颜色的英文名称，如：

　　　　<font color="green">Green Characters </font>

由于使用颜色名码对颜色的描述要受到英文表达能力的限制，使用 RGB 数值方法对颜色的表达显然要灵活得多，但需要了解一定的配色知识。

（3）URL 路径

URL（统一资源定位器）路径是一种因特网资源地址的表示法。该数据中可以包括链接所需协议、链接主机的

> 由 W3C 对 HTML 4.0 的定义中，URL 的描述为"Universal Resource Identifier（URI）"。

域名或 IP 地址、链接主机的通信端口（port）号、主机文件的发布路径和文件名称等。由于因特网同时支持多种服务协议，而且可以链接到不同目录下的不同文件甚至同一文件的不同段落，所以简单的 IP 地址或域名已无法表示资源的地址信息，只能用包含了众多信息的 URL 来对网络和计算机资源进行统一定位。

在 HTML 文件编写过程中，当对因特网地址或文件位置信息进行定义时，都需要用 URL 路径来表示，URL 是一种常用的数据类型。

在 HTML 中，URL 路径分为两种：绝对路径和相对路径。下面介绍这两种路径的表达格式。

① 绝对路径。绝对路径是将主机地址和主机上资源发布目录的路径和资源名称进行完整的描述，如：

　　　　<a href="HTTP://ctec.xjtu.edu.cn/bbs/index.htm">

　　　　<a href="file:///c:/xitami/webpages/default.htm">

② 相对路径.相对路径则是相对于当前的网页所在目录或站点根目录的路径，如：

　　　　<IMG SRC="Snowwhite.jpg">

　　　　<!--图像文件"Snowwhite.jpg"与当前显示的网页在同一目录下；-->

　　　　<IMG SRC="../image/Leaves.jpg">

　　　　<!--图像文件"Leaves.jpg "在与当前显示网页所在目录同层次的另一子目录 image 下；-->

　　　　<a href="/www/htdocs/html/index.htm">

　　　　<!--这里超链接所指的文件目录是在类似 UNIX 系统的文件目录中，其相对位置为 UNIX 系统的根目录，"/". -->

一般来说，在网页设计过程中，应尽量在网页中采用相对路径的方式，把主要的 HTML

文件以及与其相关的其他文件放在同一个目录或这个目录的下级子目录里，这样对网站的管理、维护、迁移都比较有利。

6.6.2　Web 图像格式和应用

在浏览器上显示的图像必须有特定的格式，目前使用的浏览器通常支持 GIF、JPEG 和 PNG 格式，对 GIF 的支持更加普遍。所以，为了使更多的用户能够看到网页上的图像，最好使用 GIF 文件格式。

1．图像的标记与应用示例

在 HTML 网页中加入图像是通过<img>标记实现的。其书写格式为：

    <IMG SRC="图像文件名或 URL">

下面通过一个例子来说明<IMG>标记的用法。在网页中显示一座山的图片，文件名为 huashan.jpg，源文件如下：

```
<HTML>
<HEAD>
<TITLE>在网页中加入图像</TITLE>
</HEAD>
<BODY>
<img src="../../images/huashan.jpg" width="350" height="250">
</BODY>
</HTML>
```

在<IMG>中使用了一个很重要的属性<SRC>，SRC 的作用是说明图像文件名或指出 URL（此时的路径名书写规则与使用链接时的相同），如上面的"../../images/huashan.jpg"，其他两个属性则是图片显示时的宽和高。

2．在网页中优化图像文件设计

在制作网页时，GIF 和 JPEG 是使用最多的图片格式，使用它们时也有一些技巧。首先来简单了解一下这两种图片格式的性质。GIF 图片格式颜色允许最大 256 色，而 JPEG 允许 16 万色；GIF 支持动画格式，而 JPEG 不支持，但它们都可以交织显示，也就是从模糊到清楚。了解了这两种格式的性质后，在使用它们时，该怎样选择呢？专家有这样的建议，如果要显示照片或者要图片具有某种水印效果、模糊效果，那么选择 JPEG；如果需要动画、黑白图片、透明图片，那么选择 GIF。

GIF 图片格式颜色最大允许 256 色，但在选择 GIF 调色板时，可以设置 256 颜色以下的颜色，如 188、204 等。如使用 Photoshop 软件时就会发现，在保存 GIF 图片时可以选择保存的颜色数，一般来说，可以选择 256 色以下，因为可以减少图片容量。

GIF 图片的优势在于显示小图标时，如公司图标、广告图标，也就是为什么现在广告 LOGO 都是 GIF 图片格式。而与 JPEG 图片相比较，当它们显示同一幅图片时，会发现 GIF 图片格式与网页背景融合得更好，而 JPEG 图片会发现四周的晕边，而且 GIF 可以处理成透明图片，与网页背景有更好的融合。但如果处理大的图片，会发现 GIF 图片的大小比保存至 JPEG 格式的图片要大得多，所以，处理大的图片最好用 JPEG 格式，有更高的压缩比。

我们在使用这两种图片格式时，要注意图片的尺寸。选择过大的图片尺寸，会使得网页下载速度过慢，增加 Web 服务器的负荷。所以，图片要选择更合适的尺寸。而且在制作网页过程中，要给图片指定高度和宽度，因为有时用户会把本来尺寸很大的图片设置成小尺寸的图片，虽然图片本身没有改变，但指定小尺寸后就会减少下载时间。

为了加快网站的浏览速度，有些网站设计时，将某些标志性或网页的背景图片进行切片（Slice）。所谓切片，就是将一幅大图像分割为一些小的图像切片，然后在网页中通过没有间距和宽度的表格重新将这些小的图像进行无缝拼接，成为一幅完整的图像。这样做可以减低图像的大小，减少网页的下载时间，并且能创造交互的效果，如翻转图像等，还能将图像的一些区域用 HTML 来代替。

除了减少下载时间之外，切片还有如下优点。

① 制作动态效果：利用切片可以制作出各种交互效果。例如按钮的状态变换，其实最后导出的文件实质上就是不同状态的切片。

② 优化图像：完整的图像只能使用一种文件格式，应用一种优化方式，而对于作为切片的各幅小图片，可以分别对其优化，并根据各幅切片的情况保存为不同的文件格式。这样既能够保证图片质量，又能够使得图片变小。

③ 创建链接：切片制作好了之后，就可以对不同的切片制作不同的链接了，而不需要在大的图片上创建热区了。

一些网页设计工具如 Fireworks 在网页切片制作方面有专门的功能设计，方便应用。图片问题是网页制作中最复杂的问题，在利用图片丰富网页表现时，要精益求精，不要随便就把没有经过处理的图片放到网页上。

6.6.3　音频文件的 Web 应用

压缩技术可以让音乐和歌曲文件更小，更易于保存和在因特网上传播。由于音乐交流受到欢迎，音频格式品种繁多。

传统的音频文件可以存入硬盘或其他的存储介质中，我们把它们称为"离散文件"或"可下载的文件"。一般，这种音乐文件在播放欣赏（如 MP3）之前，需要完全下载它或转录。

压缩技术使得音频文件更易于存储和传播。音频文件的压缩一般是去除人类听觉范围之外的声波，其结果一般不会直接影响音质。举例来说，一个未经压缩的 50 MB 的 WAV 文件，压缩成 MP3、WMA 文件时可能只有 5 MB。

还有其他一些因素影响人们对音频文件的选择。比如，一首免费的 MP3 歌曲有三个版本：96 kBps、128 kBps 和 192 kBps。比特位速率表明了音乐每秒的数据量，该值越高，音质越好，文件也越大，下载时间也就越长。用户普遍认为，128 kBps 的 MP3 文件最接近 CD 音质。

1．网络音频文件的主要格式

MID：存储 1 分钟的音乐只用 3～5 KB。MID 主要用于游戏音轨以及电子贺卡等。MID 文件重放的效果完全依赖于声卡的档次。MID 格式的最大用处是在电子合成器作曲领域。MID 文件可以用做曲软件写出，也可以通过声卡的 MIDI 口，把电子合成器演奏的乐曲输入计算机里，制成 MID 文件。

MP3：将音乐以 10∶1 甚至 12∶1 的压缩率，压缩成容量较小的文件，而且非常好地保持了原来的音质。正是因为 MP3 体积小、音质好的特点，使得 MP3 格式几乎成为网上音乐的代名词。每分钟音乐的 MP3 格式只有 1MB 左右，这样每首歌的大小只有 3～4MB。使用 MP3 播放器对 MP3 文件进行实时的解压缩（解码），这样高品质的 MP3 音乐就可以在网上直接传递和播放。

WMA：压缩率一般都可以达到 18：1。WMA 内置了版权保护技术可以限制播放时间和播放次数甚至于播放的机器等，还支持音频流（Audio Stream）技术，适合在网络上在线播放。其缺点是文件体积较大（1 分钟 CD 音质的 WAV 文件要占用 10 MB 左右的硬盘空间）。Windows Media Audio 7 是一种压缩的离散文件或流式文件，提供了一个 MP3 之外的选择机会。WMA 相对于 MP3 的主要优点是在较低的采样频率下，它的音质要好些。

RealAudio：主要适用于网络上的在线音乐欣赏。现在 REAL 的文件格式主要有 RA（Real Audio）、RM（Real Media，Real Audio G2）、RMX（Real Audio Secured）等。这些格式的特点是可以随网络带宽的不同而改变声音的质量，在保证大多数人听到流畅声音的前提下，令带宽较富裕的听众获得较好的音质。

2. 如何在网页中加入背景音乐？

在网页中加入背景音乐的方法很多，使用 bgsound 标记就是比较常用的方法之一。

bgsound 标记有 5 个属性：balance 是设置音乐的左右均衡，delay 是进行播放延时的设置，loop 是循环次数的控制，src 是音乐文件的路径，volume 是音量设置。一般在添加背景音乐时，并不需要对音乐进行左右均衡以及延时等设置，所以仅需要几个主要的参数就可以了。简单的应用代码如下：

```
<bgsound src="music.mid" loop="-1">
```

其中，loop="-1"表示音乐无限循环播放，如果要设置播放次数，则改为相应的数字即可。

这种添加背景音乐的方法对于背景音乐的格式支持现在大多的主流音乐格式，如 WAV、MID、MP3 等。如果要顾及到网速较低的浏览者，则可以使用 MID 音效作为网页的背景音乐，因为 MID 音乐文件小，这样在网页打开的过程中能很快加载并播放，但是 MID 也有不足的地方，只能存放音乐的旋律，没有好听的和声以及唱词。如果网速较快，或觉得 MID 音乐有些单调，也可以添加 MP3 的音乐。

6.6.4 视频文件的 Web 应用

Windows Movice Make 编辑完成的数字流媒体格式为 WMV 格式，可以直接嵌入网页，通过 Web 服务器发布，客户端使用 Windows Media Player 播放。但是，在许多网络应用场合，Real System 的应用更为普遍，所以有可能需把已经处理好的视频文件转换成不同的流媒体格式。

从网页到 Real 流媒体的链接通常不是直接连接到 RM 文件，网页上到 Real 流媒体的链接通过 RAM 文件实现，将 Real 流媒体嵌入网页则通过 RPM 文件实现。

当用户单击一个指向位于 Real 服务器上的流媒体文件的链接时，许多浏览器由于它们原有的设置，并不会启动 RealPlayer 作为一个辅助的播放程序。Real System 提供了一种中间体文件（RAM 文件），帮助用户端系统启动 Real Player。

RAM 文件是纯文本文件，其文件扩展名为 .ram。在 RAM 文件中，列出了所要播放的流媒体文件的 URL 地址。当用户端浏览器载入 RAM 文件时，就会启动 Real Player 作为辅助播放程序，Real Player 会自动按照 RAM 文件中的 URL 地址，调入媒体文件进行播放。

编写网页时，通过标准链接到 Helix Server 或 Web Server 上的 RAM 文件，由 RAM 文件激活 RealPlayer 播放器播放 Real 流媒体。

【例 6-2】在 HTML 网页中链接测试 Real 流媒体的代码如下（文件名 ram.htm）：

```
<html>
<head>
<title>链接 RAM 文件</title>
</head>
<body>
<a href="test.ram">链接 RAM 文件</a>
</body>
</html>
```

而 test.ram 文件内容如下：

```
http://127.0.0.1/realvideo.rm
```

说明：

① 在浏览器中运行例 6-2 所示 ram.htm 文件，单击超链接"链接 RAM 文件"，出现 Real Player，播放本地 Apache 中的 realvideo.rm 文件。

② 如果计算机已经连接到因特网，将 127.0.0.1 替换为网上测试主机的 URL 即可。

③ 如果连接的是 Helix Server，须将 HTTP 改为 RTSP。

将 RealPlayer 播放窗口嵌入到 Web 页面中，用户就可以在浏览器中播放流媒体（见图 6-17）。在 Web 浏览器中直接播放流媒体文件，有利于保持用户视窗界面的规范和整洁。

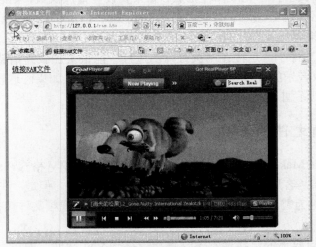

图 6-17　例 6-2 的流媒体播放效果

在网页中嵌入流媒体通常使用<embed>标记链接到 RPM 文件。RPM 文件内容与 RAM 文件完全一样。通过设置<embed>标记的 controls 参数，可以在网页中加入控件，对 Real Player 播放进行控制，如播放按钮、暂停按钮和停止按钮等。这样，网页上包含了视频播放窗口和控制面板，可以比较灵活地控制网页上的流媒体。

【例 6-3】在 HTML 文件中嵌入 Real 流媒体的代码（文件名 rpm.htm）：

```
<html>
```

```
<head>
<title>链接 RPM 文件</title>
</head>
<body>
<!--下面是播放窗口代码：-- >
<center>
<embed src="test.rpm" width=320 height=240 controls=ImageWindow Console=one autostart=true>
<br>
<!--下面是控制面板代码：-- >
<br>
<embed src="test.rpm" width=320 height=100 controls=all console=one>
</center>
</body>
</html>
```

而 test.rpm 文件内容如下：

http://127.0.0.1/realvideo.rm

说明：

① 使用浏览器运行例 6-3 所示 rpm.htm 文件，RealPlayer 播放器将镶嵌在浏览器页面中。

② 在<embed>标记中，SRC 属性指定播放文件的路径；WIDTH、HEIGHT 属性指定播放窗口或控制面板的大小；CONTROLS 属性值设置为 ImageWindow，表示显示播放窗口，设置为 All，表示显示控制面板的所有内容，自上而下由 ControlPanel、InfoVolumePanel 和 StatusBar 三部分组成（见图 6-18）。当网页上有多个流媒体或多个控制面板时，CONSOLE 属性将控制面板与相应的播放窗口对应起来。

图 6-18   例 6-3 流媒体播放界面效果

*6.7   矢量绘图与思维导图

在计算机基础课程学习过程中，有太多的概念和术语困惑读者，突出的问题表现在：
- 术语的英文和缩写多，加上中文翻译的不确定性，造成的理解和记忆上的混乱。
- 技术概念的由来、发展和沿革的过程不清楚。

- ⊙ 技术概念变化很快，读者很难分清不同技术使用的时代和场合。
- ⊙ 技术概念之间如何进行组织、联系和表达。
- ⊙ 概念、技术和应用之间的关系。
- ⊙ 由于读者的专业背景不同，同样的术语可能表达的内容不一样。

为协助读者解决这类问题，我们利用介绍文档处理的机会，引入思维导图的概念和相应的矢量化绘图工具，用于理论概念的总结、推导、表达和交流。

思维导图（MindMap）是 Tony Buzan 发明的表达发散性思维的有效的图形思维工具，简单却极其有效。思维导图运用图文并茂的技巧，把各级主题的关系用相互隶属与相关的层级图表现出来，把主题关键词与图像、颜色等建立记忆链接，利用人们记忆、阅读、思维的规律，协助专业人员在科学、技术、逻辑与想象之间平衡发展，从而开启人类大脑的无限潜能。思维导图因此具有协助人类思维、进行思想表达和交流的强大功能。

思维导图是一种将发散性思考具体化的方法。我们知道，发散性思考是人类大脑的自然思考方式，每种进入大脑的资料，不论是感觉、记忆或想法——包括文字、数字、符号、编码、食物、香气、线条、颜色、意象、节奏、音符等，都可以成为一个思考中心，并由此中心向外发散出成千上万的关节点。每个关节点代表与中心主题的一个连结，而每个连结又可以成为另一个中心主题，再向外发散出成千上万的关节点。而这些关节的连结可以视为人们的记忆，成为进一步学习和研究的基础。

思维导图以发散性思考模式为基础的收放自如方式，除了提供一个正确而快速的学习方法和工具外，运用创意的联想与收敛、项目企划、问题解决与分析、项目开发等方面，往往产生令人惊喜的效果。它是一种展现个人智力潜能所能发挥到极致，将可提升思考技巧，大幅增进记忆力、组织力和创造力。它与传统学习法有本质上差异，主要是因为它源自脑神经生理的学习互动模式，并且开展人人生而具有的放射性思考能力和多感官学习特性。

以下是思维导图的主要绘制技法和要领（见图 6-19）。

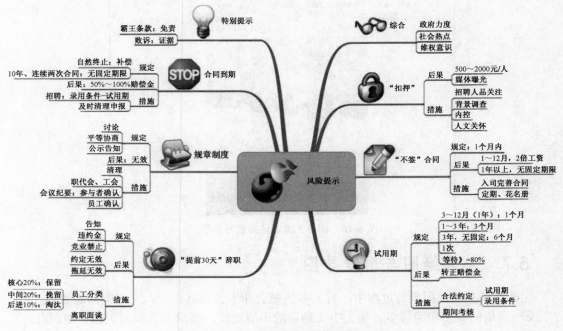

图 6-19　求职问题的思维导图

① 最大的主题（如课程学习中章节名称或重要的理论概念）要以图形的形式体现出来。一般的学习笔记，都会把最大的主题写在笔记本页面上最顶格的中间。而思维导图则把主题体现在整张纸（或绘图软件工作区）的中心，并且以图形的形式体现出来，称为中央图。

② 从大主题引出主题，每个主题为一个大分支，有多少个主要的主题就会有多少条大的分支，每条分支可以用不同的颜色，不同颜色可以让人们对不同主题的相关信息一目了然。

③ 小插图用来表示某个概念或关键词，可以强化对关键词的记忆，同时突出关键词要表达的意思，而且可以节省大量的记录空间。当然，除了这些小的插图，还有很多代码可以用，如厘米可以用 cm 来代表。

④ 箭头的连接。当在分析一些信息的时候，各主题之间会有信息相关联的地方，可以把有关联的部分用箭头把连起来，这样就可以很直观地了解到信息之间的联系了。但是如果都用箭头相连，可能会显得比较杂乱。解决这个问题的方法就是运用代码，用同样的代码作为注明，同样的代码意味这些知识之间是有联系的。

⑤ 只写关键词，并且写在线条的上方。思维导图的记录用的全都是关键词，这些关键词代表着信息的重点内容。一定要写在线条的上面。

⑥ 线条长度长=词语的长度。思维导图有很多线段，每一条线条的长度都是与词语的长度应该是一样的。如果每根线条画得很长，词语写得很小，不但不便于记忆，还会浪费大量的空间。

⑦ 线条粗细。思维导图的体现的层次感很分明，最靠近中间的线会最粗，越往外延伸的线会越细，字体也是越靠近中心图的最大，越往后面的就越小。

⑧ 线与线之间相连。思维导图的线段之间是互相连接起来的，线条上的关键词之间也是互相隶属、互相说明的关系，而且线的走向一定要比较平行。

⑨ 环抱线。有些思维导图的分支外面围着一层外围线，称为环抱线，主要是当分支多的时候，用环抱线把它们围起来，能更直观地看到不同主题的内容。

⑩ 纸要横着放。大多数人做写笔记的时候，笔记本是竖着放的。但做思维导图时，纸是横着放的。这样空间感比较大。

⑪ 用数字标明内容顺序。可以从第一条主题的分支开始，用数字从 1 开始，把所有分支的内容按顺序地标明出来，这样就可以通过数字知道内容的顺序了。也可以每条分支按顺序编排一次。比如，第一条分支从 1 标明好顺序后，第二条分支再重新从 1 开始编排，即每条分支都重新编一次顺序。

⑫ 布局。做思维导图前时，要记得思考如何布局会更好。由于它的分支是可以灵活摆放的，除了能理清思路外，还要考虑到合理地利用空间。可以在画图时思考，哪条分支的内容会多一些，哪条分支的内容少一些，可以把最多内容的分支与内容较少的分支安排在纸的同一侧，这样就可以更合理地安排内容的摆放了，整幅画看起来会很平衡。

⑬ 个人的风格。学会思维导图之后，要能够形成自己的风格，每一幅思维导图虽然都有一套规则，但都能形成个人的风格。

思维导图的技法中，关键词是最重要的一部分，因为思维导图只记录关键词，如果关键词选择不正确，思维导图所要表达的信息就不准确了，要想学会全面总体的分析信息，需要学会观察出信息当中哪部分是它们的关键部分，并搜索到它们的关键点，也就是关键词。

使用计算机矢量绘图软件（如亿图）可以绘制思维导图，它提供了构思、主题、联系、连线和标注等图标，一些案例和许多生动的图标（见图 6-20）。这对读者整理本书所提供的技术、技能、术语和重要理论概念的关系，提供了方法。

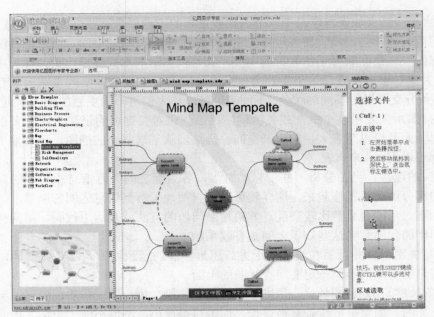

图 6-20　亿图绘图软件的思维导图模版

使用绘图软件，进行矢量图绘制，需要掌握以下技能：

① 根据构思选择或制作插图，进行思维导图的构思和创作。

② 选择和使用关系和连线工具连接各种插图，必要时需要使用箭头指向工具标识关系的方向性。

③ 使用文本插入工具注明关键词和注释。

④ 将全部图形对象组合成为一个复合图形对象（如 Ctrl+A 进行全部选中，在菜单栏选择"组合"操作）。

⑤ 使用复制和粘贴功能将图直接掺入到 Word 文档，或者将图形输出成为位图文件（.bmp、.tif、、.png）文件后，再插入到 Word 文档。

本 章 小 结

多媒体技术的内容涉及的领域和基本概念极为广泛，如图像中的色彩模型、音频的降噪处理、视频的各种制式、网络通信的带宽限制，各种问题自身就充满需要讨论的问题。而这些问题的交织就会产生更多的问题需要解决。其实，问题的解决之道就是了解问题涉及的基本概念，当前技术的限制和进展情况，在诸多解决方案之间进行选择，并在成本和效果的折中之间进行权衡。

习 题 6

6.1　文字压缩、图像压缩有哪些共同点？

6.2　文件压缩软件有哪些？文件压缩有哪些用途？

6.3　视频压缩有哪些标准？分别用在哪些场合？

6.4　色彩模型哪些与装置有关、哪些与装置无关？各有什么用途？

6.5   哪些位图格式只能用在桌面环境，哪些可以用在 Web 中？

6.6   哪种矢量图格式可以用在 Web 中？与位图对比，有哪些益处？

6.7   位图和矢量图之间如何进行转换？各有哪些应用？

6.8   网络图像、音频和视频应用具有哪些共性和特性？

6.9   哪些图像格式可以用于网页设计？它们各自有什么特点？

6.10. 为什么需要对网页中的图像进行优化设计？

6.11   数字音频技术有哪些?各有哪些应用?

6.12   哪些音频文件格式可以用于流式文件播放？它们需要什么样的播放器？

6.13   视频文件的流式播放格式有哪些标准？各自属于哪些厂家？

6.14   如何在网页中加入背景音乐？

6.15   如何在网页中嵌入视频文件进行播放？

6.16   如果需要对流式播放的媒体播放过程进行控制，需要如何使用 HTML 标记？

6.17   如何使得流式视频媒体可以在较低的网络速率情况下播放？

6.18   为了做一个播放视频流文件的 Web 应用，需要经过哪些步骤？请举例说明该过程所需要的技术设备、应用软件、网络环境和操作过程。

*6.19   请使用亿图矢量绘图工具中的思维导图，将已经学习过的各章内容中的理论概念进行归纳和总结。

第7章　数据库技术

除了前几章提到的作为文档、多媒体处理和网络信息获取和发布外，计算机也是一种非常有效的数据管理和信息服务平台。为有效的提供信息服务，计算机中的数据的存储和组织有文件和数据库两种主要形式。在早期的计算机应用中，一般以文件的形式向用户提供信息。使用文件系统来管理信息，有点像使用索引卡片来管理个人资料。无论是用卡片盒还是橡皮筋，如果卡片是无序存放的，那么查找的效率可想而知。如果花一点时间整理一下，这样的个人信息系统将变得十分有效，"磨刀不误砍柴功"。对于任何一个企事业单位来说，这个道理也是相同的。完整、准确、方便、及时的文件系统可以作为正确决策的可靠依据。但是，随着信息系统的大量普及，许多信息系统的效率却难有起色，其中的原因往往与文件管理的方法有关。

7.1　数据组织和结构

计算机中的数据有结构化、非结构化和半结构化之分。

⊙　结构化数据，指可以用二维表结构来表达的数据。

⊙　非结构化数据，包括所有格式的办公文档、文本、图片、XML、HTML、各类报表、图像、音频和视频信息等。

⊙　半结构化数据，就是介于结构化和无结构之间的数据，如 HTML 文档。它一般是自描述的，数据的结构和内容混在一起，没有明显的区分。

本章的内容重点实际上围绕结构化数据展开，这是由于结构化数据是信息处理的基础，在大量的社会事务中可以找到应用案例。值得注意的是，使用结构化、非结构化和半结构化对数据进行描述，是为了使读者对全书中的计算机处理的对象有一个统一的认识，但是在数据组织和管理中并没有必要做一个绝对的分割。例如，现代的数据库产品几乎可以保存任何一种计算机数据，包括非结构化的办公文档、文本、图片、图像、音频和视频信息。而结构化数据（数据库中的表）也可以转换成 XML 和文本文件。

7.1.1　结构化数据的组织形式

计算机系统以层次结构组织结构化数据，从比特、字节开始，进而形成域（也称字段）、记录、文件和数据库（见图 7-1）。bit（比特）是计算机数据处理的最小单位。8 bit 称为 1 字节，可以表达一个 ASCII 或 Latin-1 字符（字母、数字或标点符号）。一组字符可以表达一个单词（两个字节可表示一个汉字），一组单词、数值或汉语词（如学生姓名或年龄）可以形成一个域。一组相关的域，如一名学生的姓名、所在班级、所学课程、期末成绩，可以形成一条纪录。一组同类的纪录可以形成一个文件，如图 7-1 中所示的课程文件。一组相关的文件可以形成数据库。图 7-1 的学生课程文件可以同其他相关的学籍文件一起组织成一个学生数据管理数据库。

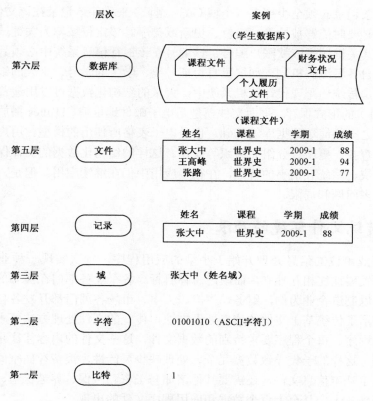

图 7-1　计算机信息系统的结构化数据层次

图 7-1 所示的计算机信息系统的结构化数据层次中，最为值得关注的是第二层：字符。字符在结构化数据表达中至少可以分为两种角色，一种是信息型数据，如数据表记录中的文字，另一种是结构型数据，如数据库中表的域名。

在存在表意文字（如汉字）的场合，各类数据库产品对这两者的支持存在较大差异。一部分数据库产品可能不支持表意字符作为数据库中结构表的域名，有些似乎支持，但在实际的数据库运行过程中，对记录中表意文字的操作（如查询）效果差强人意。这在选择和评估数据库产品是否满足任务需求上，关注此层面上的产品性能是非常重要的。

一条记录也可以称为一个实体（entity）（见图 7-2）。实体保存与人、场所、事物、事件相关的信息。取款单是一个典型的实体，保存了一笔银行业务信息。一个实体的每一项具体特征或量值称为属性（attribute）。例如，取款账户编号、取款日期、取款数额都是取款单的实体属性。

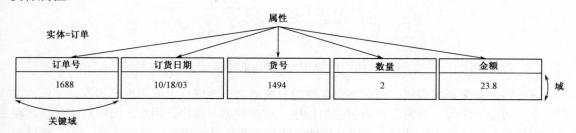

图 7-2　实体和属性

文件中的每条记录必须至少拥有一个域（或一组域）来确保该记录在该文件中的唯一性，以保证该记录在必要时能够被检索、定位、更新或排序。该定位域称为关键域（key field）。以取款单为例，其关键域是取款账户编号，该编号在该银行信息系统中必须具有唯一性。其他关键域往往来自各种编码机制，如居民身份证号码、学生的学号、个人的银行账号等。

注意，无论是传统还是现代计算机系统中，大量的结构化数据可以用最普通的文本文件（也称为平面文件）的形式保存。平面文件模型是电子邮件地址簿、iTunes 播放列表或邮件合并所需要的地址之类的简单数据库的基础，也是电子表格所使用的模型。用户可以对平面文件中的记录进行查找、更新、分组和组织等操作。这样的结构化数据的文件保存形式，在信息处理中有速度快、系统开销小的特点，在很多应用中仍在继续应用。但是，这样的结构化数据管理存在很多问题和局限。

7.1.2　传统文件环境的局限

大部分企事业单位的信息处理开始于小型的应用程序，一次实现一种业务的自动化处理。各种系统的发展往往相互独立，而缺乏总体目标。各个业务部门在孤立的状态下开发各自的信息系统。以制造企业为例，财务、生产、人事、市场各部门都开发各自的系统和数据文件。图 7-3 显示了传统基于文件的信息处理方法，传统的文件处理方法要求单位中的各职能部门开发专用程序。每个程序要求特别的数据文件，这些文件的内容往往是企事业单位主文件的一个子集。这样的子集导致数据冗余、处理缺少灵活性、浪费存储空间。比如，人事部需要既需要人事基本信息文件，还需要其他诸如与工资、医保、养老保险、履历等信息相关的文件，一直到几十个甚至上百个数据和应用程序文件的出现。

这种情况有一个专有名词：传统文件环境（traditional file environment）。其主要特征表现为平面文件组织形式（由于大部分数据组织在平面形式的文件中）、数据文件方法（data file approach）（由于数据和事务处理程序维系在特定的文件和相关程序上）。结果，情况是效率日益低下、系统日渐复杂。

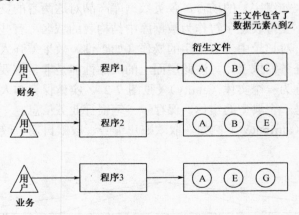

图 7-3　基于文件的信息处理

这种情况如果延续多年，在企事业单位的系统里会充斥成百个应用程序和数据文件，没有一个人可能说出每个数据文件所对应的程序，或者数据、程序、用户之间的对应关系，在多少文件中存储了雷同的数据，并由此导致了信息系统一系列问题：数据冗余、程序-数据的相互依赖性、缺乏灵活性、数据安全、缺少数据共享等。

（1）数据冗余和混乱

数据冗余是同样的数据出现在多个文件中。当一个单位中不同的部门收集相同的信息时，就会出现数据冗余。在一家银行里，商业贷款部、市场营销和信用卡部可能都存储了同一个客户的资料信息。但这些信息全部是独立获取并保存在不同的部门，而相同的数据在不同的部门则可能具有不同的含义。由于系统分析师和程序设计员在互相隔绝的环境里开发，如财政年度、雇员标识、产品编码等相同的数据，在不同的应用程序里的表达方法却各不相同。

（2）程序-数据的相互依赖性

程序-数据的相互依赖性是指存储在文件中的数据和用来更新和维护这些数据的特定程序紧密关联。每个计算机程序必须描述其使用的数据文件的性质和存储位置。在传统文件环境下，任何数据的变化都会要求所有访问该数据的程序做出相应的修改。例如，电话号码升位、身份证号码改制都会要求程序做出相应的修改。这种程序修订往往涉及大量的工作和资金投入。

（3）缺乏灵活性

在大量的程序修改完成后，某个传统的文件系统可以按规定产生例行报表。但是，对临时性或不可预见的信息要求却很难做出及时响应。这种临时的信息所要求的数据可以确定已经存在于系统的某些地方，但要检索并得出结果的花费却叫人望而却步。可能需要若干程序员花费几个星期才能将信息整合到新文件中。

（4）数据安全

由于数据文件往往缺乏有效的控制和管理手段，信息的访问和派发可能出现失控的局面。之所以存在对访问的限制往往是由习惯和传统造成的，还有技术上的信息壁垒。

（5）缺少数据共享

在这种混乱的环境中，尽管缺乏对数据的控制，但用户获取数据也并非易事。由于信息碎片分别分存在不同部门系统的不同文件中，实际上想要及时获取或共享信息是不可能的。

（6）记录间缺乏关系

平面文件中的每个记录都是相互独立的实体，无法在这些记录间建立关系。

7.1.3 数据库环境

数据库技术可以解决许多传统文件环境中出现的问题。数据库的定义是将数据集中管理并将数据冗余降至最低，使得有组织的数据可以有效地为更多的应用程序服务。这里不再为每个应用程序单独存储数据，对数据用户来说，所有的数据文件好像是存储在同一个位置上。一个数据库可以为许多应用程序提供服务。例如，可以把传统文件环境中的文件集中到数据库中，创建一个公用的人事资源库（见图7-4）。

数据库管理系统（database management system, DBMS）是一种应用软件，提供数据的集中有效的管理，并为应用程序提供数据资源访问。数据库管理系统是一种应用程序和物理数据文件之间的接口。当应用程序需要调用某个数据项，如银行账户的余额，数据库管理系统将从数据库中去找到相应的数据，并提交给应用程序。如果使用传统的数据文件，应用程序必须进行数据定义并告诉计算机数据所存的位置。

数据库管理系统有三个基本的组件：数据定义语言、数据操作语言、数据字典。

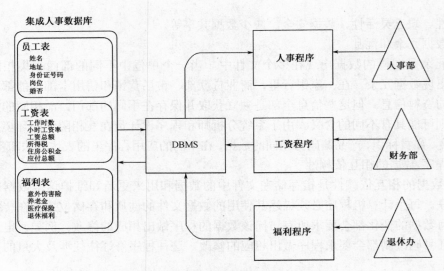

图 7-4 现代数据库数据处理环境

数据定义语言是用以定义数据库内容和结构的形式化语言。数据定义语言用来定义数据库中所有的数据元素，只有在相关数据元素定义之后，应用程序才可以访问数据库。

数据操作语言用于进行数据库中的数据操作。数据操作语言中的指令可以让终端用户或程序专家从数据库中获取相关数据，来满足信息请求或开发应用程序。目前，最为重要的数据操作语言是结构化查询语言（Structured Query Language，SQL）。典型的数据操作语言一般不能满足复杂的程序设计要求。大部分主流 DBMS 产品可以兼容类似 Java、FORTRAN、C 等程序设计语言，这就使得数据库具有了更高的效率和灵活性。

数据字典是一种可以自动或人工编辑的文件。该文件存储了对数据元素的定义，包括数据用途、物理表示、拥有者（单位中负责该数据维护的人员）、使用授权、安全性等。一般，一个数据字典的条目就是一个数据元素并代表一个域。除了列出标准名称外，字典还要列出访问该元素的特定系统，使用该元素的个人、业务部门、程序和报表。

数据一旦存入数据库，数据字典就是重要的数据管理工具。例如，业务人员可以参阅数据字典，发现哪些数据是专为销售和市场营销部门设立的，或者甚至检测出单位中保存的全部信息。技术人员在修改程序时，也要参考数据字典来确定哪些数据和文件要做相应修改。

在理想的数据库环境中，数据库中的数据只需定义一次，而可以为所有需要该数据的应用程序来使用，这样就可以杜绝数据冗余和不一致性的发生。应用程序可以使用组合了 DBMS 的数据操作语言和传统程序语言来进行设计，并从数据库获得数据元素。应用程序调用的数据元素由 DBMS 负责查找，而程序员无须定义从哪里或如何来获取数据。

数据库的使用可以减少程序-数据之间的互相依赖问题，还可以减少程序的开发和维护成本。由于用户和程序员可以执行专门的数据查询，信息的使用变得极为方便，利用率也提高了。另外，DBMS 可以使单位实现数据信息的集中管理、有效利用和安全性防护。

7.1.4 数据的逻辑和物理视图

也许 DBMS 与传统文件组织之间最大的区别是，DBMS 把数据的逻辑视图与物理视图相分离，即使终端用户和程序员不了解数据的实际存储的情况下，也可以方便地访问数据。

在数据库概念中，逻辑视图指终端用户和业务专家所解读的数据，而物理视图则指数据在介质上的组织和结构形态。

例如，假设某门课程的教师需要所开课程的选修学生情况，就可以得到如图 7-5 所示的情况。而该课程的实际内容则可能存储在校园网中某台计算机的 x 目录下的 y 文件中。

开课教师查询图 7-5 所示结果的数据操作语言如图 7-6 所示。无论是运行在大型计算机还是运行在 PC 上，DBMS 都支持这种交互式的报表创建。

T0125选修课成绩表

学生姓名	学号	专业	成绩
薛伟	876	金融	89
张天水	457	市场营销	86
卫常海	232	经济法	77
费冷翠	289	市场营销	92
阿提木	356	统计学	85

此报表的数据元素来自于不同的文件，但是如果数据是组织在数据库中的话，创建这样的报表易如反掌

图 7-5　某选修课成绩表

```
SELECT
Student_name,Student.stud_id,Major,Grade
FROM Student,Course
WHERE Student.stud_id=Course.stud_id
AND Couse_id="T0125"
```

此例展示结构化查询语言（SQL）指令用来检索学生的选修课程成绩。该指令联结了两个文件，学生文件（student）和课程文件（course），并从中取出每个相关学生的特定信息

图 7-6　检索选修课成绩的查询语句

7.2　基本数据库模型

在数据库中进行数据组织和关系的表达可以有若干不同的方案。传统的 DBMS 往往从三种主要的逻辑数据库模型中选取一种来了解实体、属性和关系的变化。三种主要的逻辑数据库模型分别为层次数据模型、网状数据模型和关系数据模型。各个逻辑数据库模型都有一定的处理优势和一定的业务优势。

1.　层次数据模型

最早的数据库是层次结构的。层次结构模型所提交给用户的数据呈现树状结构。最为常见的层次 DBMS 为 IBM 的 IMS（Information Management System，信息管理系统）。在该数据库中，数据元素被组成称为数据段（segment）形式的记录。对用户来说，记录间的关系如同组织机构图，在其顶端有一个称为"根（root）"的顶级段。较上层的段以父子关系的形式与其下的段从逻辑上相关联。一个父段可以有一个以上子段，但是一个子段只能有一个父段存在。图 7-7 显示了一个用于人力资源管理的层次结构。根段为"雇员（Employee）"，其中包括了雇员的基本信息如姓名、住址、身份证号码。其下有三个子段：报酬（Compensation，包括工资、晋升资料），岗位（Job Assignment，包括部门和工作岗位资料），福利（Benefits，包括受益人、福利项目等）。在薪酬段下有两个子段：评估等级（Performance Rating，包括

雇员工作表现的评估数据），工资历史（Salary History，包括雇员薪金的历史记录）。在福利段下有养老金（Pension）、意外险（Life insurance）和医疗（Health）子段。

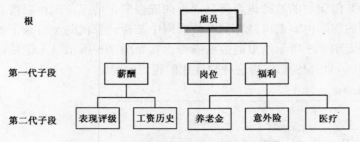

图 7-7　人力资源管理的层次数据库结构

在数据的逻辑视图背后有若干物理连接和装置，将所有信息整合成为一个逻辑上的整体。在层次型 DBMS 中，数据通过许多指针（pointer）彼此相联并形成数据段链。指针是附在磁盘记录段尾上的一个数据元素，引导系统指向相关的记录。在上述例子中，"雇员"段尾上会包含一系列指针，分别指向"报酬"、"岗位"、"福利"段。同样，"报酬"、"福利"段也有相应的指针指向其相应的子段。

2. 网状数据模型

网状数据模型实际上是层次数据模型的变体。确实，数据库可以从层次数据模型转换成网状数据模型，反之亦然。选择哪种模型，取决于处理速度和方便程度。层次模型所表达的是一种"一对多"的逻辑关系，而网状模型则表述了"多对多"的数据间的逻辑关系。换句话说，父记录可以有多个子记录，子记录也可以有一个以上父记录。

最能说明网状数据模型的表述多对多关系的实例是学生与课程之间的关系（见图 7-8）。在大学里，既有许多课程，也有许多学生，一个学生可以选修多门课程，一门课程也可以为多个学生所选择。在图 7-8 中，数据可以按层次结构安排，但会产生可观的冗余和减缓某些形式的查询操作的响应；在磁盘上，每个学生的姓名在其所选的所有课程名册上会反复出现而不是仅仅出现一次。网状结构用在有"多对多"关系的场合，可以减少冗余，加快响应。但是要做到这些必须付出相应的代价：在网状结构中，指针数目会急剧增加，可能使得数据库的维护和操作变得十分复杂。

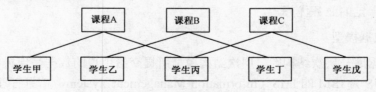

图 7-8　网络数据库模型

3. 关系数据模型

关系数据模型是这三个模型中最新也是目前最为流行的，它克服了其他两个模型的某些不足之处。关系数据模型把数据全部组织在被称为"关系（relation）"的简单二维表中。这种表初看好像是平面文件，但是存储在不同文件中的数据却可以很容易地查找并进行组合。

图 7-9 显示了一张供应商表、一张零件表、一张订货表。在每张表里，每一行都是唯一性记录，而每一列则是一个域。在关系（表）中的一个记录也称一个"元组（tuple）"。用户

往往需要从若干关系（表）中的信息来产生一张报表。这就是关系模型的魅力所在：它可以将一张表中的数据与另一张表中的数据发生关联，其必要的前提是这两张表享有共同的数据元素。

为说明这种关联，我们以图 7-9 为例，查找该关系数据库中能够提供 137 号零件或 153 号零件的供货商的姓名和地址。我们必须从两张表中获取必要的信息：供货商表和零件表。注意，这两张表共享了一个名为"供应商编码"的数据元素。

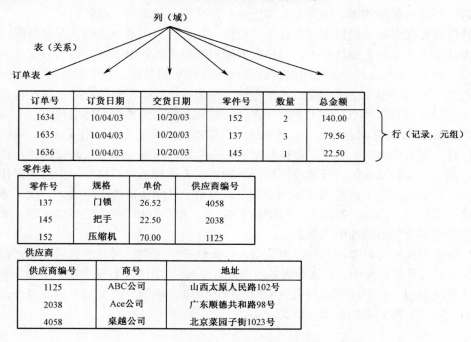

图 7-9　关系数据案例

在关系数据库中，有三种操作用来获取有用的数据集：选择（select）、投射（project）和联结（join）。选择操作可用来创建文件中所有符合给定标准的记录子集。在本例中，需要从零件表中选取零件号为 137 或 153 的记录。联结操作可以结合关系表，为用户提供比从单个表中所能获得的更多的信息。本例将缩略后的零件表（仅有零件号为 137 和 152 的记录出现）与供应商表相连接，形成一张全新的操作结果表。投射操作可用来创建一张表中若干列的子集，允许用户在创建新表时，仅包含必要的信息。例如，可以在查询中只取以下各列：零件号、供应商编码、商号和地址。

主要的关系数据库产品包括：IBM 公司的 DB2、Oracle 公司的 Oracle 系列、Microsofe 公司的 Access，是 PC 上最常见的关系数据库管理系统，MySQL 则是网站上普遍使用的关系数据库产品。

7.2.1　三种数据库模型的优缺点

除了平面文件外，其他数据库都允许用户记录关系。不同数据库模型使用关系的方式就是它们之间最关键的区别。层次数据库允许一对一和一对多的关系连接成分层的结构。网状数据库则使用网状结构提供额外的定义多对多关系的能力。请比较图 7-7 和图 7-8 所示的两种数据库模型的结构。

层次和网状数据库模型的主要优点是处理效率。例如，层次模型特别适合航空公司的订票业务，其数据库系统每天都需要进行成千上万的例行订票处理。

层次和网状数据库也有缺点：所有的访问路径、方向、索引必须事先定义；定义完成以后的修改很困难，如果实在需要改变，那么程序可就要动大手术了。所以，这两个模型缺乏灵活性。例如，如果要查出图 7-7 所示之人事部数据库中，具有行政助理头衔的员工名单，那可不是一件轻而易举的事。这是由于事先没有定义相应的路径（指针）。

虽然层次数据库和网状数据库查找速度很快，并且只利用最少的磁盘存储空间，但它们已经很少被用在现今的企业数据库、用户数据库和其他主流数据库中。它们只用在一些特定的应用中。例如，Windows 会使用层次数据库存储注册表数据，这些数据记录了计算机的软/硬件配置。而记录因特网地址的 DNS 系统则使用网状数据库结构。除了这些特定的应用外，建立在层次和网状模型基础上的数据库已经被关系或对象数据库所取代。

关系型 DBMS 的有利之处在于，对处理专门的查询具有无可比拟的灵活性，可以将不同来源的信息强有力地结合在一起。设计和维护都很简单，在数据库加入新数据时不需改变现有程序。但是，这种系统的运行速度要稍慢一些，因为执行选择、联结、投射等操作命令，一般需要多次访问磁盘上的数据。如果要从成百万条记录中选取若干纪录，一次一条记录，这可需要一点时间。当然，数据库可以增加索引，对预先设计的查询进行加速等。关系型数据库不存在像层次型数据库的大量指针。

大型关系数据库可以存在某些数据冗余，以加快检索速度。同类的数据可能存在多张表中。但在许多关系数据库中，冗余数据的更新往往不能为 DBMS 自动完成。例如，改动一张表中的雇员状态域，并不能完成所有表中同类域的变动。必须对此做出专门的安排，以保证所有表中的同类数据元素的整体更新。

7.2.2　创建数据库

数据库的建立要经过两个阶段：概念设计和物理设计。数据库概念设计或逻辑设计是指把业务处理要求抽象成数据库模型，而物理设计则是考虑在随机访问的存储介质上数据库是如何具体安排的。数据库的物理设计是数据库专家的任务，而数据库的逻辑设计则要仔细描述终端用户的业务需求。

逻辑设计需要描述数据库中数据元素的组成，处理各组数据元素之间的联系，以最有效的方式来满足用户的信息需求。该设计过程也要考虑冗余数据和为特定的应用程序提供数据元素组合。

数据库设计者可以使用"实体-关系图（entity-relationship diagram）"来对概念设计进行描述，见图 7-10，图中的矩形表示实体，而菱形表示关系。菱形两侧的"1"或"M"用以表示实体间的对应关系，这种关系可以是一对一、一对多或多对多的。在图 7-10 中，订单实体只能有一个零件，而一个零件实体只能有一个供应商。同一供应商可以提供多种零件。每个实体旁列出了相关的属性，关键域用下划线标注。

为了有效利用关系数据库模型，对复杂的数据组合需要进行整理，以消除数据冗余和复杂的多对对关系。从复杂的数据组合中创建精炼、稳定的数据结构的过程称为规范化（normalization）。图 7-11 和图 7-12 展示了这个过程。

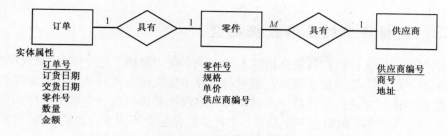

图 7-10　实体关系图举例

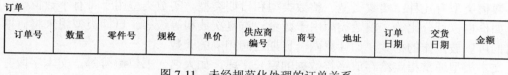

图 7-11　未经规范化处理的订单关系

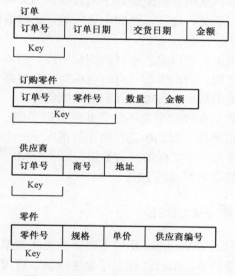

图 7-12　规范化处理后的订单关系

在这个特定的商业模型中，一份订单可以包含一个以上的零件，而每个零件只能由一个供应商提供。但是，如果建立了一个称为"订单"的关系（数据表见图 7-11），并把所有的域都包含在内，就必须在订单中重复每个零件的名称、描述、价格和每个零件供应商的商号、地址等内容。该关系中存有许多被称为"重复组和"的内容，由于每份订单都会有许多零件和供应商，它实际上描述了诸多实体，既有零件、供应商，还有订单。更为有效的办法是把订单表分割成若干较小的关系（表），各自描述一个实体。当逐步对"订单"进行规范化处理后，便可以得到如图 7-12 所示的若干关系（表）。

如果能够对业务信息需求和用途进行仔细推敲，数据库模型往往就是规范化后的结果。在现实应用中，并不是所有的数据库都进行了彻底的规范化，这是由于彻底的规范化并不一定就是满足业务需求最合理方案。注意，图 7-9 中的关系数据库并没有彻底规范化，这是由于因为每份订单可能需要不止一种零件。设计者之所有没有选择图 7-12 的四个关系表的方案是由特殊的业务规则所致，这项规则就是每种零件的订购必须单独下订单。设计者认为，并没有这业务要求来维护这四张表。

7.2.3　数据库中的基本数据类型

在数据库中，什么样的数据能够被输入到一个字段中取决于这个字段的数据类型。从技术的角度来看，数据类型指定了数据在磁盘和内存中的表达方式。从用户的角度看，数据类型确定了数据的操作方式。设计数据库时，每个字段都必须指定一个数据类型。

数据一般分为两种：数值型和字符型。字符型数据包含不用于计算的字母、符号和数字。数值型数据包含能够进行加法、取平均值和乘法等在数学上可操作的数字。

数值类型有几种：实数类型、整数类型和日期类型。实数类型用于带有小数位数字的字段，如价格、百分比等。整数类型用于数量、重复次数和等级等。日期类型用来将日期存储成它们可以被操作的格式，如计算两个日期之间相隔的天数。

文本类型通常指定给存放字符数据的定长字段，如人名、书籍编号等。文本字段有时可以存放如电话号码和邮政编码这些看起来像数字的数据。因为两个电话号码加在一起或者算一组邮政编码的平均值没有意义。通常，诸如电话号码、邮政编码、身份证号码和项目编号等都应该存储在文本字段中。

备忘类型通常能够提供用户可以输入注释的变长字段。例如，图书馆馆藏书籍的名称长度可能在 10～256 个字符之间。逻辑类型（有时也称为布尔型或者是非型）用最少的存储空间存储了真、假或是、非类的数据。例如，人们的婚姻状态。

有的文件管理系统和数据库管理系统还包含其他数据类型，如大型二进制对象（Binary Large Object，BLOB）和超链接。BLOB 是存储在数据库单一字段中的二进制数据的集合。BLOB 可以包含通常要存储为一个文件的任意数据，如一个 MP3 格式的音乐曲目。超链接类型存储了能从数据库直接链接到网页的 URL。

7.3　桌面数据库 Access

Access 2003 是公司开发的 Windows 环境下流行的桌面数据库管理系统，具有可视化界面，可完成大部分数据管理任务。Access 提供了表生成器、查询生成器、报表设计器等许多便捷的可视化操作工具，以及数据库向导、表向导、查询向导、窗体向导、报表向导等，可以构造一个功能完善的数据库管理系统。Access 2003 作为 Office 2003 的组件之一，能够与 Word 2003、Excel 2003 等办公软件进行数据交换，构成了一个集文字处理、图表生成、网络信息共享及数据管理于一体的功能强大的办公自动化处理系统。利用 Access 进行信息管理，必须正确设计数据库，而数据库的设计始于表及表之间关系的设计，表在 Access 数据库中具有举足轻重的作用，是存储和管理数据的基本数据库对象。以下以某个地区机关档案管理的案例说明在 Access 2003 的应用过程和数据库设计原则。

1．创建数据库表结构过程

1）在安装 Access 2003 后，在"所有程序"菜单中可以找到"Microsoft Access 2003"项，启动 Access 2003。通过 Access 视窗右侧的"开始工作"窗格，可以打开已经保存的数据库文件；如果是首次应用，可以选择"开始工作"下的"新建文件"选项，打开"新建文件"窗格，从中选择"本机上的模板…"，可以启动"模板"对话框（见图 7-13），其中有两个组合框选项卡，如果要新建一个数据库，可以选择"常用"选项卡的"空数据库"选项，如果利用已经存在的数据库模板，可以打开已存在的数据库模板。

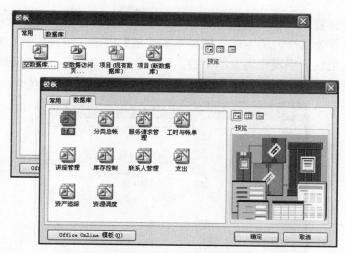

图 7-13　Access 2003 的数据库模板

2）选择"空数据库"，单击【确定】按钮，出现"保存新数据库为"对话框：保存位置处默认为"我的文件夹（C:\My Documents）"（可自定义保存数据库的位置）；文件名处录入数据库的名称，如"长宁区档案局"，然后单击右侧的【创建】按钮，一个名为"长宁区档案局"空数据库就建成了。

3）在数据库应用过程中，首当其冲且最为重要工作就是建表。Access 的建表方式有三种："使用设计视图创建表"、"使用向导创建表"、"通过输入数据创建表"（见图 7-14）。在这三种方式中，使用向导，可以帮助初学者学习数据字段的命名和选则数据类型；使用设计

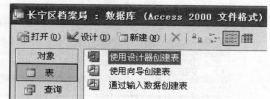

图 7-14　建立 Access 数据表的三种方式

试图创建表的方式最为传统和经典，也可以对表结构进行修改；通过输入数据创建表则是 Access 的重要特色之一，用户可以把已经得到的结构化数据直接导入未建结构的表中，Aceess 会自动分析结构化数据的内涵并主动转换成相应的数据格式（有关案例见本章 7.3.6 节）。

4）设计表结构。选择"使用设计器创建表"，弹出"表 1:表"窗口。窗口分为两个部分，上半部分以行格式列出表的所有字段的名称、数据类型和说明，下半部分用来定义表中字段的属性，显示为两个选项卡：一是"常规"选项卡，用于创建常规字段；二是"查阅"选项卡，用于创建查阅字段。表的设计器本身也是一个数据表，只是在这个数据表中只有"字段名称"、"数据类型"和"说明"三列。要建立一个表，只要在设计器"字段名称"列中输入表中各字段的名称，并在"数据类型"列中定义各字段的数据类型。设计器中的"说明"列中可以对各字段进行说明，以便数据库的修改和维护。

依据区档案馆要求，在字段名称处分别录入"档号"、"责任者"、"文号"、"题名"、"日期"、"页数"、"备注"7 个字段（见图 7-15）。

5）添加主键。现在切换到"数据表"视图来看看用表设计器建立的表。单击工具栏的【视图】按钮，出现一个提示框，提示"必须先保存表"，并询问"是否立即保存表"，由于还没有保存过这个表，所以单击【是】按钮来保存这个表。这时弹出"另存为"对话框，在"表名称"文本框中输入"永久目录"，单击【确定】按钮，将这个表保存为"永久目录"。

又弹出一个对话框，提示"没有添加主键"，因为每个表中都至少应该有一个主键，而目前还没有把哪个字段作为这个表的主键。如果单击【是】按钮，Access 就会在刚才建立的表上添加一个字段，并把这个字段作为表的主键，默认字段为"ID"，数据类型为"自动编号"。现在看到的这个表就是我们刚才利用表设计器生成的表了（见图 7-16）。

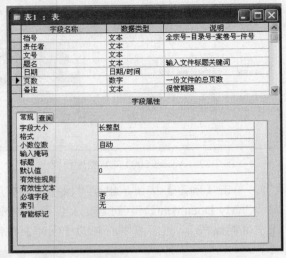

图 7-15　Access 数据库表结构设计视图

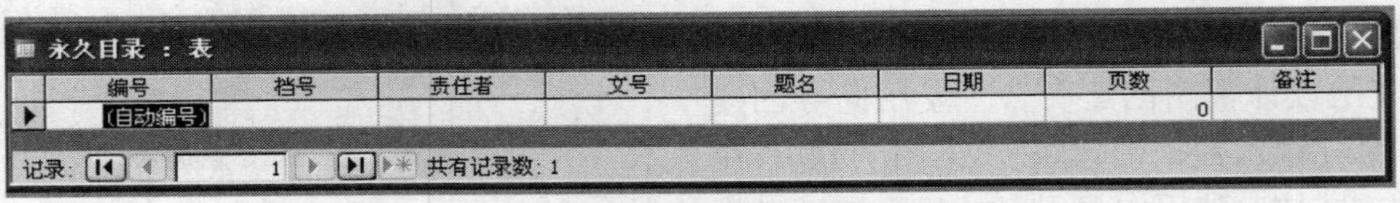

图 7-16　Access 数据库的数据表视图

数据库表结构时应注意的问题：应根据需要事先确定好准备录入内容的结构。以文书档案装订卷卷内文件目录的录入为例说明：首先，将要录入的内容确定为 ID（自动编号）、档号、责任者、文号、题名、日期、页数、备注等 8 个字段，各字段的数据类型和字段大小依实际需要确定。例如，"题名"和"备注"字段宜设置为文本类型，字段大小设为 254 字节；为便于今后按形成年度查找文件，"日期"字段应设为长日期类型；为便于进行档案统计，"页数"字段应设置为数字类型；"档号"、"文号"、"责任者"字段设置为文本类型，不用另外增加字段宽度。

2．数据录入过程中需要注意的问题

在著录内容方面，要力求合理、周全。以文书档案的著录为例：装订卷卷内文件的档号宜由全宗号、目录号、案卷号、件号顺序构成，不装订卷文件的档号宜由全宗号、保管期限代号、年度、件号顺序构成，归档电子文件原文的档号宜由全宗号、电子文件性质代码、年度、件号顺序构成；"责任者"字段应填写档案文件的全部署名者；"文号"字段应照实填写，一个符号都不能少；"题名"字段宜填写档案文件标题或正文中的关键字；"日期"字段内档案文件的落款年度必须用 4 位数字标识；"页数"字段则应填写该份文件的总页数；"备注"字段可填写档案文件的保管期限、密级、主题词、形成部门或承办部门、文件的存放地点、有无复制件、拟稿人、载体状况、形成电子档案的软硬件环境等信息。

在主导思想上，应认真贯彻以下七条著录原则：

① 价值第一原则，即只著录具有查考利用价值的档案信息，而查考利用价值，是指档案的证明价值和研究价值。考虑到档案形成的实际状况，对档案文件中的重份及无批复的请示就不应著录。

② 以"我"为主原则。属于本行政辖区或本单位制发或转发的档案文件，以及上级机关或业务主管部门制发的针对本辖区或本单位工作的特发针对文，一般都要著录，否则不予著录。如上级及其业务主管部门制发的普发执行文、参考性文件就不宜著录，以免造成人力、物力的浪费。

③ 为利用者着想的原则。为方便将来的查考利用，对查考利用率较高的文件，必须著录周详，不能嫌烦；而对那些查考利用率相对较低或控制较严的文件，则可简略著录。比如，本辖区或本单位领导班子的会议记录可只著录到议题；而干部任免通知和工作简报中涉及政策性规定、结果性文件、人事任免事项的，一定要逐件或逐期著录，并应详尽著录（对被任免人一般应著录齐全，不应漏著）。

④ 急用先录原则。为了方便对档案文件的查找利用，根据数据库文件的优势特点，可以把近期利用率高的档案文件先行著录，利用率低的暂缓著录，如土地使用执证、婚姻档案可先行著录，距今较久远的档案则可择机再著录。

⑤ 惜字如金原则。在条目著录过程中，只著录必须著录的内容，不得著录冗余内容，以节省著录者精力和数据库空间、载体空间，如文件背景信息中的份数、印制时间、抄报、抄送单位等。

⑥ 忠于原文原则。著录者著录的内容，必须与原文高度一致，不允许主观臆断。比如，档案文件中人名前后不一致的，应照实著录，把著录者的判断结果在人名后用中"[ ]"或"( )"全姓名标出。

⑦ 标识规范原则。档案文件中字迹无法辨认且考证困难的，应统一用阿拉伯数字"0"标注；原文无标题的，著录者自拟的标题关键字要用中"[ ]"标明。

3. 数据库录入技巧

① 在 Access 表中复制前一个记录的值：快捷键 Ctrl+'。在 Access 表中录入记录时，按这个组合键可以把前一个记录的刚编辑过的字段值拷贝到当前记录的相同字段。

② 在输入时间字段时，汉字"年月日"可用"-"代替，当输入下一内容时，系统会自动将"-"替换为"年月日"，如"2010-9-15"→"2010 年 9 月 15 日"。

③ 批量修改。如果要将表中所有字段中的"长宁"二字替换成"长宁区"，可以利用"查找和替换"功能（见图 7-17）。

图 7-17　Access 2003 数据库的"查找和替换"对话框

4. 数据查询和数据库管理

数据库不仅用来记录各种各样的数据信息，还要对数据进行管理，建立好一个数据库后，就可以对数据库中的基本表进行各种管理操作，其中最基本的操作是查询。进行查询时，数据库管理系统在处理数据的同时显示符合要求的记录，它的结果放在称为动态记录集的临时表的窗体中。

查询也是 Access 常用的基本功能。利用查询，可以对表中的数据进行查看、搜索、批量更改、批量增加、分析统计等，是一个很有用的功能。Access 提供的查询有选择查询、交叉表查询、参数查询、操作查询和 SQL 查询。

数据查询也是我们利用 Access 数据库表管理档案目录的一项重要工具。Access 数据库具有强大的查询功能，在管理档案目录表中，这里介绍简单查询。

从表视图切换到查询视图，利用设计视图创建查询（见图 7-18（a））；选择所要查询的表或查询（见图 7-18（b））；选择所要显示的字段及查询条件（见图 7-18（c））；显示查询结果（见图 7-18（d））。

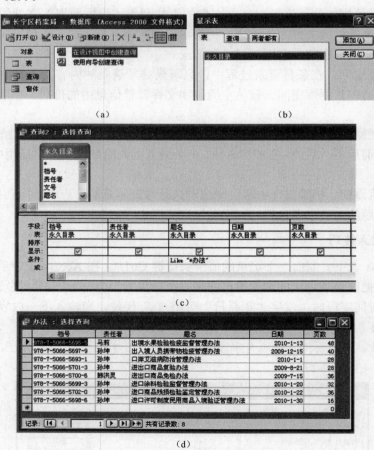

图 7-18　Access 2003 数据库的简单查询过程

查询条件设置方式是按照其字段属性而定义的，以"题名"字段为例（见图 7-18（c）），在"条件"处添加条件"like *办法"（意为"XXX 办法"，"*"为通配符）。保存查询后，可看到查询结果（见图 7-18（d））。

数据库的主要作用在于，用户需要时可以将数据尽快查询得到。但另一个情况就是，为了保证数据库的可用和安全，必须考虑数据库服务的可靠性。

Access 提供了两种保证 Access 数据库的可靠性途径：一种是建立数据库的备份，当数据库损坏时可以用备份的数据库来恢复；另一种是通过自动修复功能来修复出现错误的数据库。Access 也提供了数据库压缩和修复功能，以降低对存储空间的需求，并修复受损坏的数据库。

备份数据库：首先关闭要备份的数据库，然后将数据库文件（扩展名为.mdb）复制到所选择的备份媒介上。还可以通过创建空数据库，然后从原始数据库中导入相应的表，实现对特定表的单独备份。

压缩和数据库修复：如果对数据库频繁执行删除表和添加表操作，则数据库可能会变成文件，保存在磁盘上不连续的空间，并产生磁盘碎片，这时就不能有效地利用磁盘空间。压缩数据库可以备份数据库、重新安排数据库文件在磁盘中保存的位置，可以释放部分磁盘空间。在 Access 中，数据库的压缩和修复功能合并为一个工具，操作过程如下：

1）关闭当前打开的数据库。

2）选择"工具"→"数据库实用工具"→"压缩和修复数据库"命令，打开"压缩数据库来源"对话框。

3）在列表框中单击想要压缩的数据库，然后单击【压缩】按钮，打开"压缩数据库为"对话框。

4）在"文件名"框中输入要压缩的数据库名称，在"保存位置"中输入目标文件夹，在"文件类型"中选择目标文件类型（MicrosoftAccess 数据库*.mdb），最后单击【保存】按钮，即开始压缩和修复数据库。

数据库安全：保护数据库的最简单的方法就是为打开的数据库设置密码，只有输入正确的密码的用户才可以打开数据库。操作过程如下：

1）关闭数据库。

2）为数据库复制一个备份并将其存储在安全的地方。

3）选择"文件"菜单中的"打开数据库"命令。

4）单击【打开】按钮右边的向下箭头，然后选择"独占方式打开"选项。

5）选择"工具"→"安全"→"设置数据库密码"命令，打开"设置数据库密码"对话框。

6）在"密码"框中输入自己的密码。密码是区分大小写的。

7）在"验证"框中再次输入密码的设置。在下次打开数据库时，将显示要求输入密码的对话框。

5．Access 批量输入和数据表关系处理

数据库最大的用途之一是从已有的数据源（如平面文件、电子表格、其他数据库）中批量输入数据，然后通过查询、关系处理，对数据进行深入的分析和应用。以下以课程管理网站日志文件为例，说明利用 Access 2003 进行批量输入、数据建表、建立查询、进行关系管理和数据分析的过程。

本案例数据来自课程管理系统 moodle 的日志输出（文本文件）（见图 7-19），共 3 万余条。日志内容包括课程（代号）、（事件）时间、（访问主机的）IP 地址、（账号）全名、（访

问）动作、（访问的）信息。

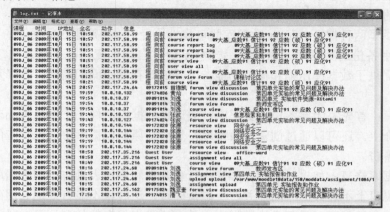

图 7-19　moodle 日志

通过这些日志数据，可以进行许多查询，例如：

⊙ 学生访问电子教室的频率、数量排名。

⊙ 学生访问有多少是在课外的（因为课程上机都在机房进行，而机房的 IP 地址是有特征的）。

⊙ 学生对哪些电子教室中的内容最有兴趣，学生参与课程论坛活动的情况。

以上内容的分析与学生的课程入门前水平和课程结束后的成绩对比，可以建立有意义的统计模型，对今后的教学有指导意义。

Access 的特色之一是可以在所谓的"数据表"视图中，直接通过复制结构化的文本数据批量转贴，输入到尚未建立表结构 Access 表中，甚至可以直接通过这个方法在 Access 2003 中将数据表的字段名称直接转贴入表（见图 7-20）（当然，读者也可以选择将输入复制入表后，在设计视图中输入字段名）。并且，Access 可以自动识别和正确转化部分结构化数据。

图 7-20　批量复制到 Access 2003 的 moodle 日志（3 万余条记录）

例如，在复制和粘贴过程中，Access 将文本文件中的时间字段识别和转换成为 Access 中的日期和时间数据类型，并自动转换了连表达格式（见图 7-21）。在数据导入到表以后，可以为数据表起名，并在表的“设计视图”将字段名输入（分别为“课程”、“时间”、“IP 地址”、“全名”、“动作”、“信息”）（见图 7-22），其中，“时间”字段的类型，为 Access 自动识别、设定并将导入数据全部转换成 Access 的“日期”。

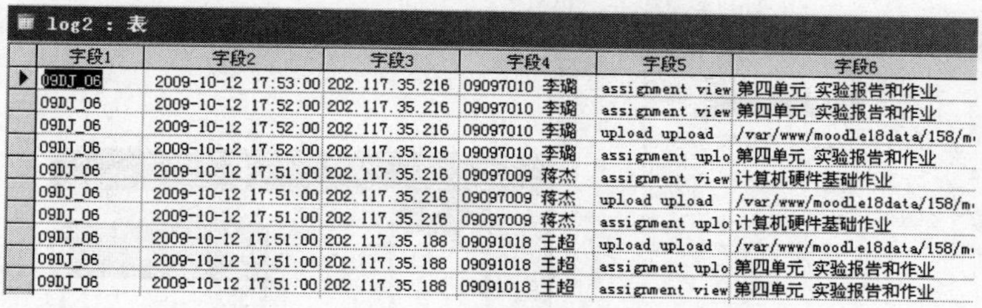
log2 : 表

字段1	字段2	字段3	字段4	字段5	字段6
09DJ_06	2009-10-12 17:53:00	202.117.35.216	09097010 李璐	assignment view	第四单元 实验报告和作业
09DJ_06	2009-10-12 17:52:00	202.117.35.216	09097010 李璐	assignment view	第四单元 实验报告和作业
09DJ_06	2009-10-12 17:52:00	202.117.35.216	09097010 李璐	upload upload	/var/www/moodle18data/158/m
09DJ_06	2009-10-12 17:52:00	202.117.35.216	09097010 李璐	assignment uplo	第四单元 实验报告和作业
09DJ_06	2009-10-12 17:51:00	202.117.35.216	09097009 蒋杰	assignment view	计算机硬件基础作业
09DJ_06	2009-10-12 17:51:00	202.117.35.216	09097009 蒋杰	upload upload	/var/www/moodle18data/158/m
09DJ_06	2009-10-12 17:51:00	202.117.35.216	09097009 蒋杰	assignment uplo	计算机硬件基础作业
09DJ_06	2009-10-12 17:51:00	202.117.35.188	09091018 王超	upload upload	/var/www/moodle18data/158/m
09DJ_06	2009-10-12 17:51:00	202.117.35.188	09091018 王超	assignment uplo	第四单元 实验报告和作业
09DJ_06	2009-10-12 17:51:00	202.117.35.188	09091018 王超	assignment view	第四单元 实验报告和作业

图 7-21 批量复制到 log2 表的 moodle 日志数据的日期格式自动进行变换

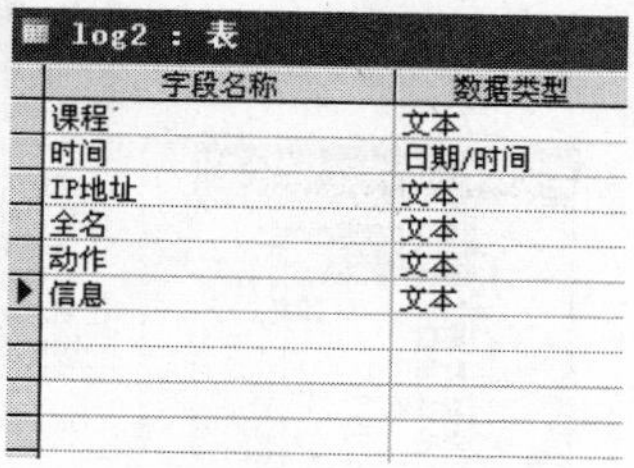
log2 : 表

字段名称	数据类型
课程	文本
时间	日期/时间
IP地址	文本
全名	文本
动作	文本
信息	文本

图 7-22 输入 log2 表的字段名

将数据复制到 Access 的目的之一就是了解学生在电子教室中的活动频率，这个工作可以在保存了数据表名称（log2）后，通过查询来做：在查询向导中选择“重复次数查询”类型，选择 log2 表中每个人在电子教室中的活动情况，“字段 4”即“全名”字段中相同数据的重复出现次数即是。查得结果后，可以按升序或降序进行排列。

在数据库应用中，最为突出的特点是关系的应用，关系管理也是数据库表与电子表格的差别之一。在数据库应用中，可以通过定义关系来实现 “参照完整性”的管理，参照完整性在管理数据方面具有重大意义。

在 Access 的图形界面中，可以形象地建立数据库表间的关系，而两个表之间的相关字段一般应该是同样的数据类型。而定义“一对多”关系时，其中居于“一方”的表中的相关字段，需要定义成为“主键（Primer Kay）”，主键字之段的内容不得产生重复和空值（Null）；而“多方”表中的相关字段则被称为“外键（Foreign Kay）”，其中出现的内容绝对不可以是在“一方”表的主键字段中不存在的值。

由于在本例中只有一张表，实际上是“一对多”关系中的“多方”，那么，如何得到一张“一方”的表，用来建立一对多关系？这个问题也可以通过建立查询来解决，因为在数据库查询中能够将重复出现的内容过滤成为只出现一次。

在建立一方的时候，可以有许多选项，包括“全名”（查看每个人活动的情况）、“信息”（查看有哪些人访问过某个信息），即“学段 4”和“学段 6”。下面以查询“全名”为例，建立“一方”。注意，在建立查询时，只需选择“全名”字段（见图 7-23（a）），并设定“查询属性”对话框中的“选择唯一性”为“是”（见图 7-23（b）），运行查询，得到日志中的所有人员的名单（见图 7-23（c））。

利用“全名”查询得到的结果可以导出为文本文件，并建立一张新表，list（“全名”字段为主键），该表的作用就是用来建立与 log2 表的“一对多”关系。利用 Access 的关系管理工具，可以方便地将两张表间的关系建立起来（见图 7-24（a））。

在 Access 中，建立表间的“一对多”关系，除了可以保证数据质量（主要利用参照完整性、级联操作等（见图 7-24（b））、防止误操作之外，就是可以在“数据表”视图中直接观察数据表之间的关联性。从图 7-25 可以看到，作为“一方”的 list 表中，所有记录左侧有一个加号，单击它，则展开“多方”表中同样“全名”字段内容相同的所有记录内容。

参照完整性则是相关联的两个表之间的约束，具体地说，就是从表中每条记录外键的值必须是主表中存在的。因此，如果在两个表之间建立了关联关系，则对一个关系进行的操作要影响到另一个表中的记录。

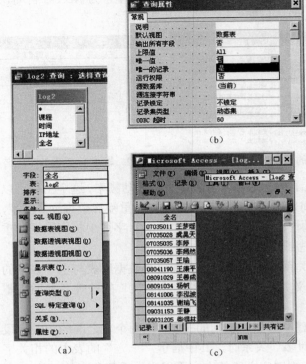

图 7-23 建立"一方"的查询过程

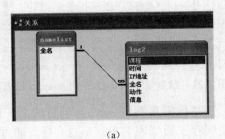

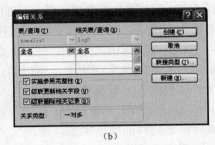

图 7-24 "一对多"表的关系管理

图 7-25 "一对多"表的数据表视图

例如，如果在 namelist 表和 log2 之间用"全名"建立关联，namelist 表是主表，log2 是从表，那么，在向从表中输入一条新记录时，系统要检查新记录的"全名"字段内容是否在主表中已存在，如果存在，则允许执行输入操作，否则拒绝输入。这就是参照完整性。

参照完整性还体现在对主表中的删除和更新操作。例如，如果删除主表中的一条记录，则从表中凡是外键的值与主表的主键值相同的记录也会被同时删除，称为级联删除；如果修改主表中主关键字的值，从表中相应记录的外键值也随之被修改，称为级联更新。

如果读者可以从网络下载到本书相关的样本文件，可以重复上述实验。并且，可以用"信息"字段作为"一方"表的内容，来查看哪些用户参与了电子教室的哪些活动。

注意，Access 中的查询功能实际上是一种 SQL 的图形界面的实现，所有查询都可以最后得到一条完整的 SQL 语句，其基本格式与图 7-6 基本相同。

7.4　Web 数据库 MySQL

大部分数据库是在个人的桌面环境或企事业单位内部使用的，随着网络技术的发展，网络上出现了许多新的业务模式，这些网络上的应用也需要数据库的支持。而且，大部分网络信息系统和数据库应用都是通过 Web 实现的，或者说是通过浏览器来访问的。

使用 Web 访问机构内部的数据库有许多好处。Web 浏览器简单好用，几乎不需培训。Web 接口基本不需对数据库平台作任何实质性的修订。在传统的数据库应用系统中增加 Web 接口花费少，而为大量数据的应用打开了新的应用领域。

通过 Web 访问企事业内部数据库为企业带来新的工作效率和机遇，在某些情况下，甚至改变了业务运作的方式。例如，政府部门将法律、法规和办事程序甚至业务上网，就大大改善了政府部门的工作效率和服务质量。

目前，在 Web 环境下运行的流行数据库之一是 MySQL。本节用 Apache+MySQL+PHP 组合来说明 Web 环境下的数据库技术。其中，Apache 是世界上著名的 Web 服务器，PHP 是一种网络上流行的程序设计语言。为实验上的方便，本节使用 Apache Friends Lite 1.7.3 套件（简称 Xampp）进行实验和展示。

Xampp 是自解压的绿色软件，尽管它可以安装成为 Windows 下的"服务"（见图 7-26 中的"Svc"选项）。在实验环境中，可以直接单击"Apache Friends"面板中"Apache"和"MySQL"的【Start】按钮来启动这两个服务器，然后启动浏览器，在地址栏中用 http://127.0.0.1 或 http://localhost 进行测试。

本案例试图通过 7.3 节用到的相同数据集，导入到 MySQL 中，并进行一些查询操作，以此来了解 Web 数据库与桌面数据库的差别和设计思想。通过 Xampp 首页左侧的 "phpMyAdmin"选项（见图 7-27），可以进入 Web 版的 MySQL 数据库控制界面。

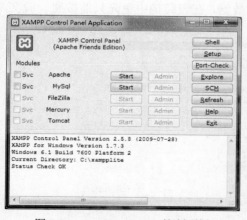

图 7-26　Apache Friends 控制面板

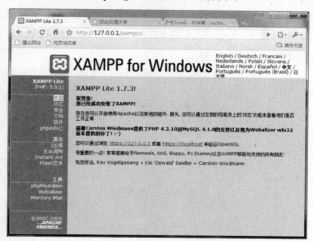

图 7-27　Apache Friends 首页

1. 创建 Web 数据库

phpMyAdmin 是 MySQL 的 Web 客户端和控制台（见图 7-28），其中有一些在安装软件过程中建立的数据库（页面左侧），单击某个数据库名，可以调出该数据库有关的情况，并可以进行操作。例如，创建一个名为"WebDB"的数据库，然后在其中建立新的表（MySQL

新版本中的代码"整理"功能，如设定的"utf8_unicode_ci"是为网页发布（文字编码）特别准备的，如果该整理代码设置错误，输出的文本就出现乱码）。MySQL 不同于 Access，没有直接导入数据然后建库的功能，所以需要首先建立表的结构，为每个字段选择名字和类型，再导入数据。由于网络的复杂性，这个过程较之 Access 要稍微复杂，主要是因为 Web 不同于桌面，是一个国际化平台，即使是一则消息，有可能会用多种不同的文种的文字编码回应来自全球客户端的请求。所以，MySQL 的特点就是允许用户自由定义整个数据库、整个表格甚至一个表中的不同字段定义最后输出的文字编码类别。这也是 Web 数据库与桌面数据库的重大区别之一。

图 7-28　phpMyAdmin 首页和数据库创建

2．创建表并定义字段

在 phpMyAdmin 页面左侧，可以看到已经创建的数据库，单击新建的数据库，即可调出数据表创建页面，参数非常简单，只需要定义表的名称和字段数目即可。然后，进入表字段的命名和类型选择、长度定义等。由于格式兼容性的原因，MySQL 对结构化平面文档的兼容性目前与 Access 不能相比，所以，类似日期这样的数据，在表结构中也先只能按照一般文本处理（见图 7-29）。

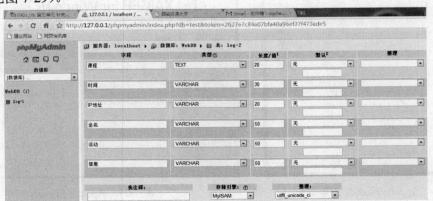

图 7-29　log-1 表结构

3．数据整理和编码检查

与 Access 不同，MySQL 的数据导入格式主要依靠 CVS 数据格式（在第 4 章提到过），这种格式可以将平面文件（如 moolde-log.txt）中的内容通过复制、直接粘贴到 Excel 中，通过"另存为"而得到 CSV 格式文件，然后可以直接使用记事本打开（请使用记事本的"另存为"对话框检查文本文件内的文字编码格式，随后就要用到），也可以使用 Excel 编辑（见图 7-30）。

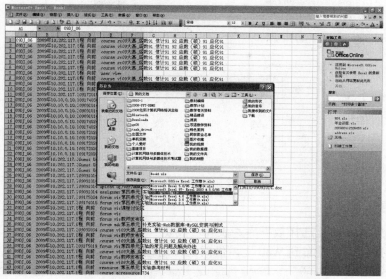

图 7-30　使用 Excel 准备 MySQL 数据库导入文件（CSV 格式）

通过整理和检查可以发现，CSV 文件中，结构化字段使用英文逗号作为字段的分割符，这对 MySQL 中的数据导入极为重要，还需要检查文字编码，如 ANSI 或 UTF-8 可以使用，一般不会把 Unicode 编码的内容直接导入 Web 数据库（见图 7-31）。

图 7-31　使用记事本检查 CSV 格式文件的字段分隔符和文字编码

4．Web 数据库数据导入

选择了某个数据库的某张表时，可以从选项卡中选择"导入"，出现"导入"页面（见图 7-32），主要确定的参数包括：选择文件，文件的字符集（假设通过记事本检验得知使用了 ANSI，由于 MySQL 中没有 ANSI 的选项，则用 GB 2312 替代）。选择"CSV"，并确认字段分割符为"，"。

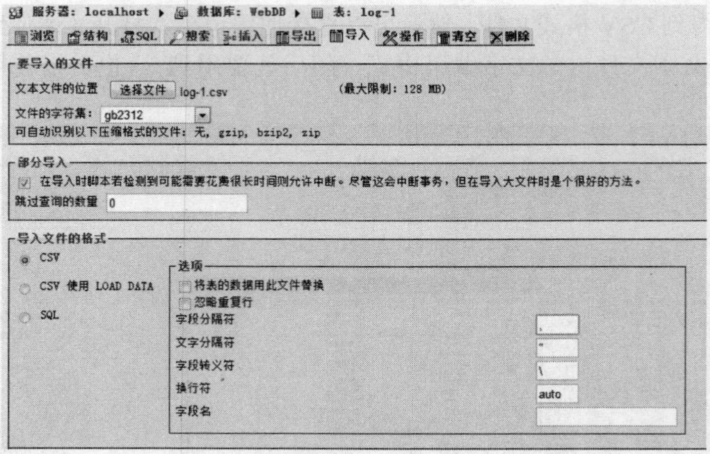

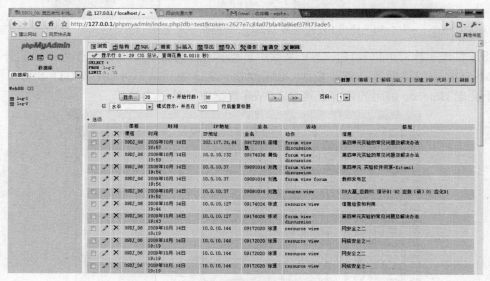

图 7-32　数据"导入"页面

5．检查导入结果

最后的结果可以通过选择数据库、表和"浏览"卡片进行检查（见图 7-33）。一旦检查通过，这批数据就可以发布到 Web 上，供网络应用程序或用户查询和使用。

图 7-33　数据表数据浏览

6．Web 数据库的查询

当需要检索数据库里的内容时，可以打开 phpMyAdmin 页面，通过选择数据库、表和"搜索"卡片进行数据查询（见图 7-34）。

各个字段中可以输入一个或多个条件（包括操作符和值）进行查询。这些操作符的含义有等于（＝）、不等于（！＝）、类似（Like）、非类似（Not Like）、为空值（IS NULL）、非空值（IS NOT NULL）等。这里列举的前四个查询操作符需要输入值（见图 7-34），"IP 地址"中输入操作符"Like"和"202.117.35.%"，指需要了解所有在机房上机的学生活动情况，而把操作符换成"Not Like"和"202.117.35.%"，则是了解学生课外使用电子教室的情况。

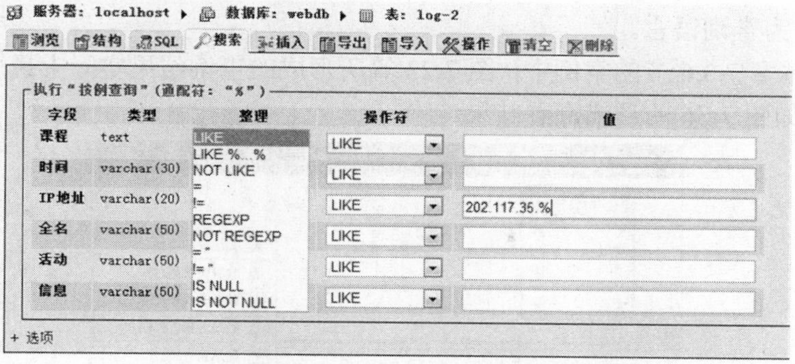

图 7-34 phpMyAdmin 数据查询的条件输入

在得到查询结果的同时，phpMyAdmin 会将产生的 SQL 语句显示在网页上（见图 7-35）。

本节对平面文档数据导入到 Web 数据库和一般查询进行了介绍，目的是请读者了解桌面数据库和 Web 数据库的不同特点。可以看出，Web 数据库的智能程度比桌面数据库要低得多，但是简单的机械却往往有着极高的效率，这就是 Web 数据库的特点。

图 7-35 phpMyAdmin 数据查询的结果

7.5 SQL 简介

结构化查询语言（Structured Query Language，SQL）是一种数据库查询和应用程序设计语言，用于存取数据以及查询、更新和管理关系数据库系统。

SQL 是一种标准化的数据库（结构化数据）的操作语言，并不是针对个别数据库产品设计的，所以具有完全不同底层结构的不同数据库系统可以使用相同的 SQL 语言作为数据输入和管理的接口。它以记录集合作为操作对象，所有 SQL 语句接受集合作为输入，返回集合作为输出。这种集合特性允许一条 SQL 语句的输出作为另一条 SQL 语句的输入，所以 SQL 语句的操作可以订制成为"流水线"式的操作，这使它具有极大的灵活性和强大的功能。在多数情况下，在一般程序设计语言中需要一大段程序实现的功能只需要一个 SQL 语句就可以实现，这也意味着用 SQL 语言可以写出非常复杂的语句。

SQL 最早是 IBM 的圣约瑟研究实验室为其关系数据库管理系统 SYSTEM R 开发的一种查询语言，其前身是 SQUARE 语言。SQL 语言结构简洁，功能强大，简单易学，所以自从 IBM 公司 1981 年推出以来，SQL 语言得到了广泛的应用。如今无论是 Oracle、Sybase、Informix、SQL Server 这些大型数据库管理系统，还是 Access 这些 PC 上常用的数据库开发系统，都支持 SQL 语言作为查询语言。

例如，在本章 7.3.6 节的案例中，图 7-23 等所形成的查询结果实际上最后形成的 SQL 语句，可以通过如图 7-36 的形式查看结果。

图 7-36　Access2003 中查询视图中的 SQL 语句可以通过"SQL 视图"得到

图 7-36 中的 SQL 语句表示从 log2 表中的"全名"字段内容，按照唯一性标准提取并显示。其输入的数据集合为 log2，输出结果结合为 log2 查询（见图 7-23（c）），最后形成该节一对多展示案例中的一方表。

在处理本章 7.3.6 节的案例过程中，有可能在 log2 表中产生或存在一条以上内容为空（Null）的记录，这种情况在稍后的"一对多"关系操作中会遇到问题。因为，由这样的 log2 所产生的"log2 查询"就会有一条记录的"全名"字段为空

> 空值（Null）是结构化数据环境中的重要概念，空值不是空格、空白、数值零或逻辑假值，而是"nothing"或"未知"的意思，从操作层面上指某个文件、记录或字段的值尚未输入的这样一种状态。

值（Null）。此时形成的"namlist"表与"log2"尽管可以在"关系操作"中建立关系，但是无法建立"参照完整性"，这是因为在存在空值的"namelist"的"全名"字段不可被设为"主键"。处理这个问题的方法之一是使用 Access 查询视图，使用 SQL 语句将"log2"表中"全名"字段内容为空值的记录全部删除，再形成"namelist"表数据的查询（见图 7-37）。

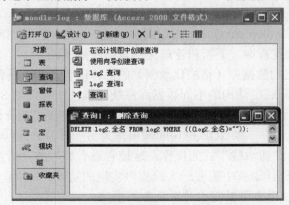

图 7-37　使用 Access 2003 的查询功能和 SQL 语句删除 log2 表的空值记录

由于产品设计的原因，一些 SQL 的常用语句和语句元素在不同产品的实现中，有所不同。例如，在图 7-18（c）中，Access 2003 的查询语句中使用的字符串通配符为"*"，而在图 7-34 中，MySQL 的字符串通配符则是"%"。

SQL 的操作指令并不多，常用的指令如下：

⊙ CREAT：用于创建数据库和表。

⊙ DROP：用于创建数据库和表。

⊙ ALTER：用于改变表的结构。

⊙ INSERT：在数据表中插入记录。

⊙ DELETE：删除数据表的记录。

⊙ UPDATE：更新数据表记录。

⊙ SELECT：对数据表进行查询。

在各类数据库产品的可视化平台中，系统都以某种菜单或页面提供了某种形式的 SQL 语言的应用和形成环境。这对我们学习和熟悉对数据库系统的操作大有裨益。由于在实际应用中自身的局限性，SQL 需要与其他程序设计语言（如 Java、PHP）和运行环境（桌面或 Web）进行有机结合，形成强大的应用平台或应用程序。而正确的 SQL 语句的表达方式，恰恰可以在这些平台上学到、获取或进行验证。

7.6 平面文件、电子表格和数据库的对比

结构化的计算机数据处理起始于平面文件，至今，类似 CVS 格式的结构化数据依然可以得到电子表格和数据库管理系统的支持。而通过本章的案例可以看到，平面文件实际上是最简单的文本文件，尽管没有太多的特殊性表达功能，却是各种系统（包括不同的计算机、操作系统、应用软件）之间最容易交换结构化数据的基本格式。

平面文件可以使用各种分割符，将结构化数据表达成为表的形式（注意键盘上的制表键的原始用途），但平面文件中的表能表达的数据类型非常有限。例如，平面文件只能表达二维的表；而电子表格则为计算机结构化中的数据表达机制进行了扩展，重要的一点，电子表格可以将数据组织成为三维的形式。归纳起来看，电子表格的特点主要是具有极大的灵活性，如可以定义工作表的栏目名称（也可以不定义），每个单元格的数据类型可以单独定义等。

数据库的出现解决了平面文件的数据冗余、程序与数据的相互依赖性、数据安全、数据共享等方面的问题，与电子表格不同，是关系定义。每张表的每一列属于同样属性的数据，一般情况下，数据表必须定义以后才能输入数据（尽管有例外）。而表与表之间的关系定义，如参照完整性，为数据的完整、正确和可用提供了系统的保障。

桌面数据库为个人和普通办公环境的资料管理提供便利；一般的大型数据库，考虑到数据的共享性，必须提供网络共享、资源竞争等管理功能；而多元的文化环境，对文字数据的编码、转换和表达又提出了新的要求。

了解到以上各种结构化数据的一般性和特殊性，有利于在实践中选择合适的数据处理形式，并在必要时使用必要手段，使得同样的数据可以在不同的数据处理环境中应用。

本 章 小 结

数据管理和数据应用是大部分企事业单位日常业务所需的基本工作技能，其中，数据库扮演着极为重要的角色。理解数据库技术、学会建立表、定义属类型、建立数据关系固然重要，但更为重要的是，根据各自的应用环境和数据管理中的轻重缓急，来设计和应用数据库的应用系统。

习 题 7

7.1 什么是结构化、非结构化、半结构化数据？

7.2 个人身份证、出生日期、电话号码、家庭住址，学分、成绩，在数据库设计中需要哪些数据类型来定义？

7.3 照片或视频文件如果需要保存在数据库中，需要利用哪种数据类型？请关注 MySQL 如何定义数据类型，如何输入数据。

7.4 平面文件、电子表格和数据库各有哪些不同点和共同点？

7.5 桌面数据库和 Web 数据库，从你观察的角度，有哪些不同？Access 是否可以通过 Web 访问？

7.6 什么是结构化数据组合的规范化？

7.7 SQL 与数据库之间有哪些联系？你注意到了哪些 SQL 语句？

7.8 Access 数据库的数据库中，关系管理工具可以对数据库内的不同表之间建立关系，那么，要建立两张表之间的关系，需要具备哪些条件？如果要建立两张表之间的一对多关系，需要哪些条件？你遇到过哪些问题？请记录遇到的问题，并与同学讨论原因。

7.9 在关系数据库中，哪三种操作可以用来获取有用的数据集？你可以在实验中找到案例吗？

7.10 请注意观察和了解，如何通过注册表来了解层次数据库的工作原理，如何通过 DNS 来了解网状数据库的工作原理。

7.11 在 Word、Excel、Access、MySQL 应用中，都有表出现，这些表之间有何区别？各自适用在哪些场合？

第8章 企业信息基础与应用

一般 PC 用户也许不会意识到大规模计算系统对自己的影响，但是只要曾经在线购物、用 ATM 机取款、或查询飞机航次，就可能已经与一个大规模企业信息系统发生过交互了。本章重点介绍企业信息系统的构成和应用案例。

一般来说，构成企业信息基础的构件（见图 8-1），从底向上分别为：网络通信设施、计算机（或智能设备）和操作系统、服务器软件、客户端软件、中间件、管理类软件六大部分。企业系统则包含了整个企业的计算资源整合到一起，为提高企业竞争力和实现企业的战略目标服务。

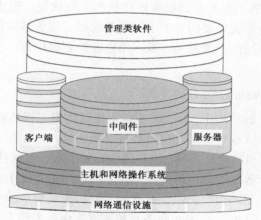

图 8-1 企业信息基础结构示意

8.1 企业网络信息服务平台组成

1. 网络基础设施

从企事业单位的角度来看，网络基础设施的主要功能是建立企事业单位内部的网络并与其他广域网络相连，由于考虑到企业信息设备的总体拥有成本（Total Cost of Ownership，TCO）和竞争策略，必须仔细规划信息系统的端接设备、服务器硬件、网络介质、交换、传输和安全设备以及广域网互连或因特网接入方案。

2. 计算机与操作系统

在企事业单位中，两类设备在端接设备中占据了极为重要的地位，即普通的用户 PC 和作为企业服务资源驻留并提供服务的服务器。用户 PC 之所以重要是因为它直接关系到企事业单位每位员工的生产和工作效率，现代 PC 的功能已经非常强大，也复杂和脆弱。一个简单的网络故障可能发生在应用软件配置、病毒作祟、操作系统缺陷、网络带宽、域名服务器故障等，谁都不想看到一位医生或公务员在工作时间因其 PC 故障而影响正常工作。因此，在用户 PC 和操作系统的选择、维护、更新上，必须有全局的规划和考虑，以保证信息环境的正常运行。服务器则是企事业单位具有全局影响的资源，因此服务器硬件和操作系统的规划、选型和升级对企事业单位战略目标的实现会产生直接的影响。

3. 客户端软件（Clientware）

因特网不同于传统电信网络的一个重要特征是新的网络应用方式不断涌现，除了传统的客户-服务器（C/S）的应用如万维网、FTP、电子邮件、Telnet 之外，对等网（P2P）应用开始席卷因特网的带宽。无论是 C/S 还是 P2P 的应用模式，选择安全、可靠、使用方便、界面友好的客户端软件是提高工作效率的重要途径。

4. 服务器软件（Serverware）

服务器软件运行在企业服务器上，其特点是多线程、多应用程序同时运行，为众多的客户端提供服务。服务器软件门类众多，但有一个共同特点，那就是低调，因为服务器软件是所谓的后台（back-end）程序。除了使用客户端程序或专用的管理员程序（也是一种客户端程序），在服务器的监视器上很难看到服务器软件的工作状况。但服务器程序由于具有全局性的影响，其工作性能是至关重要的。由于网络的普及，服务器软件的安装、配置、测试和优化成为一项重要的工作技能。本书第 5 章和第 7 章的案例中都涉及了服务器软件的安装、测试、配置和内容发布。

5. 中间件（Middleware）

在企事业单位信息基础结构中，有一类非常重要又常遭忽视的应用软件，这就是中间件。中间件是在两个应用程序（或进程）间进行数据交换的软件。在图 8-1 中，在企业信息基础结构中，中间件处于计算机和操作系统、网络之上，处于服务器软件（包括数据库管理系统）与客户端软件之间，处于管理类应用软件之下，总的作用是为处于自己上层的管理类应用软件提供运行和开发环境，帮助用户灵活、高效地开发和集成复杂的企事业单位的管理应用软件。在本章的案例中，中间件会将 Web 服务器和数据库服务器结合起来，为网站和用户的交互提供基本支持。

6. 管理类软件（Manageware）

随着因特网的普及，企事业单位的信息系统越来越多地转向 Bps（Browser/Sever，浏览器/服务器）结构，也即基于 Web 的信息系统。在因特网社区中，基于 Web 的管理类软件有一个共同的名称——内容管理系统（Content Management System，CMS），具有以下特点：

- ⊙ CMS 的运行需要依赖所有企业信息基础结构中其他构件的服务。
- ⊙ CMS 门类众多、专业性强，大致包括门户类、论坛类、e-Learning、电子商务、客户关系管理等。
- ⊙ 由于开源软件（Open Source Software，OSS）的存在和繁荣发展，直接采用 CMS 应用系统和进行二次开发可以缩短企业信息基础结构的实现周期，并降低成本。

由于上述原因，今天的企业信息基础结构（尤其是对国内的中小型企事业单位）的实现可以由传统的 IT 技术开发方式转向资源技术（Resource Technology，RT）开发方式。本章将讨论 CMS 典型应用案例。

8.2　企业网络服务平台

为开展网络业务，企事业单位需要构筑自己的网络服务平台。企事业单位的网络服务平台主要由三部分构成：服务器硬件，服务器操作系统，驻留在服务器中的应用软件或应用服务器（Application Servers）。在完成服务平台的构筑以后，需要根据业务需要和运行成本，对网络服务平台应用不同的技术方案进行部署。

8.2.1 服务器硬件选择

作为企事业单位信息基础结构的一个重要组成部分，服务器的重要性日益突出，服务器因此进入了技术、应用和市场互动并迅速发展的阶段。本节将阐述服务器硬件方面的各种知识，以便在将来在为企事业单位构建网络平台时参考。

（1）应用级别

根据应用环境和要求，企事业单位的服务器硬件分别可以分为：入门级、工作组级、部门级和企业级。

① 入门级：对于一个部门办公室而言（20台左右PC的办公环境），服务器的主要作用是完成文件和打印服务，文件和打印服务是服务器的最基本应用之一，对硬件的要求较低，一般采用单颗双核CPU的入门级服务器即可。

② 工作组级：一般支持1～2个P4（奔腾4）双核处理器，可支持大容量的ECC（一种内存技术，多用于服务器内存）内存，功能全面，可管理性强、且易于维护，具备了小型服务器所必备的各种特性，如采用SCSI（一种总线接口技术）总线的I/O（输入/输出）系统、对称多处理器结构（SMP）、可选装RAID、热插拔硬盘、热插拔电源等，具有高可用性。工作组级服务器适用于为中小企业提供Web、Mail等服务，也能够用于学校等教育部门的数字校园网、多媒体教室的建设等。

③ 部门级：适合中型企业（如金融、邮电等行业）作为数据中心、Web站点等应用。部门级服务器通常可以支持2～4个P4 Xeon处理器，具有较高的可靠性、可用性、可扩展性和可管理性，集成了大量的监测及管理电路，具有全面的服务器管理能力，可监测如温度、电压、风扇、机箱等状态参数。

④ 企业级：适用于需要处理大量数据、高处理速度和对可靠性要求极高的大型企业和重要行业（如金融、证券、交通、邮电、通信等行业），可用于提供企业资源配置（ERP）、电子商务、办公自动化（OA）等服务。企业级服务器属于高档服务器，普遍支持4～8个P4 Xeon处理器，拥有独立的双PCI通道和内存扩展板设计，具有高内存带宽、大容量热插拔硬盘和热插拔电源，具有超强的数据处理能力。这类产品具有高度的容错能力、优异的扩展性能和系统性能、极长的系统连续运行时间，能在很大程度上保护用户的投资。

（2）机箱结构

按服务器的机箱结构来划分，服务器可分为台式服务器、机架式服务器和刀片式服务器三类（见图8-2）。

台式服务器也称为"塔式服务器"。有的台式服务器采用大小与普通立式计算机大致相当的机箱，有的采用大容量的机箱，像个硕大的柜子。

机架式服务器的外形看来不像计算机，却像交换机，有1U（1U=1.75英寸≈4.45cm）、2U、4U等规格，安装在标准的19英寸机柜里面，适于安装功能型服务器。

刀片服务器是指在集成了网络等I/O接口和供电、散热、管理等功能的机柜内，插入多个卡式（刀片状）服务器单元。这些卡式服务器单元就是通常所说的刀片。刀片本身具有处理器、内存、硬盘、主板等部件，与塔式和机架式服务器的区别在于 I/O 接口、供电、散热和管理等功能全部由机柜统一提供。每个刀片可以独立安装自己的操作系统，因此可以把一个刀片看成一个简化的机架式服务器。

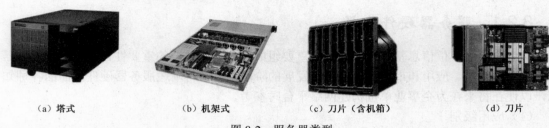

（a）塔式　　　　　　（b）机架式　　　　　（c）刀片（含机箱）　　　　（d）刀片

图 8-2　服务器类型

8.2.2　网络服务器操作系统

网络操作系统（NOS）是网络服务器的灵魂，是向网络计算机提供网络通信服务和网络资源共享功能的操作系统。由于网络操作系统是运行在服务器之上的，所以有时被称为服务器操作系统。

网络操作系统与运行在 PC 上的"桌面"操作系统（如 Windows 98/2000/XP/Vista/7 等）提供的服务类型有重大差别。一般情况下，网络操作系统的设计目标是使整个服务器系统的网络相关特性最优，如共享数据文件、应用程序和安全管理等。而一般 PC 的操作系统的目的则是让用户与系统上运行的各种"桌面"应用程序之间的交互效果最优，如界面的友好、设备和程序安装的简便、人机交互的效率等。在网络操作系统中，目前国内中小型企业应用最多的是 Windows 系列和 Linux 内核的操作系统。

（1）常见网络操作系统

① Windows 类：Microsoft 公司的 Windows 系统不仅在 PC 操作系统中占有绝对优势，在网络操作系统中也颇具吸引力，并常见于中小型企事业单位的信息基础结构中。Microsoft 的网络操作系统主要有 Windows NT Server 4.0、Windows Server 2000/2003、Windows Server 2008（R2）等，工作站系统可以采用相应的 Windows 或非 Windows 操作系统，包括 PC 操作系统，如 Windows 9x/ME/XP/Vista/7 等。

② UNIX 类：UNIX 网络操作系统历史悠久，支持网络文件系统服务，提供数据等应用，功能强大。UNIX 最初由 AT&T 和 SCO 公司推出，其良好的网络管理功能已为广大网络用户所接受，拥有丰富的应用软件的支持。目前，常用的 UNIX 系统版本主要有 Unix SUR 4.0、HP-UX 11.0 和 SUN 的 Solaris 8.0 等。UNIX 的稳定和安全性能非常好，但由于它主要以字符命令方式来进行操作，不容易为初级用户掌握。UNIX 一般用于大型网站或大型企事业单位的内联网中。

③ Linux 类：一种新型的网络操作系统，与 UNIX 有许多类似之处，其最大特点是源代码开放，并可以免费得到许多应用程序。目前，中文版的 Linux 有 REDHAT、红旗 Linux，其优点主要体现在它的安全性和稳定性方面。

总之，对特定计算环境的支持使得每种操作系统都有适合于自己的工作场合，这就是操作系统的设计都具有对特定计算环境的支持和考虑。例如，Windows 2000/XP 专业版适用于桌面计算机，Linux 大量应用在中小企业网络，Windows Server 2000/2003/2008 和 UNIX 适用于大型服务器应用程序。因此，对于不同的网络应用，需要选择合适的网络操作系统。

（2）Linux 与 Windows 的共同点

① 用户和组：都是多用户操作系统，为每个用户提供单独的环境和资源，并基于用户身份来控制安全性。这两种系统都允许以小组为单位来控制资源的访问权限，这样在用户数目较大时就可以不必为每个账号单独设置权限，用户和组可以集中管理，让多个服务器共享相同的用户和身份验证数据。

② 文件系统：都支持多种文件系统。文件资源可以通过 NetBIOS、FTP 或者其他协议与其他客户机共享；可以很灵活地对各个独立的文件系统进行组织，由管理员来决定它们在何处可以以何种方式被访问。

③ 端口和设备：都支持各种物理设备端口，如并口、串口和 USB 接口；支持各种控制器，如 IDE 和 SCSI 控制器。

④ 网络：都支持多种网络协议，如 TCP/IP、NetBIOS 和 IPX；都支持多种类型的网络适配器；都具备通过网络共享资源的能力，如共享文件和打印；都可以提供网络服务能力，如 DHCP 和 DNS。

⑤ 服务：提供服务。所谓服务，是指那些在后台运行的应用程序，可以为系统和远程调用该服务的计算机提供一些功能。在系统启动的时候，可以单独控制并自动启动这些程序。

（3）Linux 与 Windows 的不同点

① Linux 的开发初衷是网络应用而不是办公自动化。Windows 最初出现的时候，它周围的世界还是一个办公环境。Windows 的成果之一是用户在 PC 上的工作成果可以方便地在屏幕上看到，并打印出来（所见即所得）。而 Linux 的设计定位于网络操作系统，由于纯文本可以非常方便地跨网络（或平台）工作，所以 Linux 配置文件和数据都以文本为基础，其命令的设计比较简洁。例如，Linux 中的配置文件是可读的文本文件，大部分配置文件都存放于一个目录树（/etc）下的某个地方，它们物理上是在一起的，不需特殊的系统工具就可以完成配置文件的备份、检查和编辑工作。即使是在纯文本的环境中，Linux 同样拥有非常先进的网络、脚本和安全能力。Linux 的自动执行能力也很强，只需要设计批处理文件，就可以让系统自动完成非常详细的任务。Microsoft 公司在 Windows Server 2008 中的 Servercore 也借鉴了 Linux 的这种思路。

② 可选的图形用户界面（GUI）：Linux 有图形组件并支持高端的图形适配器和显示器，完全胜任图形相关的工作。但是，其图形环境并没有集成到 Linux 的内核中，而是系统中的一个应用程序而已。这意味着用户可以只运行命令行界面（CLI），发挥 Linux 作为后台服务器的最大效率，只有在必要时才运行 GUI。

③ 文件名扩展：Linux 不使用文件名扩展来识别文件的类型，而是根据文件的首部内容来识别其类型。为了提高可读性，用户仍可以使用文件名扩展，但这对 Linux 系统而言没有任何意义。不过，有一些应用程序（如 Web 服务器）可能使用命名约定来识别文件类型，但这只是特定的应用程序的要求而不是 Linux 系统本身的。Linux 通过文件访问权限来判断文件是否为可执行文件，程序和脚本的创建者或管理员可以将它们标识为可执行文件。这样做有利于安全，因为保存到系统上的可执行文件并不能自动执行，因此可以防止许多脚本病毒在系统中作祟。

④ 重启系统是最后的手段：Windows 用户可能已经习惯出于各种原因（从软件安装到

纠正服务故障）而重新启动系统。而 Linux 一旦开始运行，它将保持运行状态，直到受到外来因素的影响，如硬件的故障。除了 Linux 内核之外，其他软件的安装、启动、停止和重新配置都不用重启系统。

⑤ 命令区分大小写：Linux 命令几乎都是小写的，而命令的选项须区分大小写。例如，"-R" 与 "-r" 是不同的命令选项，用来做不同的事情。由于 Linux 的主要操作需借助于字符命令来完成，具有 MS DOS 经验的读者可以比较两者的异同。

以上内容，建议读者结合第 3 章提及的"虚拟机"软件，在 Windows 上运行 Linux，进行验证和比较。

8.2.3 服务器的部署问题

服务器的部署实际上是三方面的问题：一是如何让服务器的硬件投入发挥最大的效益；二是如何使服务器的服务能力随着业务直线甚至是指数式上升而扩展；三是由于因特网服务社会化的发展，为利用社会分工优势达到网络服务投入产出比的最优化，究竟是自己建设信息中心，还是将企业网络服务平台进行托管或采用租赁，也是企事业单位需要考虑的。解决前两方面的问题可采用两种不同的技术手段，即服务器虚拟化和集群、镜像技术。

（1）虚拟化

目前，一般企业内的服务器仅能达到 15%～30% 的系统处理能力，绝大部分服务器的负载都低于 40%，大部分的服务器处理能力并没有得到充分利用，IT 投资回报率偏低。在计算机技术发展的早期，IBM 就开始研发虚拟技术，一台机器能够让尽可能多的用户和应用程序有效使用。服务器虚拟化的手段主要有虚拟主机（Virtual Host）和虚拟服务器（Virtual Server）。

① 虚拟主机的工作原理。在一台高性能计算机的网卡上绑定多个 IP 地址，不同的 IP 地址可映射到同一台 WWW 服务器的不同的主页目录，当用户访问不同的 IP 地址时，其对应的主页就会被分发出去；或者将多个不同的域名映射到一个 IP 地址或物理主机上，该主机上的 Web 服务器将网络上对该主机所对应的不同域名的访问映射到不同的发布目录。这样，一个 WWW 服务器就可以当作多个 WWW 服务器来使用，可以节约硬件资源，降低 WWW 服务器维护的成本，便于网站的集中管理。这种方案的缺点是对 WWW 服务器的硬件要求较高，在网络访问高峰期系统性能下降较大，并存在安全隐患。大部分主流 Web 服务器都支持虚拟主机。

② 虚拟服务器的工作原理。虚拟服务器是使用特殊的软/硬件技术，把一台运行在因特网上的服务器主机（硬件）分成多个"虚拟"的服务器，每台虚拟主机都有可以独立运行的操作系统，具有主机域名和完整的因特网服务器（WWW、FTP、E-mail 等）功能。虚拟服务器之间完全独立，并可由用户自行管理，在外界看来，每台虚拟主机与一台独立的主机完全一样。在运行虚拟服务器的计算机上，都会运行一个被称为"Hypervisor"的主控程序，对所有运行中的虚拟服务器按资源配制，对计算机资源进行动态管理。

虚拟服务器技术原来大量使用在大中型主机上。在历史上，IBM、HP 公司在它们各自生产的计算机上对虚拟服务器技术作过大量的研究开发工作。而 VMware 则是 x86 系列系统中提供虚拟服务器的重要厂商。随着 x86 技术平台上多核芯片技术的发展，Microsoft 公司在其 Windows 2008 中开始支持虚拟服务器，重要的芯片生产商 Intel 和 AMD 已经开始在处理器芯片和指令集上支持虚拟服务器。

（2）集群和镜像

无论计算机功能如何强大，一旦网络上的用户超过某个限度，其用户响应就会大大下降，这就是"网络服务瓶颈"。其主要原因有两个：一是服务器平台的服务能力，二是网络带宽，尤其是不同 NBP 之间存在带宽瓶颈的问题。所以，解决网络服务瓶颈的主要方法也有两个：服务器集群和服务器镜像。

服务器集群（Cluster）技术是将一组相互独立的服务器在网络中表现为单一的系统，并以单一系统的模式加以管理。此单一系统为客户工作站提供高可靠性的服务。

大多数模式下，集群中所有的计算机拥有一个共同的域名，集群中任一计算机系统上运行的服务可被所有的网络客户所使用。集群可以协调管理各分离组件的错误和失败，并可透明地向集群中加入组件。

一个集群包含至少两台以上拥有共享数据存储空间的服务器。任何一台服务器运行一个应用程序时，对应的应用数据被存储在共享的数据空间中。每台服务器的操作系统和应用程序本身则存储在各自的本地储存空间上。

集群中各节点服务器通过内部局域网相互通信。当一台节点服务器发生故障时，这台服务器上所运行的所有应用程序将被另一节点服务器自动接管。当一个应用服务发生故障时，该应用服务将被重新启动或转移到另一台服务器上。当以上任一类故障发生时，客户将能很快连接到新的应用服务上。

镜像服务器技术是为了解决不同 NBP 之间存在的带宽瓶颈的问题。其应用场景是：某个内容提供商（ICP）的网站位于某骨干网内，为了其他骨干网运营商网络中的用户更加快捷地访问该 ICP 的网站，在相应的运营商网内设立一个内容相同的服务器（集群）。例如，新浪、搜狐等大型网站的主网站在中国网通的互联网内（CHINA169），因为电信和网通之间互连带宽紧张，为了方便电信网内用户访问，他们就在中国电信的互联网内（CHINANET）建立相应的镜像网站。对于镜像服务器与主站服务器之间内容的同步，通常是网站上程序自动完成。

（3）托管和租赁

由于企业级的网络服务平台是企业重要的信息基础构架，如果用户自己保管提供网络服务的设备，需要应付以下问题：

- ⊙ 要建立并管理一个网络工程师队伍。
- ⊙ 为实现网络服务申请高速专线。
- ⊙ 配置价格高昂的专用供电保障设备。
- ⊙ 配置专用的空调设备。
- ⊙ 为网络服务器的运行提供场地、安全等环境保障。

为了提供良好的网络服务，需要有工程师 24 小时值班随时解决问题，这方面的费用是非常高昂的。用户提供的网络服务在不断发展中，需要使用的带宽会不断激增。为了满足这些需求，用户需要增加费用来租用带宽。

另外，用户的网络机房一般设置在按照办公室要求设计的楼宇中，这些楼宇对承重、供电均是按照常规设计的。网络设备一般为了节省空间是层叠放置的，这对楼层有较高的承重要求。网络设备对电源、温度、湿度等均有很高的需求。上述条件意味着大量资源的投入，并不是所有企业能够或有必要做的。

而因特网数据中心（Internet Data Center，IDC）提供的社会化服务就是针对企业的这种需求产生的，主要有主机托管和服务器租赁。其构架如图 8-3 所示。

主机托管服务是指用户委托具有完善机房、良好网络和丰富运营经验的服务商管理其计算机系统，使其更安全、稳定、高效地运行。即用户把自己的网络设备（服务器、交换机等）放在 IDC 提供专业服务的机房中，享受高品质的带宽、不断增加的增值服务和不间断的监控服务。

服务器租赁一般指由 IDC 提供服务器为客户服务，包括服务器在内的全部硬件设施都由 IDC 提供，用户享受从设备、环境到维护的一整套服务。租用此项业务，客户可使用单独的主机作为其 Web 等应用的服务器，无须与其他客户共享，客户省去了自行购买服务器的麻烦。一些运营商还允许客户根据自己的实际需要更改服务器的配置，费用根据具体

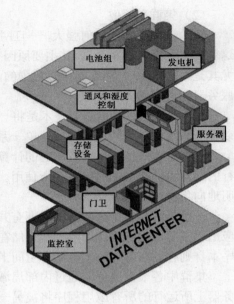

图 8-3　因特网数据中心的构架示意

配置来制定。采用这种方式的服务器的是分摊到租赁费用中，相当于"购买+托管"。

8.2.4　服务器软件应用案例

本节以在第 7 章用到的 Apache Friends lite 1.7.2 套件，展示服务器软件的一些重要功能。

（1）Web 矢量图绘制案例

许多 Web 应用需要实时绘制矢量图，Web 服务器加上中间件可以完成这个功能。在 Apache Friends lite 1.7.2 中的"生命曲线"测试页面中，可以输入某人的生日，从而计算出 30 天左右的个人相关的所谓"智能（Intellectual）"、"情绪（Emtional）"、"体能（Physical）"的走势。在图 8-4 中，可以看到 PHP+GD 的标识。GD 是属于 PHP 程序处理图形的一种扩展库，提供了一系列用来处理图片的应用程序接口，使用 GD 库可以生成图片，或者处理图片。GD 库在网站上的应用，最常见的是用于生成缩略图或者对图片加水印、对网站数据生成报表。

（2）网站访问统计包 Webalizer

任何一个网站站长（WebMaster）都会关心网站的访问流量、哪些网页最有吸引力。这项工作可以通过网站统计软件完成。

Apache Friends 中集成的 Webalizer（见图 8-5）是一个高效的 Web 服务器日志分析程序，其分析结果以 HTML 文件格式保存，可以通过 Web 服务器进行浏览。因特网上的很多站点都使用 Webalizer 进行 Web 服务器日志分析。Webalizer 具有以下特性：

①　它是用 C 语言编写的程序，具有很高的运行效率。在主频为 200 MHz 的机器上，Webalizer 每秒钟可以分析 10000 条记录，所以分析一个 40 MB 大小的日志文件只需 15 秒。

②　Webalizer 支持标准的一般日志文件格式（Common Logfile Format），也支持几种组合日志格式（Combined Logfile Format）的变种，从而统计客户情况和客户操作系统类型；Webalizer 已经可以支持 wu-ftpd xferlog 日志格式和 squid 日志文件格式。

③　支持命令行配置以及配置文件。

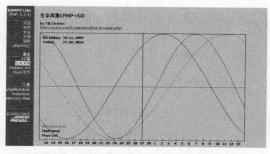

图 8-4　Web 矢量曲线绘制

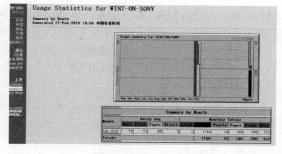

图 8-5　Webalizer 界面

④ 可以支持多种语言，也可以自己进行本地化工作。

⑤ 支持多种平台，如 UNIX、Linux、NT、OS/2 和 Mac OS 等。

（3）网站访问安全管理

由于网站内容的访问必然涉及对敏感数据访问的限制和保护，最明显的案例就是在第 7 章中对 MySQL 数据库的访问，如果对 phpMyAdmin 页面访问不设限制，任何访问用户都可以直接访问数据库内的任何数据，甚至删除整个数据库。因此，必须设置访问限制。下面以对 MySQL 和 phpMyAdmin 的访问控制为例，说明网站访问设限的简单方式。

单击 Apache Friends lite 1.7.2 首页左侧的"安全"选项，可以看到如图 8-6 所示的页面，主要的提示信息包括：

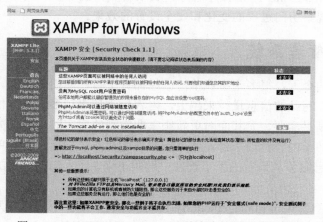

图 8-6　Apache Friends lite 1.7.2 的安全性设置入口界面

① 目前，网页发布区（下一节将详细说明）的可访问情况（将来可以设置限制）。

② MySQL 数据库的管理员用户（root）的密码设置情况。

③ 目前 phpMyAdmin 的可访问情况（可以设置限制）。

而网页的链接地址"http://127.0.0.1/security/xamppsecurity.php"则是设置安全性的程序入口。进入设置安全性参数的页面（见图 8-7），可以看到 MySQL 安全控制台和 XAMPP 目录保护页面。本例中暂时不对 XAMPP 的发布内容进行保护，而是只对 MySQL 的访问设置口令。设置成功后，服务器会返回"The root password was successfully changed. Please restart MYSQL for loading these changes!"（已成功更改 root 的密码。请重新启动 MySQL 以使这些更改生效！）。这时，必须返回到 Apache Friends 的控制

> root 是 MySQL 的数据库管理员账户名，在系统安装时已经存在，但未设口令。

面板重新启动 MySQL 服务器（stop/start）。待重新启动 MySQL 后，再访问 phpMyAdmin 时，系统将提示输入 root 的口令（见图 8-8）。

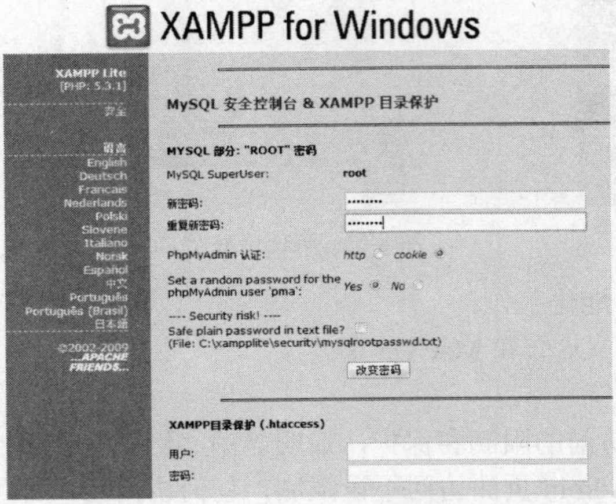

图 8-7　MySQL 安全控制台和 XAMPP 目录保护页面 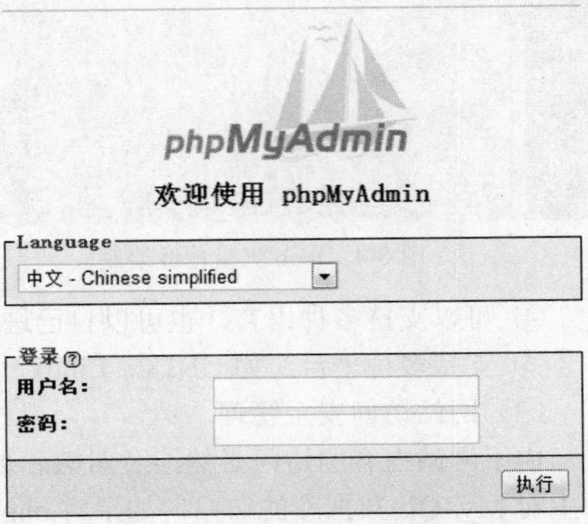　　图 8-8．安全设置生效后的 MySQL 的登录界面

一旦安全设置生效后，没有正确的用户名和口令，就无法登录数据库，也就无法打开 phpMyAdmin 的访问页面，从而保护了网站中重要的数据如数据库中的内容和数据库本身。

对于 Apache Friends lite 1.7.2 演示程序网页（首页）的保护，用户可以自行设置访问参数，并进行检测，观察访问过程的变化和安全设置的效果。

8.3　内容管理系统

在信息化时代的今天，很多企事业单位已经拥有了自己的门户网站。随着整个社会信息化程度的不断提高，网站的信息量越来越大，内容种类越来越多。单纯依靠传统方式来完成管理工作已经不能满足需要，尤其面对更新频率非常高的内容时，传统方式更是显得力不从心。因此，需要借助于内容管理平台，使用新的观念和方法构建企事业单位的信息服务的基础构架，将 Web 信息服务从繁重的手工管理中解脱出来，让人们把更多的时间和精力集中于构思网站内容本身。

内容管理系统（Content Management System，CMS）是一个建立在万维网之上的信息服务平台，是一种应用网站的基本框架。利用 CMS，我们可以处理文本、图片、图像、Flash、声音、视频等资源，更重要的是它为我们提供了快捷、方便的管理资源的手段，使我们能够快速地开发并管理网站。

CMS 基于模板的设计，使网站的风格可以快速变换，并且能够根据需要对模板进行修改。模块是 CMS 最重要的内容，构成了 CMS 系统的功能集合。用户及权限管理、在线投票或调查、广告管理、新闻评论、所见即所得编辑器、访问日志记录等功能，都是 CMS 必不可少的。这些内容的组合就构成了网站的框架。因此，CMS 是建设管理网站的得力工具，也是学习网站管理业务的捷径。

本节以 Mambo 作为示例来说明 CMS 的功能和特点。那么，到底什么是 Mambo 呢？

Mambo 是一个功能强大的智能建站系统，是一款优秀的开放源代码的 CMS，可以快速搭建功能全面的网站。并且，它是网站的后台引擎，借助它，网站内容的创建、组织和管理更加容易。Mambo 致力于构建一个安全可靠的应用框架，因此它的核心非常轻巧和高效，更容易让企事业单位定制自己的组件和模块，直接满足所需。

8.3.1 Mambo 的安装过程

本节以 Mambo 5.5.0 中文版为例，学习如何在 Apache 服务器上安装和配置 Mambo，以及如何用它来构建、设置和管理站点。

Mambo 5.5.0 中文版源文件可以从 http://www.mambochina.net 下载。

在系统上安装 Mambo 所必须具备的前提条件包括：可以运行 PHP 的 Web 服务器，MySQL 数据库服务器。Windows 或 Linux 操作系统。

在 Windows XP 的 Apache Friends 环境下完成 Mambor 5.5.0 的安装和配置过程如下：

1）在机器的本地驱动器中的安装目录下解压缩或解包源文件。解压程序所创建的 Mambo 5.5.0 目录将包括 Mambo 运行所需的所有 PHP 程序文件。

2）将 Mambo 5.5.0 目录复制到或移到主目录 D:\xampp\htdocs 下。

> \xampp\htdocs 是 Apache Web Server 的主发布目录，大部分用户发布的内容需要安装到该目录下。

3）启动 Apache 和 MySQL 服务器，参见第 7 章的有关内容。

4）正式开始安装 Mambo。打开浏览器，在地址栏中输入 http://localhost/Mambo 5.5.0/，出现的安装界面如图 8-9 所示。

在数据库参数设置页面（见图 8-10）中：

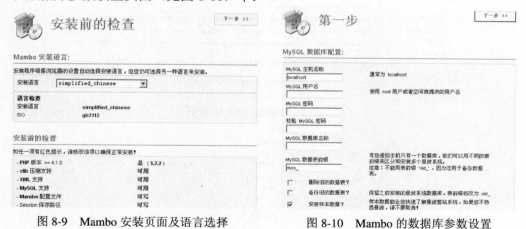

图 8-9　Mambo 安装页面及语言选择　　　　图 8-10　Mambo 的数据库参数设置

⊙ 数据库主机可以取默认值"Localhost"，这是因为数据库服务器和 Web 服务器 Apache 一般安装在同一主机上。

⊙ 数据库用户名必须采用数据库管理员的账号 root，以方便安装程序建库、建表。数据库密码是指与数据库管理员的账号 root 相对应的密码。若密码为空，则必须输入一空格，如果已经设置口令，则需按要求输入。

⊙ 数据库名称是指为该网站所建的数据库（所有相关表的容器）名。

5）须注意网站管理员口令的设置（见图 8-11），由于安全的原因，建议不要采用默认的账号。其他参数设置按照提示进行。

6）在安装完成页面（见图8-12）上，务必关注Mambo的密码。另外，务必删除安装文件，它的存在可能引起不必要的麻烦。初次安装的Mambo 5.5.0版首页（http://localhost/Mambo 5.5.0/）如图8-13所示，进入网站管理的登录界面（见图8-14）。此页面主要为管理者管理网站所用，称其为后台，还可用"http://localhost/ Mambo 5.5.0/administrator/"进入后台界面。

图8-11　网站管理员设置页面　　　　　　　图8-12　安装完成页面

图8-13　Mambo 5.5.0版首页

图8-14　网站管理的登录界面

8.3.2　应用过程

（1）网站内容组织方式

本节从最基本的内容组织方式开始，给读者逐步介绍Mambo的功能及使用。

Mambo 的动态内容分为三级：第一级是单元（section），单元下包含若干分类（category）；第二级是分类，分类下包含内容条目（content）；第三级是内容条目，也就是要发布的内容。如果想新建一些内容条目，第一步要先建立单元，然后在某个单元下建立分类，以后所有关于某单元名称的条目都可以放在其所属分类下。

1）首先，可以建立"新品速递"、"市场行情"和"热点推荐"三个单元。进入后台管理网站界面，在"内容"菜单中选择"单元管理"，进入后单击【新增】按钮，进入新增单元界面（见图 8-15）。

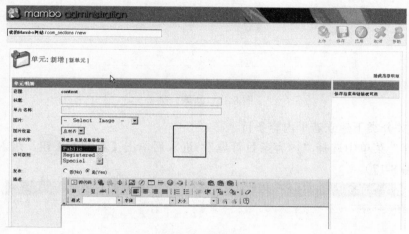

图 8-15　新增单元

在单元详细设置中，可以使用"图片"选项为这个单元选择一个图片，图片将显示在前台的单元描述旁边，"图片位置"选项设定图片如何与描述文字对齐。

"访问级别"选项设定访问者在 Mambo 前台访问这个单元时是否需要特殊的权限。Mambo 使用了三种级别："Public"（公共）、"Registered"（注册用户）和"Special"（特殊）。如果希望任何人都可以访问这个单元，选择"Public"级别，也是 Mambo 的默认设置；如果希望访问者注册之后才能访问这个单元，选择"Registered"级别；如果希望有特殊权限的访问者才能访问这个单元，则选择"Special"级别。

如果将"发布"设置为"否"，那么这个单元就不会在前台显示出来。这个功能能够暂时隐藏某些不需要的单元，并在合适的时候将它们再显示出来。

按上述所述，依次建立"新品速递"、"市场行情"、"热点推荐"三个单元。

2）在"新品速递"单元下，建立"二极管"和"连接器"两个分类；在"市场行情"单元下，建立"政策"和"价格"两个分类；在"热点推荐"单元下，建立"资料下载"、"设计举例"和"产品规划"三个分类。

在"内容"菜单中选择"分类管理"，进入后单击【新增】按钮，进入新增分类界面（见图 8-16。

分类设置和单元设置基本类似，只是多了个"单元"下拉框，即该分类属的单元。按上述所述，依次建立"新品速递"单元下的"二极管"和"连接器"分类；"市场行情"单元下的"政策"和"价格"分类；"热点推荐"单元下的建立"资料下载"、"设计举例"和"产品规划"分类。

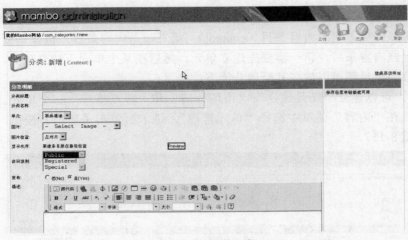

图 8-16　新增分类

3）在相关分类下建立若干内容条目。

在"内容"菜单中选择"内容条目管理"，进入后单击【新增】按钮，进入新增内容条目界面（见图 8-17）。

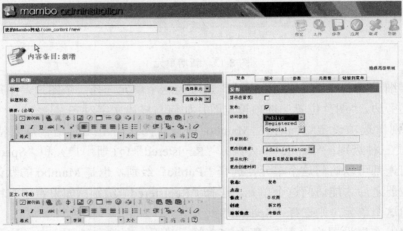

图 8-17　新增内容条目

内容条目设置中增加了"单元"和"分类"下拉框，即该内容条目所属的单元和分类。按要求建立相关的内容条目。增加七个内容条目后如图 8-18 所示。

（2）菜单的建立

仅仅在后台添加单元、分类和内容条目是不够的，必须添加菜单，才能使它们在前台显示出来。这种菜单与内容无关的设计能够让 Mambo 更加灵活的对内容进行处理。菜单的级别不一定要与单元的级别相同。可以设计链接到某个单元的菜单，也可以设计链接到分类的菜单。

将"新品速递"、"市场行情"、"热点推荐"三个单元中的内容条目标题显示在网站首页，并且要求以后新加入这几个单元的内容条目也相应地加到首页对应位置。

先建立三个菜单，菜单名称分别为"新品速递"、"市场行情"、"热点推荐"，菜单模块标题同菜单名称。

图 8-18　内容条目管理

选择"菜单"→"菜单管理",单击右上方的【新增】按钮,进入"菜单明细"页面,按要求输入菜单名称和模块标题。建立完毕的效果如图 8-19 所示。注意,若不清楚每个需填项,可单击输入框右侧的"⬤"图标,可查看该栏目的详细填写要求。

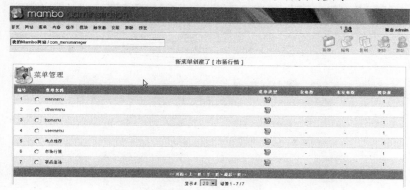

图 8-19　Mambo 的菜单管理

（3）内容的发布

按要求将菜单建立好之后,转到"单元管理"页面,编辑"新品速递"单元。在其编辑页面右侧有"链接到菜单",使其指向"新品速递"菜单（即链接到该菜单）,这样"新品速递"单元就和"新品速递"菜单建立了关联。只要该单元发生变化,这种变化会即时反映到相应的菜单上。按照同样方法,建立其余两个单元到菜单的关联。

单击 Mambo 后台菜单的"模块"→"网站模块",选中"新品速递",将其位置改为"user1"。按照同样方法更改"市场行情"和"热点推荐"的位置。接着选中这三项前的复选框,单击右上角的【发布】按钮,这样三个单元的内容条目就可以显示在首页。设置完成后的前台效果如图 8-20 所示。

除了单元和分类下的内容条目外,Mambo 还提供了静态内容条目,用于发布一些相对固定的内容,如"关于本站"或者"网站协议"等这些不经常变动的内容可以用静态内容条目去实现。静态内容条目的添加方法与内容条目的添加方法基本相同,区别在于它不隶属于任何单元或分类,因此可以把其链接到某个菜单下（见图 8-21）。

到此,已经能够通过单元、分类、内容条目以及菜单把自己的内容发布在指定区域,这就完成了一般网站最常用的功能。

若某些文章很重要，一定要将其发布在首页，怎么办？每个写好的内容条目都有一个选项，可选择是否发布在首页。当然，发布在首页的文章还是包含在它隶属的单元和分类下。

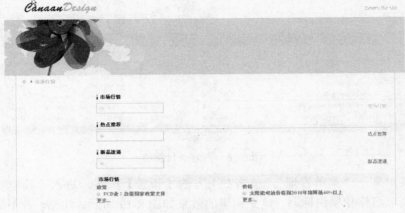

图 8-20　前台浏览效果

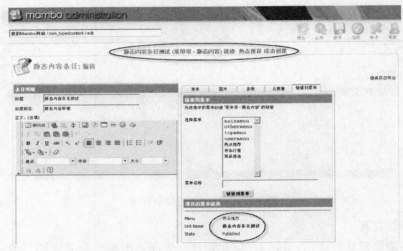

图 8-21　静态内容条目

8.3.3　媒体管理及 Logo 的更改

（1）媒体管理

　　图片、图像、音频、视频、Flash 等是网站上不可或缺的重要元素，它们的出现使网站更加生动活泼，并且能够迅速抓住浏览者的眼球。Mambo 中提供了媒体管理功能，可以非常方便地完成各种媒体文件的上传、删除、媒体插入代码自动生成等功能，并具有建立和删除目录的功能。

　　选择 Mambo 菜单的"网站"→"媒体管理"，进入媒体管理页面（见图 8-22）。

- "上传"：可以从本地计算机上传媒体文件到网站服务器，单个媒体文件大小不超过 16MB。注意，这里的 16MB 对不同的服务器环境可能不同，是指服务器 PHP 缓冲的设置值。
- "代码"：可以自动产生插入某种媒体的 HTML 代码。

⊙ "创建目录"：可以在服务器上创建目录，以便完成对媒体资源的分类管理。创建目录的工作也可通过 FTP 或者 SSH 完成，此时创建的目录位于 Mambo 目录下的 images/stories/目录。

利用"创建目录"建立一个"computer"目录，并上传 6 个 GIF 图片到此目录，操作完毕效果如图 8-23 所示。

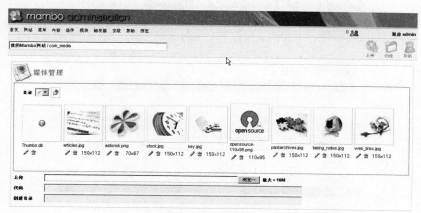

图 8-22　媒体管理的基本界面

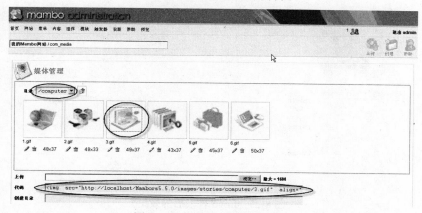

图 8-23　媒体管理之上传图片

（2）Logo 的更改

每个网站都有自己的 Logo 图片，如何将自己的 Logo 放入网站呢？

Logo 图片和模板密切相关，也就是说不同的模板有不同的 Logo，因此要做 Logo 的更改工作，必须首先确认网站当前使用的模板。

选择菜单"网站"→"模板管理"→"网站模板"，进入网站模板页面，该页面中"默认"列有一个打上绿色对号的就是该网站当前正在使用的模板（见图 8-24），该网站当前正在使用的前台模板是"box_windmill_cn"。

知道了正在使用的模板后，有两种方法可以完成更改 Logo 的工作。

第一种：直接替换原有的 Logo 文件。在服务器上找到名为"templates"目录，下面存有图 8-24 中看到的所有模板。找到"box_windmill_cn\images"目录，该模板的 Logo 图片就存于此（logo.gif）。

将新的 logo.gif 文件复制或者上传到该目录下，替换掉原来的文件，则可将 Logo 顺利替换。替换后的前台效果如图 8-25 所示。

　　第二种方法就是修改模板代码中和 Logo 图片有关的路径与文件名，使其指向一个已经存在的 Logo 图片。

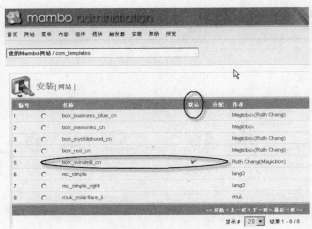

图 8-24　网站模板管理

图 8-25　Logo 替换后的效果

8.3.4　网站的布局和模板

　　内容管理系统的基本原则是把发布的内容与发布的形式分离，把网站的布局和网站的管理功能分离。其中，网站的模板扮演了重要角色。

　　Mambo 中有两种类型的模板：一类是网站模板，展示给浏览者的前台网站的外观由网站模板决定；另一类是管理模板，管理者在后台进行管理操作时所看到的外观就是管理模板。两者从本质上几乎没有区别，只是在展示对象上稍有差异。一个网站最重要的是前台模板，它的好坏直接决定着网站的成功与否。本节讨论的重点在网站模板。

　　（1）模板的框架

　　决定网站外观的是模板。模板是一组决定站点外观造型的文件的集合，其中核心文件是 index.php，其中包括了许多 HTML 代码，用来实现诸如表格或层和网站 Logo 等，还有许多 PHP 代码，用来实现动态交互应用，诸如登录和退出、在线调查等。

第二个重要的文件是 CSS 文件，决定了网页中的文本字体、颜色和边框等。

图 8-26 给出了一个简单的模板首页（index.php）的布局图，可以由表格或层实现。header.jpg 一般是网站 Logo；body 是放置首页主要内容的区域；banner 是网站的脚注；而橙黄色的区域（就是所谓的"位置"，是 Mambo 的一个术语）表示在这些区域将被插入各种模块。这些模块可以被方便地投入使用或者被隐藏。

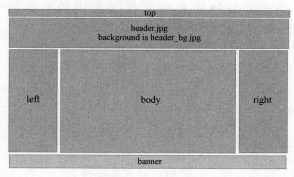

图 8-26　模板首页布局图

（2）模板的切换

打开 Mambo 菜单"网站"→"模板管理"→"网站模板"，会看到已经有若干个列出来的模板（见图 8-24）。选择相应的模板，单击该页面右上角的【默认】按钮，可以很方便地把选中的模板指定为默认模板。图 8-27 和图 8-28 是分别使用"box_windmill_cn"模板和"box_memories_cn"模板的前台效果图。

图 8-27　box_windmill_cn 模板显示效果

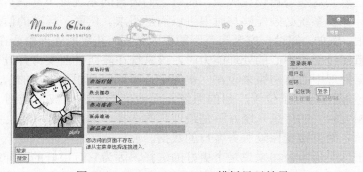

图 8-28　box_memories_cn 模板显示效果

8.3.5 内容管理系统应用的一般途径

内容管理系统是企事业单位信息基础结构中的最上层，一般应用过程包括以下几点：

① 定义问题和需求，在网络上寻求类似的解决方案。

② 确定解决方案的基础是基础平台（包括服务器硬件、网络操作系统的选择）。

③ 解决方案的关键是数据库和中间件（常用的组合除了本章提及的还有 IIS+SQLServer+ASP、Tomcat+DB2+JSP）。

④ 业务系统原型可以在因特网上进行探索、下载、安装和评估。

⑤ 在评估的基础上，可以进行定制、增量开发或重新开发。

因特网上的开源软件社区可以提供许多帮助，如 http://opensourcecms.org 和 http://www.sourceforge.org。

*8.4 企业系统应用

企业系统特点包括范围和规模。一般信息处理系统致力于一组相关的任务，而企业系统则包含了跟几个信息系统相关联的任务，以及将这些系统整合到一起协同工作并共享数据的任务。企业系统通常包括若干信息系统，如事务处理系统、管理信息系统、决策支持系统，有时还包括专家系统。

以快递业务为例，公司内部的局域网具有处理文字、电子邮件及其他多种办公功能。事务处理系统能够处理员工薪水和财务统计。决策支持系统帮助市场部门分析数据并制定市场决策。Web 服务器能提供对运货费用、包裹跟踪信息和运输时间的访问服务。企业系统将这些不同的信息系统整合在一起，这样它们就能共享数据和计算资源。例如，包裹在投递到目的地的过程中，使用公司业务员收集的数据，公司的企业系统允许网页自动显示包裹的投递状态。

8.4.1 企业系统的规模和扩展

企业系统可以归类为大规模系统是因为它们包含了从几十台到数千台不等的计算机。某个特定系统的大小取决于几个因素：组织机构的大小，每天处理事务的数量，访问数据的用户数量，以及计算机和用户的地理位置分布的范围大小。

要了解企业系统的规模，考虑一下国内的著名 IT 服务企业腾讯。2010 年 3 月 5 日，QQ 同时在线用户数突破一亿。而运行在线游戏的计算机系统可能需要在高峰时间同时处理十万个以上在线用户。包裹投递服务需要系统每天能处理几百万个包裹。这些统计数字给人深刻的印象，尤其要注意到这些公司仍在成长，而且它们公司的系统每年都在扩大。

设计良好的计算机系统必须能够与时俱进以满足需求。然而，标准的信息系统经常在扩展性方面能力有限。例如，假设一家全国范围的保险公司，其数据处理中心在广东省广州市。当用户服务的数量超过了该中心的处理能力时，该系统在陕西省西安市开设一家新的数据处理中心。新的数据处理中心有与原来设在广州的中心类似但是相互独立的信息系统。来自中国东部的服务要求被发送到了位于广州的系统，而西部的索赔则被发送到了位于西安的系统。然而，这些相互独立的信息系统并不是最理想的选择，因为它们并不能共享那些喜欢迁居的或是在不止一个地方接受保险服务客户的数据。

企业系统对于这类保险公司来说是个更好的选择，因为它有很好的可伸缩性。可伸缩性是指计算机系统因需求变化而缩减或扩充的能力。"向上扩展"和"向外扩展"是两种增加计算机系统容量的方法。"向上扩展"是指通过增加处理器、内存和存储容量来提高单个机器的性能。"向外扩展"是指增加计算机的数量，以增大整个系统的规模。

成功的企业系统能够提供性价比和时效的可伸缩性。"性价比可伸缩性"是指企业系统可以在没有巨大财政投入的情况下增长。"时效可伸缩性"是指系统不需停机太长时间就能够按需要调节服务能力。

企业系统能够提供几种可伸缩性的选择。例如，企业级索赔处理应用程序软件允许广州和西安的办事处共享同一个存储了所有索赔信息的数据库。另一种企业解决方案是创建分布式的数据库服务器，一个节点在广州，另一个节点在西安。第三种选择是创建两个数据库服务器，然后在指定的时间间隔内使它们同步。

8.4.2　服务器集群

在计算系统中，集群是一组两个或者两个以上互相连接在一起以分布处理、输入、输出或存储任务，并能调整以适应系统故障的设备。处理设备集群可以看成是"超级服务器"，能提供和常规服务器同样的功能，但因为集群由多台计算机组成，可以相互提供设备的故障备份，并能提供更快的速度。集群经常用作企业关键功能（如电子邮件、存储、网站和电子商务）的服务器。集群也可以用作大规模、多用户并行的在线交流平台，如腾讯 QQ。

集群中的每台计算机都是一个集群节点。每个节点都需要专门的集群管理软件。另外，集群所使用的应用程序软件必须是"集群件"，意思是它能够支持几个服务器之间的工作分配。集群管理软件可以从第三方软件商获得。有的操作系统（如 Windows Server 2003）提供内置的集群支持。对计算机系统来说，集群是个重要的配置选项，因为它们能够提高可靠性、提供并行处理和处理负载易变的工作任务。

集群既能合并到企业系统中，也能合并到高性能计算系统中。企业系统主要利用集群来支持不间断服务，而 HPC 系统通常使用集群的并行处理能力。

容错度是指计算机系统从容地面对硬件或者软件意外故障的反应能力。集群通过检查节点故障的情况并根据需要将任务转移来实现容错。将服务从一个故障节点转移到另一个服务节点的过程称为"集群故障转移"。集群具有处理故障而不中断服务的能力，因此对于需要24/7 工作（每天运行 24 小时，每周运行 7 天）的企业或单位，无疑是理想的选择。集群中有多个服务器，主服务器出现故障时任务就会转移到第二个服务器上，如图 8-29 所示。

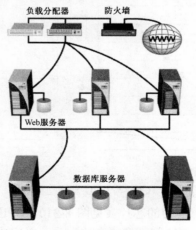

图 8-29　集群案例

集群通过允许集群节点共事任务和数据来优化计算资源。负载均衡是指将处理和存储任务在集群中的多个节点之间合理分配，以优化整个系统性能。负载均衡通常由运行在集群中的专用系统执行。下面的案例可以说明负载均衡的工作过程。某 ISP 用来处理电子邮件的集群有两个服务器和一个存储设备，在收件人收到邮件之前，这些邮件都存放在共享存储设备上。这个集群将如何处理许多用户同时发出的电子邮件请求呢？可以对集群进行配置，使一台计算机（将它称为服务器 A）处理尽可能多的电子邮件申请，直到超载。当服务器 A 满负荷运行时，服务器 B 才开始处理电子邮件申请。这看起来符合逻辑，却不能有效地使用集群的负载均衡能力，因为计算机的满负荷运行会引起实际工作效率的降低。比较好的负载均衡方法应该是在服务器 A 出现超载之前对任务进行分配。当服务器 A 达到某个指定的载荷级别（如60%）时，服务器 B 就开始介入并帮助处理任务。

如果将集群配置成主动-主动集群，这样所有的节点会同时处于主动状态。主动-主动集群使用的应用程序软件必须能够执行负载均衡功能，以便每个节点都能参与处理应用程序。设计运行在主动-主动集群上的应用程序软件是个很困难且费时的过程，因此主动-主动集群应用软件很少。然而，真正的并行计算是需要主动-主动集群模式。

一种更常见的配置方式是主动-被动集群，只含有一个主动节点，其他节点在发生故障时才变为主动状态。如同主动-主动集群一样，主动-被动集群的应用程序也必须是集群中的，并且允许故障转移。

8.4.3　企业高性能计算平台 GPGPU 和 CUDA

近年来，GPU（Graphic Processing Unit）得到了高速发展，非常适合于高效率低成本的高性能并行数值计算。而 GPGPU（General-Purpose computing on Graphics Processing Unit）是一种使用处理图形任务的专业图形处理器，来从事原本由中央处理器处理的通用计算任务，这些通用计算常常与图形处理没有任何关系。现代图形处理器强大的并行处理能力和可编程流水线，使得用流处理器处理非图形数据成为可能。特别是在面对单指令流多数据流（SIMD）且数据处理的运算量远大于数据调度和传输的需要时，通用图形处理器在性能上大大超越了传统的中央处理器应用程序。另外，CPU 由于受摩尔定律的限制，采用提高 CPU 制程和主频的办法遇到了工艺上的壁垒，暂时无法突破；而从 1993 年开始，GPU 的性能以每年 2.8 倍的速度增长（见图 8-30）。

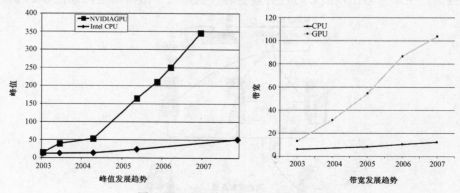

图 8-30　CPU 与 GPU 发展趋势对比

CPU 和 GPU 都是具有运算能力的芯片（见图 8-31），CPU 更像"通才"——指令运算（执行）为主、数值运算为辅，GPU 则更像"专才"——以完成并行数值计算为核心任务。

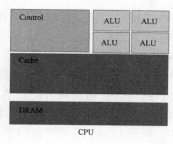 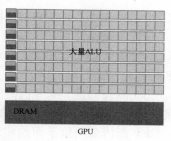

图 8-31　CPU 和 GPU 的结构对比

CPU+GPU 平行运算已经有若干年历史，面对大量并行平行处理，CPU 面临越来越大的困难。更形象地说，拿送外卖比萨为例，CPU 一次一次地送，一次送一个，送得再快，到最后比萨就凉了。对此，CPU 解决之道就是加速。速度再快，总有一个极限，瓶颈问题就是功耗和发热。GPU 正好相反，它就像几百个小车，每个都很小，很简单，体积耗电小，做复杂的事很有限，但在一个简短的周期内，只要协调得当，能够很好地处理信息和数据。目前，GPU 数值计算的优势主要是浮点运算，它执行浮点运算快是依靠大量并行，GPGPU 具有比 CPU 高一个数量级以上的浮点计算性能，但是这种数值运算的并行性在面对程序的逻辑执行时毫无用处。总的来说，CPU 擅长的任务包括：操作系统，系统软件，应用程序，通用计算，系统控制等；游戏中人工智能，物理模拟等；三维建模、光线追踪渲染；虚拟化技术等。GPU擅长的则是：图形类矩阵运算，非图形类并行数值计算，高端三维游戏。在一台设计均衡计算的计算机系统中，CPU 和 GPU 各司其职，除了图形运算，GPU 将来可能主要集中在高效率低成本的高性能并行数值计算，帮助 CPU 分担这种类型的计算，提高系统这方面的性能。

GPU 的并行运算性能是极为强悍的，而传统的图形 API 又单单只提供了图形操作的功能，没有提供类似于 CPU 那样通用计算的接口，CUDA 的出现将改变这一状况。CUDA 的本质是，NVIDIA 为自家的 GPU 编写了一套编译器 NVCC 极其相关的库文件。CUDA 主要在驱动程序和函数库方面进行了扩充。在 CUDA 库中提供了标准的 FFT 和 BLAS 库，一个为 NVDIA GPU 设计的 C 编译器。CUDA 是一种由 NVIDIA 推出的通用并行计算架构，该架构使 GPU 能够解决复杂的计算问题，包含了 CUDA 指令集架构（ISA）和 GPU 内部的并行计算引擎。开发人员现在可以使用应用最广泛的高级编程语言 C 语言来为 CUDA 架构编写程序，因此可以在支持 CUDA 的处理器上以超高性能运行。目前，已经支持 CUDA 的语言包括 FORTRAN、C++、Java 等。目前，支持 CUDA 的 GPU 销量已逾 1 亿，数以千计的软件开发人员正在使用免费的 CUDA 软件开发工具来解决各种专业以及家用应用程序中的问题，为各种应用程序加速。这些应用程序从视频与音频处理和物理效果模拟到石油天然气勘探、产品设计、医学成像以及科学研究，涵盖了各个领域。CUDA 的技术特点主要有：

- ⊙ 用于 GPU 并行应用开发的标准 C 语言。
- ⊙ 快速傅里叶转换（FFT）以及基本线性代数子程序（BLAS）的标准数字库。
- ⊙ 专用 CUDA 驱动程序，用于 GPU 和 CPU 之间快速数据传输计算。
- ⊙ CUDA 驱动程序与 OpenGL 和 DirectX 图形驱动程序可以实现互操作。
- ⊙ 支持 Linux 32/64 位，Windows XP 32/64 位以及 Mac 操作系统。

详细内容见其官方网页 http://www.nvidia.cn/object/cuda_what_is_cn.html。除了 NVIDIA，还有 INTEL，AMD（ATI）等主要 GPU 的生产厂商。在国内，由关 CUDA 应用的网站包括 CUDA Zone 中文站"http://cuda.csdn.net/showcase.html"。

目前，GPGPU 已经有不少的 HPC 应用软件投入了使用，并且都取得了不错的相对于传统 CPU 计算的加速比，最高达到了 149 倍（金融模拟）、最低也达到了 18 倍（视频转换）。2009 年，中国研发的基于 CPU+GPU 混合计算架构的"天河一号"一举夺得了中国 TOP100 超级计算的排名的桂冠，闯入全球 TOP500 强的前 5 位，让人们看到了 GPU 计算的威力所在。

彭博公司（Bloomberg）是一家专门提供经济资讯的财经公司，对外提供的服务内容中包括提供资产担保债券估值的服务，新组建的数据中心中则大量应用了 Nvidia 的 Tesla 服务器。

自 1996 年以来，彭博公司位于纽约和新泽西州，基于 Linux 系统的数据中心便一直在使用一种基于蒙地卡罗算法的单因子随机模型，对这些资产担保债券估值进行计算，他们每天晚上都会发布计算的结果数据。2000 年，他们将这种算法进行了升级，改用精度更高的双因子随机模型进行计算，新的数学模型对数据中心的计算能力提出了更高的要求，花费的计算时间更长，因此计算的结果只向部分有特殊需求的用户提供。

随着用户对这种高精度计算需求的不断增长，彭博公司发现，如果要向往常一样每晚为用户提供计算结果，那么数据中心的硬件需求将成 10 倍地增长，所需的处理器核心数目将从原有的 800 个猛增到 8000 个左右，总计需要 1000 台每台 8 核心的服务器系统。

为此，这家公司选择了 Nvidia 的 Tesla 产品和 CUDA 计算构架，现在他们只需用 48 台这样的服务器便可达到目的。为了让计算程序能在 Nvidia CUDA 架构下运行，他们花费了 1 年左右的时间进行程序改写。尽管仍有部分程序需要在 x86 处理器中运行，但 Nvidia 的 Tesla 服务器担负了 90%的运算任务，装备 Tesla 服务器的数据中心的性能则因此而提升了 800%。并且，通过这样的重新部署之后，每年仅仅电耗就能节省约 120 万美元。

8.4.4　企业数据存储

计算机系统规模越大，它所需要存储的数据就越多。企业系统通常存储很多个 GB 甚至 TB 的数据。企业数据存储与 PC 不同的地方包括共享能力、安全性和可靠性等。

例如，一些跨国公司的发票和工资系统拥有存储数十 TB 数据的容量，相当于存储在数十亿个网页上的信息量。图 8-32 展示了可能会包含在典型的企业系统中的大容量存储设备。

图 8-32　企业级大规模存储设备

企业系统使用的是用来存储大量数据的专用存储系统。组织机构实施这样的存储系统是出于同样的原因，即利用一个中心图书馆或储藏室存放物理资源（如书籍和供打印的报表）。将这些数据存储在一个中心位置而不是某个部门或某些计算机上，使组织、维护和查找信息更容易。企业存储的选择包括 RAID、SAN 和 NAS。

RAID（Redundant Array of Independent Disk，独立磁盘冗余阵列）技术最初的研制目的

是为了组合小的廉价磁盘来代替大的昂贵磁盘，以降低大批量数据存储的费用，同时希望采用冗余信息的方式，使得磁盘失效时不会使对数据的访问受损失，从而开发出一定水平的数据保护技术，并且能适当提升数据传输速率。

为何叫作冗余磁盘阵列呢？冗余的汉语意思即多余。重复。而磁盘阵列说明不仅仅是一个磁盘，而是一组磁盘，即它是利用重复的磁盘来处理数据，使得数据的稳定性得到提高。

RAID 使用磁盘镜像和数据条区等技术的方法，将文件分成小块交叉存储在多个硬盘上的存储系统。所谓镜像，是为存储介质（如硬盘或 CD）制作实时"镜子图像"的过程。例如，要为硬盘制作镜像（见图 8-33）需要两块硬盘：一块主硬盘，一块镜像硬盘。无论何时在主硬盘上创建、更改或删除文件，镜像硬盘上也会创建、更改或删除相对应的文件。制作镜像与拷贝不同，因为它是实时的，如果主硬盘损坏了，镜像硬盘会马上接过主硬盘的任务。RAID 比单个硬盘存储更快而且故障恢复能力更强。在查找数据时，所有的硬盘并行工作，提供了数据的快速访问。

SAN（Storage Area Network，存储区网络）是一组存储设备和数据服务器组成的网络，用来充当更大范围网络上的某个节点。SAN 数据服务器管理着一组存储设备。当网络上的工作站访问存储在 SAN 上数据时，它们与 SAN 交互的方式可能与本地标准存储设备并无区别。当文件访问的请求被 SAN 服务器接受时，所有的 SAN 存储设备一起作为一个集成的整体来查找数据（见图 8-34）。

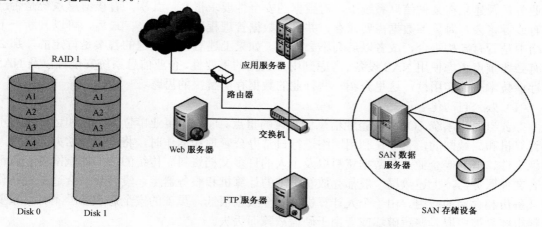

图 8-33　RAID 1　　　　　　　　　图 8-34　存储区网络

SAN 通常可以在大型超市连锁店、金融机构和其他全国性公司的企业数据中心中见到。SAN 也存储网页上的数据。例如，网上书店当当和卓越使用 SAN 来存储数 TB 级的订单和库存数据。SAN 的其他优点包括可伸缩性和存储管理功能。SAN 很容易进行扩展，因为可以在任何时间添加存储设备和服务器，SAN 还能提供存储管理服务，如存储每个文件的多个拷贝，或通过制作镜像文件维护存储介质的备份。SAN 也使得制作存储镜像变得容易，因为它们包含了很多存储设备。制作镜像可以在任何包含了至少两块不同存储介质的存储系统中进行。

NAS（Network Attached Storage，网络附属存储）是指设计用作直接附加在网络上而并不需要服务器进行管理的存储设备。NAS 设备通常包含一个内置的网络接口卡。每个 NAS 设备都由网络管理员分配了一个 IP 地址，因此可以被直接连接到任何网络上（见图 8-35）。NAS 技术可将分布、独立的数据整合为大型、集中化管理的数据中心，以便对不同主机和应用服务器进行访问的技术。NAS 也称为"网络存储器"，作为专用数据存储服务器，它以数据为中心，将存储设备与服务器彻底分离，集中管理数据，从而释放带宽、提高性能、降低总拥有成本、保护投资。

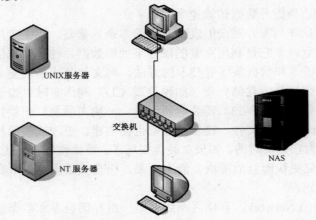

图 8-35　网络附加存储（NAS）

　　NAS 能够满足那些希望降低存储成本但又无法承受 SAN 昂贵价格的中小企业的需求，具有相当好的性能价格比。究竟哪些行业可以使用到 NAS 设备呢？首先，看这个单位的核心业务是否建立在某种信息系统上，对数据的安全性要求很高；其次，看该信息系统是否已经有或者将会有海量的数据需要保存，并且对数据管理程度要求较高；最后，可以判断一下网络中是否有异构平台，或者以后会不会用到。如果上述有一个问题的答案是肯定的，那么就有必要重点考虑使用 NAS 设备。考虑到用户数据的重要性、企业信息系统安全性以及 NAS 在存储技术上的实用性，这里介绍一些行业的数据存储解决的思路。

　　（1）办公自动化

　　办公自动化系统（OA）是企业信息化建设的重点。现代企事业单位的管理和运作是离不开计算机和局域网的，企业在利用网络进行日常办公管理和运作时，将产生日常办公文件、图纸文件、ERP 等企业业务数据资料以及个人的许多文档资料。传统的内部局域网内一般都没有文件服务器，上述数据一般都存放在员工的计算机和服务器上，没有一个合适的设备作为其备份和存储的应用。由于个人计算机的安全级别很低，员工的安全意识参差不齐，重要资料很容易被窃取、恶意破坏或者由于硬盘故障而丢失。

　　从对企事业单位数据存储的分析中可以看出，要使整个企、事业单位内部的数据得到统一管理和安全应用，就必须有一个安全、性价比好、应用方便、管理简单的物理介质来存储和备份企业内部的数据资料。NAS 网络存储服务器是一款特殊设计的文件存储和备份的服务器，它能够将网络中的数据资料合理有效、安全地管理起来，并且可以作为备份设备将数据库和其他应用数据时时自动备份到 NAS 上。

　　（2）教育行业

　　目前，在校园网建设过程中偏重于网络系统的建设，在网络上配备了大量先进设备，但网络上的教学应用资源却相对匮乏。原有的存储模式在增加教学资源时会显现很多弊病：由于学校传统的网络应用中所有教育资源都存放在一台服务器上，具有高性能与高扩展能力的服务器成本较高；教学资源的访问服务会与应用服务争夺系统资源，造成系统服务效率的大幅下降；应用服务器的系统故障将直接影响资源数据的安全性和可用性，给学校的教学工作带来不便。

针对这些问题，可以引入 NAS 设备来实现集中存储和备份。

① NAS 提供了一个高效、低成本的资源应用系统。由于 NAS 本身就是一套独立的网络服务器，可以灵活地布置在校园网络的任意网段上，提高了资源信息服务的效率和安全性，同时具有良好的可扩展性。

② 提供灵活的个人磁盘空间服务。NAS 可以为每个学生用户创建个人的磁盘使用空间，方便师生查找和修改自己创建的数据资料。

③ 有效保护资源数据。NAS 具有自动日志功能，可自动记录所有用户的访问信息。嵌入式的操作管理系统能够保证系统资源服务的连续性，并有效保护资源数据的安全。

（3）医疗行业

医院作为社会的医疗服务机构，病人的病例档案资料管理是非常重要的。基于 CT 和 X 光的胶片要通过胶片数字化仪转化为数字的信息存储起来，以方便日后查找。这些片子的数据量非常大而且十分重要，对这些片子的安全存储、管理数据与信息的快速访问以及有效利用，是提高工作效率的重要因素，更是医院信息化建设的重点问题。据调查，一所医院一年的数据量将近 400GB，这么大的数据量仅靠计算机存储是胜任不了的，有的医院会使用刻录机将过去的数据图片刻录到光盘上进行存储，但这种存储解决方式比较费时，且工作效率不高。医院需要一种容量大、安全性高、管理方便、数据查询快捷的物理介质来安全、有效地存储和管理这些数据。使用 NAS 解决方案可以将医院放射科内的这些数字化图片安全、方便、有效地存储和管理起来，从而缩短了数据存储、查找的时间，提高了工作效率。

（4）制造业

对于制造业来说，各种市场数据、客户数据、交易历史数据、社会综合数据都是公司至关重要的资产，是企业运行的命脉。在企业数据电子化的基础上，保护企业的关键数据并加以合理利用已成为企业成功的关键因素。因此，对制造行业的各种数据进行集中存储、管理与备份，依据企业对不同数据的不同要求，从而合理构建企业数据存储平台。采用 NAS 的存储方式是比较适合的，可以实现数据的集中存储、备份、分析与共享，并在此基础上充分利用现有数据，以适应市场需要，提高自身竞争力。综上所述，在数据管理方面，NAS 具有很大优势，在某些数据膨胀较快、对数据安全要求较高、异构平台应用的网络环境中更能充分体现其价值。另外，NAS 的性能价格比极高，广泛适合从中小企业到大中型企业的各种应用环境。

8.4.5 企业应用集成

将两个或多个信息系统用一种可伸缩性和数据共享的方法连接起来的过程被称为企业系统集成。这个过程既包含了企业硬件集成，也包含企业应用程序集成。

（1）企业硬件集成

企业硬件集成是指将不同类型的硬件连接在一起的过程。专用的硬件或软件允许不同类型的设备共同操作它们。例如，假设一家出版社的文字编辑使用 Windows 的 PC 在局域网上做文字处理工作，而图形设计和排版专家使用的是连接到 AppleTalk 网络的 Macintosh 计算机。每个局域网都包括打印机、扫描仪和其他诸如网络存储装置类设备。要使文字编辑能够使用安装了 Windows 操作系统的计算机在连接在 AppleTalk 网络里的打印机上打印文档，至少应该创建议下两个连接：

① 允许文字编辑的计算机和 AppleTalk 局域网上的打印机进行通信的物理连接。通常，这个连接通过将 AppleTalk 局域网和装有 Windows 操作系统的局域网相连接而创建，这样在两个网络中的计算机都可以访问这台打印机。

② 允许这两台设备互相理解对方的命令和数据的系统间的连接。这个连接是通过软件或硬件驱动来完成的。这两种连接建立之后，硬件集成就完成了。这样，文字编辑就可以直接在 AppleTalk 网络中的打印机上打印文档了。这个例子只考虑了两个局域网的资源共享。在一个典型的大规模计算系统中，硬件集成可能包含几百甚至几千种不同的设备和局域网。

（2）企业应用集成

企业应用程序集成（Enterprise Application Integration，EAI）是配置应用程序软件以交换数据的过程。相互交换数据的应用程序可以通过快速、简单地访问有关查询、流程和事务方面的所有信息来提高处理的效率。例如，中国联通已将账单、事务和订购软件集成在一起，这样用户就可以在一个网站上支付账单、查看最近的通话数据或者改变资费套餐类型。

企业应用集成可通过 4 种技术来完成：数据库连接、应用程序连接、数据仓库技术和云计算。

① 数据库连接是允许数据库共享和复制信息的过程。例如，信用卡发行公司使用计算机系统来处理信用卡收费，有关持卡者事务的数据存储在数据库中。因为每天都要处理几十万笔交易，一个数据库服务器显然不够用，这就需要多个数据库服务器。这些服务器和它们的数据库必须互相连接，以共享信息，保证信用卡的消费不超过信用额度。数据库管理软件通常能够自动实现这种连接，从而使 EAI 成为可能。

② 应用程序连接使得计算机系统的应用程序软件之间可以共享信息。连接在一起的应用程序能够一起提供服务，并显示之前只有通过单独顺序访问这些应用程序才能得到的信息。例如，信用卡公司的客户服务代表（专门负责回答客户提出的有关贷款余额、最迟付款和信用卡挂失等方面的问题）由于客户服务代表需要分别访问交易记录和公司的交易规则方面的应用软件，才能回答客户提出的问题。而使用两种不同的应用程序来处理每个客户的查询，这就降低了服务效率并且容易出错。更好的解决方案是将这两种应用程序连接起来，使得客户服务应用程序能够自动访问交易数据库，并显示用于客户服务的经过交易规则格式化和过滤的交易信息。

③ 数据仓库是面向主题的、集成的、与时间相关的、不可修改的数据集合。数据仓库技术用于收集历史数据并进行分析，以揭示和预测某些趋势的过程。例如，信用卡公司可能会使用数据仓库技术来预测消费趋势、向潜在客户推销新服务和检测欺诈行为。数据仓库目前主要应用于金融、电信、保险等主要传统数据处理密集型行业。那么，什么样的行业最需要和可能建立数据仓库呢？有两个基本条件：第一，该行业有较为成熟的联机事务处理系统，它为数据仓库提供客观条件；第二，该行业面临市场竞争的压力，为数据仓库的建立提供外在的动力。

④ 云计算（cloud computing）是分布式计算技术的一种，其最基本的概念是透过网络将庞大的计算处理程序自动分拆成无数个较小的子程序，再交由多部服务器所组成的庞大系统经搜寻、计算分析之后，将处理结果回传给用户。透过这项技术，网络服务提供者可以在数秒之内，达成处理数以千万计甚至亿计的信息，达到与"超级计算机"同样强大效能的网络服务。最简单的云计算技术在网络服务中已经随处可见，如搜寻引擎、网络信箱等，使用者只要输入简单指令即能得到大量信息。在不久的将来，手机、GPS 等行动装置都可以透过云